#모든문제유형
#기본부터_실력까지

유형
해결의 법칙

▼

[유형 해결의 법칙] 초등 수학 1-2

기획총괄   김안나
편집개발   한인숙, 홍은지
디자인총괄   김희정
표지디자인   윤순미, 여화경
내지디자인   박희춘, 이혜미
제작   황성진, 조규영

발행일   2024년 4월 15일 개정초판 2024년 4월 15일 1쇄
발행인   (주)천재교육
주소   서울시 금천구 가산로9길 54
신고번호   제2001-000018호
고객센터   1577-0902

유형 해결의 법칙 QR 활용 안내

오답 노트

틀린 문제 저장! 출력!

학습을 마칠 때에는 **오답노트**에 어떤 문제를 틀렸는지 표시해.
나중에 틀린 문제만 모아서 다시 풀면 **실력도 쑥쑥** 늘겠지?

① 오답노트 앱을 설치 후 로그인
② 책 표지의 QR 코드를 스캔하여 내 교재 등록
③ 오답 노트를 작성할 교재 아래에 있는 ⑭ 를 터치하여 문항 번호를 선택하기

자세한 개념 동영상

단원별로 필요한 기본 개념은 QR을 찍어 동영상으로 자세하게 학습할 수 있습니다.

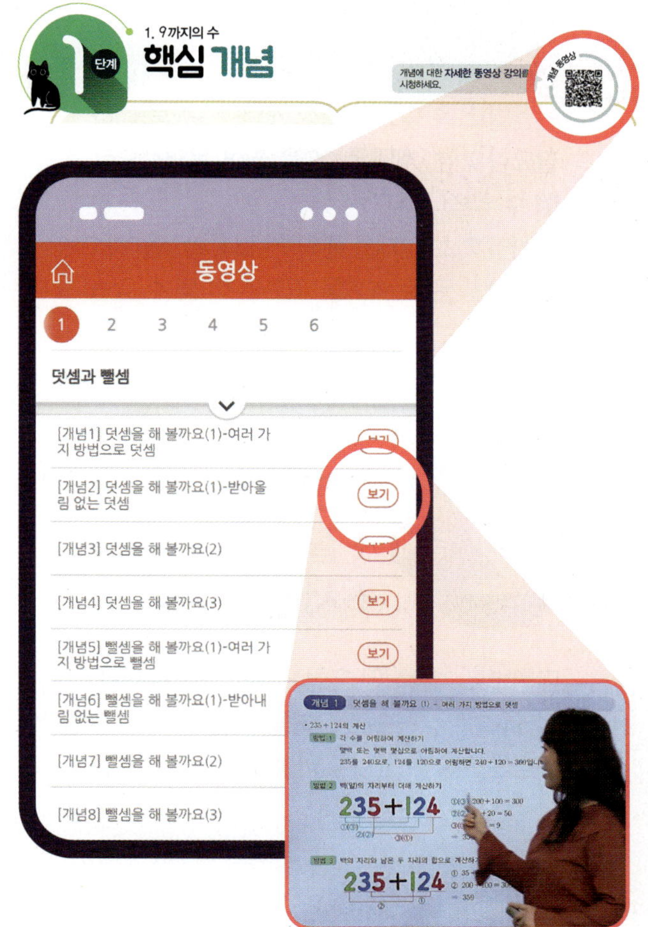

문제 생성기

추가적인 문제는 QR을 찍으면 더 풀 수 있습니다.

모든 문제의 풀이 동영상 강의 제공

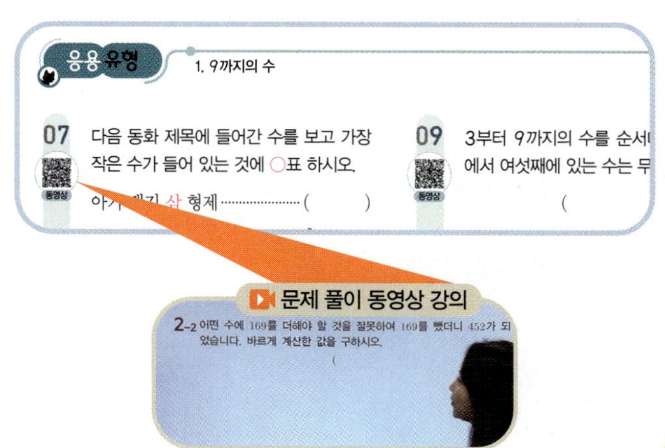

기본 난이도 하와 중의 문제로 구성하였습니다.

핵심 개념 +기초 문제

단원별로 꼭 필요한 핵심 개념만 모았습니다.
필요한 기본 개념은 QR을 찍어 동영상으로 학습
할 수 있습니다.
단원별 기초 문제를 통해 기초력 확인을 하고
추가적인 문제는 QR을 찍으면 더 풀 수 있습니다.

▶ 개념 동영상 강의 제공   문제 생성기

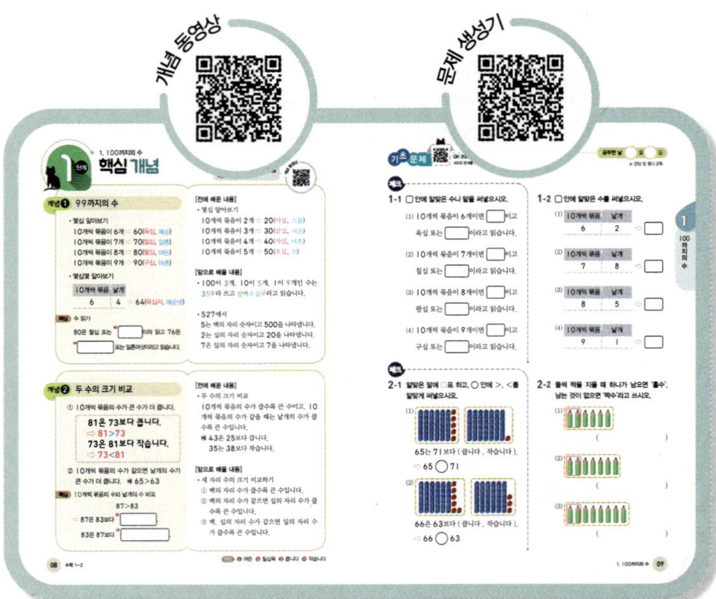

기본 유형 +잘 틀리는 유형 +서술형 유형

단원별로 기본적인 유형에 해당하는 문제와
잘 틀리는 유형으로 오답을 피할 수 있고 서술형
유형은 서술형 문제를 연습할 수 있습니다.

▶ 동영상 강의 제공

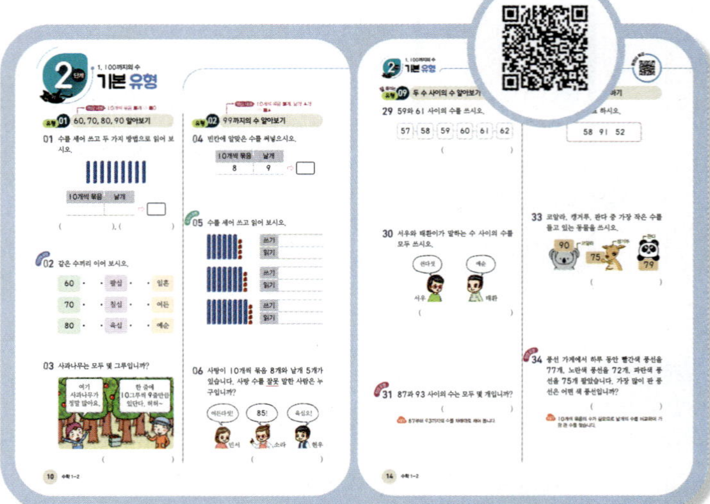

유형(단원) 평가

단원별로 공부한 기본 유형을 제대로 공부했는지
유형 평가를 통해 복습할 수 있습니다.

단원 평가 제공

난이도 중, 상과 최상위 문제로 구성하였습니다.

잘 틀리는 실력 유형

다르지만 같은 유형

잘 틀리는 실력 유형으로 오답을 피할 수 있도록
연습하고 새 교과서에 나온 활동 유형으로 다른
교과서에 나오는 잘 틀리는 문제를 연습합니다.
다르지만 같은 유형으로 어려운 문제도 결국 같은
유형이라는 것을 안다면 쉽게 해결할 수 있습니다.

▶ 동영상 강의 제공

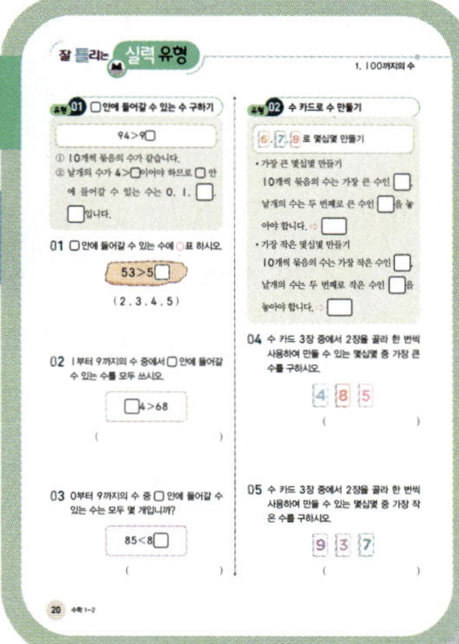
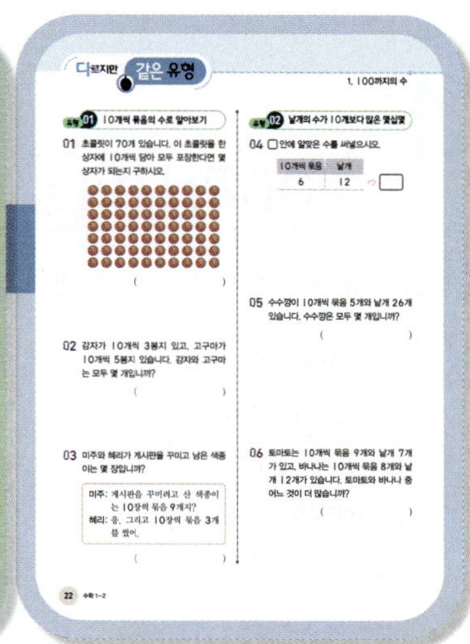

응용 유형

응용 유형 문제를 풀면서 어려운 문제도 풀 수 있는
힘을 키워 보세요.

▶ 동영상 강의 제공

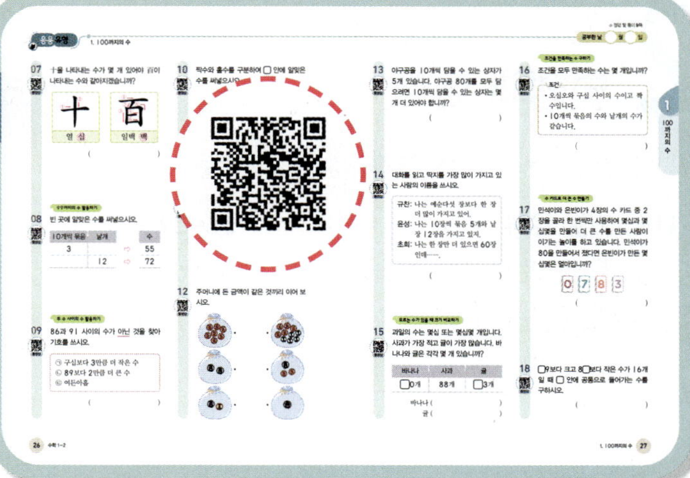

사고력 유형

최상위 유형

평소 쉽게 접하지 않은 사고력 유형도
연습할 수 있습니다.
도전! 최상위 유형~ 가장 어려운 최상위 문제를
풀려고 도전해 보세요.

▶ 동영상 강의 제공

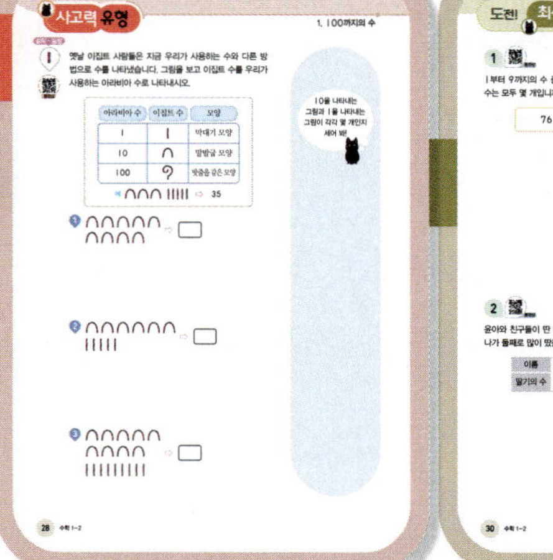
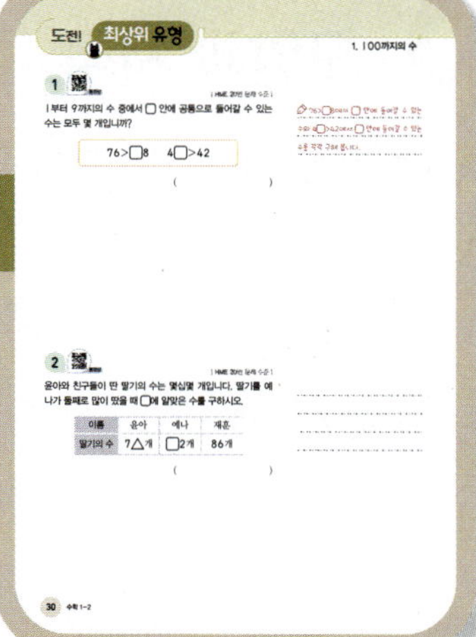

차례

1 100까지의 수 — 6~7쪽

- **1단계** 핵심 개념+기초 문제 — 8~9쪽
- **2단계** 기본 유형 — 10~13쪽
  잘 틀리는 유형+서술형 유형 — 14~15쪽
- **3단계** 유형(단원) 평가 — 16~19쪽

- 잘 틀리는 실력 유형 — 20~21쪽
- 다르지만 같은 유형 — 22~23쪽
- 응용 유형 — 24~27쪽
- 사고력 유형 — 28~29쪽
- 최상위 유형 — 30~31쪽

2 덧셈과 뺄셈 (1) — 32~33쪽

- **1단계** 핵심 개념+기초 문제 — 34~35쪽
- **2단계** 기본 유형 — 36~39쪽
  잘 틀리는 유형+서술형 유형 — 40~41쪽
- **3단계** 유형(단원) 평가 — 42~45쪽

- 잘 틀리는 실력 유형 — 46~47쪽
- 다르지만 같은 유형 — 48~49쪽
- 응용 유형 — 50~53쪽
- 사고력 유형 — 54~55쪽
- 최상위 유형 — 56~57쪽

3 모양과 시각 — 58~59쪽

- **1단계** 핵심 개념+기초 문제 — 60~61쪽
- **2단계** 기본 유형 — 62~67쪽
  잘 틀리는 유형+서술형 유형 — 68~69쪽
- **3단계** 유형(단원) 평가 — 70~73쪽

- 잘 틀리는 실력 유형 — 74~75쪽
- 다르지만 같은 유형 — 76~77쪽
- 응용 유형 — 78~81쪽
- 사고력 유형 — 82~83쪽
- 최상위 유형 — 84~85쪽

4 덧셈과 뺄셈 (2) 86~87쪽

- ❶단계 핵심 개념＋기초 문제 ·········· 88~89쪽
- ❷단계 기본 유형 ·········· 90~93쪽
- 잘 틀리는 유형＋서술형 유형 ···· 94~95쪽
- ❸단계 유형(단원) 평가 ·········· 96~99쪽

- 잘 틀리는 실력 유형 ·········· 100~101쪽
- 다르지만 같은 유형 ·········· 102~103쪽
- 응용 유형 ·········· 104~107쪽
- 사고력 유형 ·········· 108~109쪽
- 최상위 유형 ·········· 110~111쪽

5 규칙 찾기 112~113쪽

- ❶단계 핵심 개념＋기초 문제 ·········· 114~115쪽
- ❷단계 기본 유형 ·········· 116~121쪽
- 잘 틀리는 유형＋서술형 유형 ···· 122~123쪽
- ❸단계 유형(단원) 평가 ·········· 124~127쪽

- 잘 틀리는 실력 유형 ·········· 128~129쪽
- 다르지만 같은 유형 ·········· 130~131쪽
- 응용 유형 ·········· 132~135쪽
- 사고력 유형 ·········· 136~137쪽
- 최상위 유형 ·········· 138~139쪽

6 덧셈과 뺄셈 (3) 140~141쪽

- ❶단계 핵심 개념＋기초 문제 ·········· 142~143쪽
- ❷단계 기본 유형 ·········· 144~149쪽
- 잘 틀리는 유형＋서술형 유형 ···· 150~151쪽
- ❸단계 유형(단원) 평가 ·········· 152~155쪽

- 잘 틀리는 실력 유형 ·········· 156~157쪽
- 다르지만 같은 유형 ·········· 158~159쪽
- 응용 유형 ·········· 160~163쪽
- 사고력 유형 ·········· 164~165쪽
- 최상위 유형 ·········· 166~167쪽

1 100까지의 수

기본	연습	완성	도전
핵심 개념 기초 문제 기본 유형	잘 틀리는 유형 서술형 유형 유형(단원) 평가	잘 틀리는 실력 유형 다르지만 같은 유형 응용 유형	사고력 유형 최상위 유형

계획표대로 공부했으면 ○표, 못했으면 △표 하세요.

내용	쪽수	날짜	확인
❶단계 핵심 개념+기초 문제	8~9쪽	월 일	
❷단계 기본 유형	10~13쪽	월 일	
❷단계 잘 틀리는 유형+서술형 유형	14~15쪽	월 일	
❸단계 유형(단원) 평가	16~19쪽	월 일	
잘 틀리는 실력 유형	20~21쪽	월 일	
다르지만 같은 유형	22~23쪽	월 일	
응용 유형	24~27쪽	월 일	
사고력 유형	28~29쪽	월 일	
최상위 유형	30~31쪽	월 일	

1. 100까지의 수

1단계 핵심 개념

개념에 대한 **자세한 동영상 강의를** 시청하세요.

개념 동영상

개념 ❶ 99까지의 수

• 몇십 알아보기

10개씩 묶음이 6개 ⇨ 60(육십, 예순)
10개씩 묶음이 7개 ⇨ 70(칠십, 일흔)
10개씩 묶음이 8개 ⇨ 80(팔십, 여든)
10개씩 묶음이 9개 ⇨ 90(구십, 아흔)

• 몇십몇 알아보기

10개씩 묶음	낱개	
6	4	⇨ 64(육십사, 예순넷)

핵심 수 읽기

80은 팔십 또는 ❶ [　　　] 이라 읽고 76은
❷ [　　　] 또는 일흔여섯이라고 읽습니다.

[전에 배운 내용]

• 몇십 알아보기

10개씩 묶음이 2개 ⇨ 20(이십, 스물)
10개씩 묶음이 3개 ⇨ 30(삼십, 서른)
10개씩 묶음이 4개 ⇨ 40(사십, 마흔)
10개씩 묶음이 5개 ⇨ 50(오십, 쉰)

[앞으로 배울 내용]

• 100이 3개, 10이 5개, 1이 9개인 수는
359라 쓰고 삼백오십구라고 읽습니다.

• 527에서
5는 백의 자리 숫자이고 500을 나타냅니다.
2는 십의 자리 숫자이고 20을 나타냅니다.
7은 일의 자리 숫자이고 7을 나타냅니다.

개념 ❷ 두 수의 크기 비교

① 10개씩 묶음의 수가 큰 수가 더 큽니다.

> **81은 73보다 큽니다.**
> ⇨ **81 > 73**
> **73은 81보다 작습니다.**
> ⇨ **73 < 81**

② 10개씩 묶음의 수가 같으면 낱개의 수가
큰 수가 더 큽니다. ㉠ 65 > 63

핵심 10개씩 묶음의 수와 낱개의 수 비교

87 > 83

⇨ 87은 83보다 ❸ [　　　].
83은 87보다 ❹ [　　　].

[전에 배운 내용]

• 두 수의 크기 비교

10개씩 묶음의 수가 클수록 큰 수이고, 10
개씩 묶음의 수가 같을 때는 낱개의 수가 클
수록 큰 수입니다.
㉠ 43은 25보다 큽니다.
　 35는 38보다 작습니다.

[앞으로 배울 내용]

• 세 자리 수의 크기 비교하기
① 백의 자리 수가 클수록 큰 수입니다.
② 백의 자리 수가 같으면 십의 자리 수가 클
수록 큰 수입니다.
③ 백, 십의 자리 수가 같으면 일의 자리 수
가 클수록 큰 수입니다.

정답 ❶ 여든　❷ 칠십육　❸ 큽니다　❹ 작습니다

QR 코드를 찍어 보세요.
새로운 문제를 계속 풀 수 있어요.

체크

1-1 ☐ 안에 알맞은 수나 말을 써넣으시오.

(1) 10개씩 묶음이 6개이면 ☐ 이고

육십 또는 ☐ 이라고 읽습니다.

(2) 10개씩 묶음이 7개이면 ☐ 이고

칠십 또는 ☐ 이라고 읽습니다.

(3) 10개씩 묶음이 8개이면 ☐ 이고

팔십 또는 ☐ 이라고 읽습니다.

(4) 10개씩 묶음이 9개이면 ☐ 이고

구십 또는 ☐ 이라고 읽습니다.

1-2 ☐ 안에 알맞은 수를 써넣으시오.

(1)
10개씩 묶음	낱개
6	2

⇨ ☐

(2)
10개씩 묶음	낱개
7	8

⇨ ☐

(3)
10개씩 묶음	낱개
8	5

⇨ ☐

(4)
10개씩 묶음	낱개
9	1

⇨ ☐

체크

2-1 알맞은 말에 ◯표 하고, ◯ 안에 >, <를 알맞게 써넣으시오.

(1)
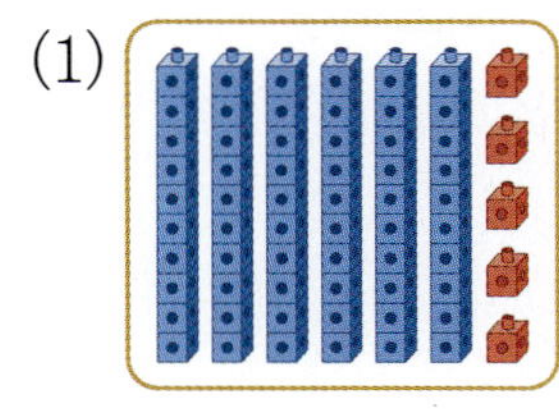 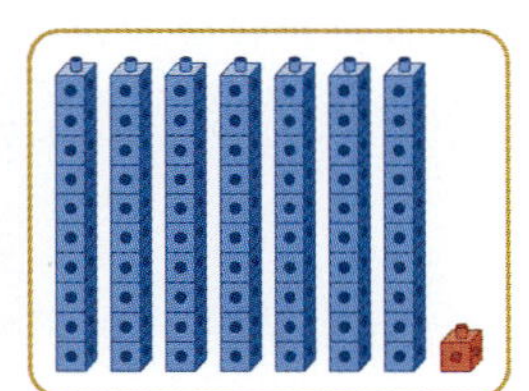

65는 71보다 (큽니다 , 작습니다).

⇨ 65 ◯ 71

(2)
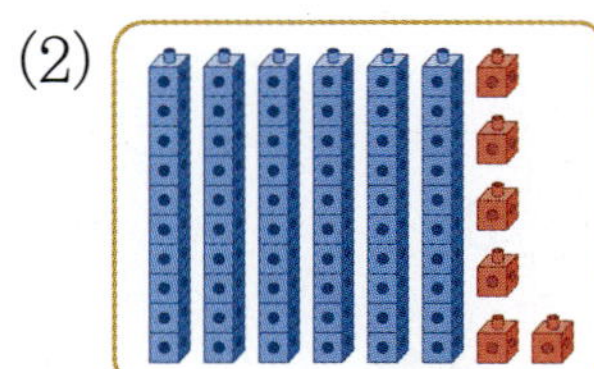 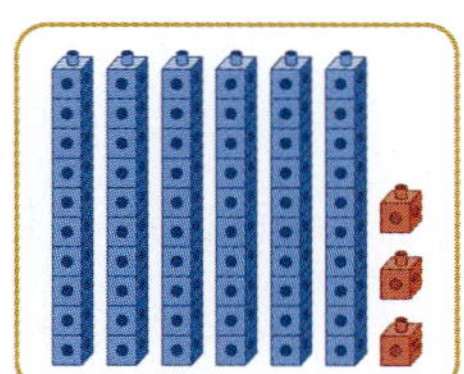

66은 63보다 (큽니다 , 작습니다).

⇨ 66 ◯ 63

2-2 둘씩 짝을 지을 때 하나가 남으면 '홀수', 남는 것이 없으면 '짝수'라고 쓰시오.

(1)

(   )

(2)

(   )

(3)

(   )

2단계 기본 유형

유형 01 60, 70, 80, 90 알아보기

01 수를 세어 쓰고 두 가지 방법으로 읽어 보시오.

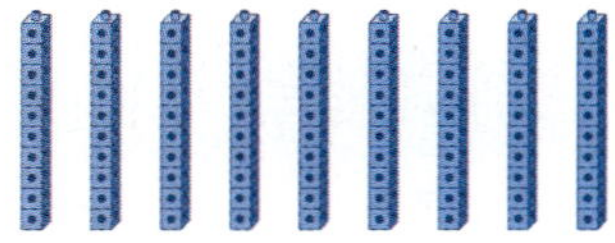

10개씩 묶음	낱개

⇨ [   ]

(   ), (   )

02 같은 수끼리 이어 보시오.

60	•	• 팔십 •	• 일흔
70	•	• 칠십 •	• 여든
80	•	• 육십 •	• 예순

03 사과나무는 모두 몇 그루입니까?

(   )

유형 02 99까지의 수 알아보기

04 빈칸에 알맞은 수를 써넣으시오.

10개씩 묶음	낱개
8	9

⇨ [   ]

05 수를 세어 쓰고 읽어 보시오.

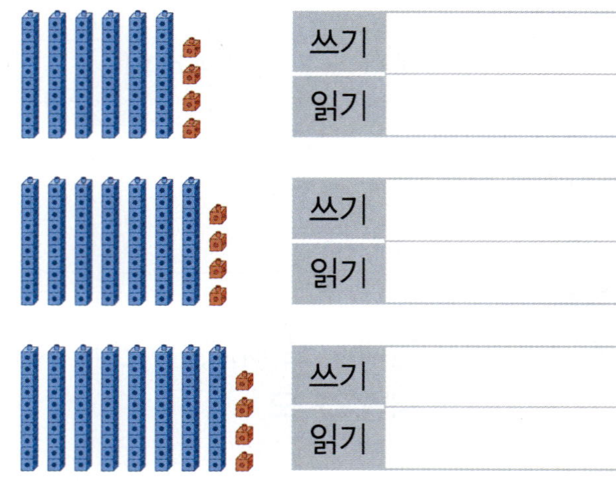

쓰기	
읽기	

쓰기	
읽기	

쓰기	
읽기	

06 사탕이 10개씩 묶음 8개와 낱개 5개가 있습니다. 사탕 수를 <u>잘못</u> 말한 사람은 누구입니까?

(   )

→ 핵심 내용 낱개를 10개씩 묶어 10개씩 묶음 몇 개와 낱개 몇 개인지 알아보기

유형 03 99까지의 수 세기

07 10개씩 묶고 빈칸에 알맞은 수를 써넣으시오.

10개씩 묶음	낱개

⇨ 

08 낱개를 10개씩 묶고 구슬은 모두 몇 개인지 쓰시오.

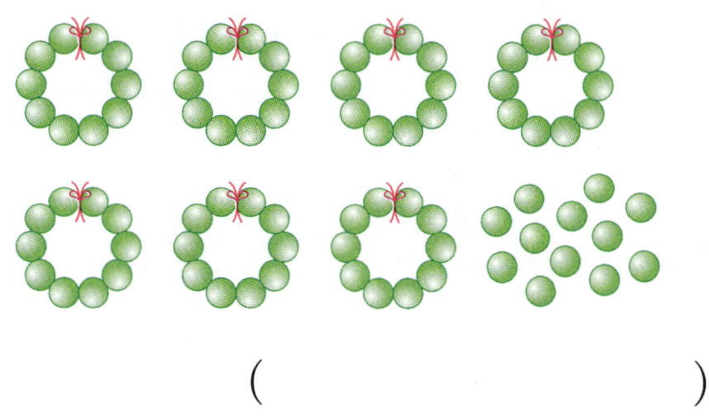

(　　　　　　　　)

09 달걀의 수를 바르게 말한 사람은 누구입니까?

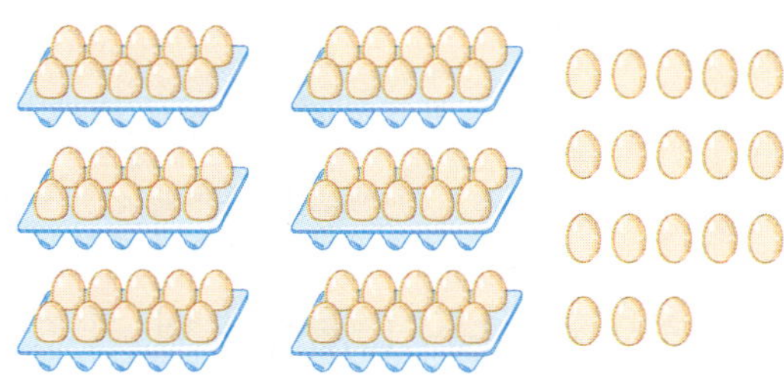

희수: 10개씩 묶음 8개와 낱개 7개야.
은진: 달걀이 일흔여덟 개 있어.
동욱: 달걀은 여든일곱 개야.

(　　　　　　　　)

→ 핵심 내용 1만큼 더 큰 수 ⇨ 바로 뒤의 수,
1만큼 더 작은 수 ⇨ 바로 앞의 수

유형 04 수의 순서 알아보기

10 수의 순서대로 빈칸에 알맞은 수를 써넣으시오.

(1) 

(2) 

11 빈 곳에 알맞은 수를 써넣으시오.

1만큼 더 작은 수　　　1만큼 더 큰 수

12 빈 곳에 알맞은 수를 써넣으시오.

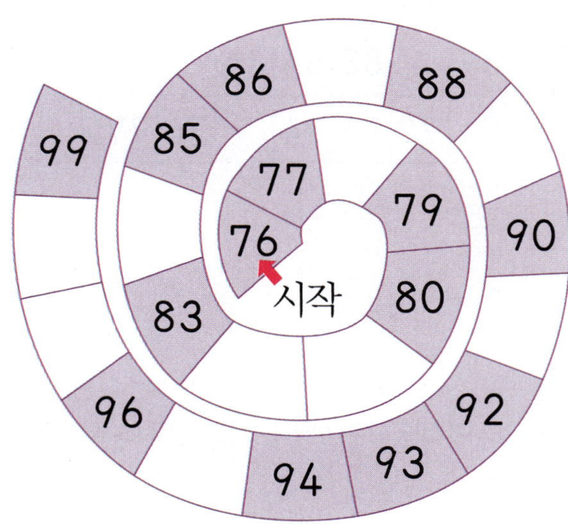

13 87보다 1만큼 더 큰 수를 쓰고, 두 가지 방법으로 읽어 보시오.

쓰기 (　　　　　　　　)

읽기 (　　　　　　　　)

2단계 기본유형

유형 05 100 알아보기

14 그림이 나타내는 수를 쓰고 읽어 보시오.

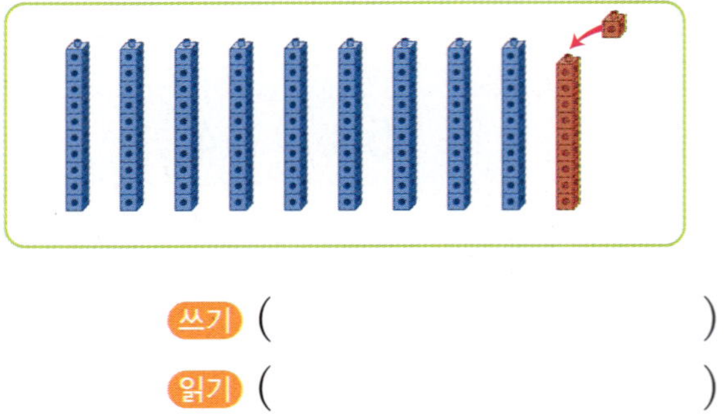

쓰기 (   )

읽기 (   )

15 빈칸에 알맞은 수를 써넣으시오.

51	52	53	54	55	56	57	58	59	60
61	62	63	64	65	66	67	68	69	70
71	72		74	75	76	77	78		80
81		83	84	85			87		89
91	92	93	94		96	97			

16 나타내는 금액이 다른 하나를 찾아 기호를 쓰시오.

> ㉠ 100원짜리 동전 1개
> ㉡ 10원짜리 동전 5개
> ㉢ 50원짜리 동전 2개

(   )

유형 06 두 수의 크기 비교 ⑴

17 그림을 보고 ◯ 안에 >, <를 알맞게 써넣으시오.

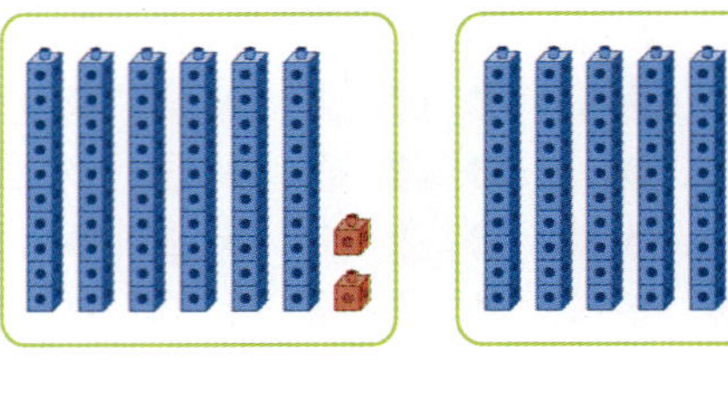

62 ◯ 89

18 다음을 2가지 방법으로 읽어 보시오.

> 69 < 70

읽기1 ________________________

읽기2 ________________________

19 ◯ 안에 >, <를 알맞게 써넣으시오.

⑴ 54 ◯ 85   ⑵ 91 ◯ 76

20 지윤이와 상훈이 중에서 더 큰 수를 들고 있는 사람은 누구입니까?

(   )

핵심 내용 10개씩 묶음의 수가 같으면 낱개의 수를 비교한다.

유형 07 두 수의 크기 비교 (2)

21 구슬의 수를 세어 □ 안에 알맞은 수를 써넣고 알맞은 말에 ○표 하시오.

(1) 54는 □보다 (큽니다 , 작습니다).

(2) 58은 □보다 (큽니다 , 작습니다).

22 작은 수에 △표 하시오.

76　　71

23 ○ 안에 >, <를 알맞게 써넣으시오.

(1) 80 ○ 82　　(2) 95 ○ 91

24 보기 에서 10개씩 묶음의 수가 같은 두 수를 찾아 ○ 안에 알맞게 써넣으시오.

보기
71　80　78　95

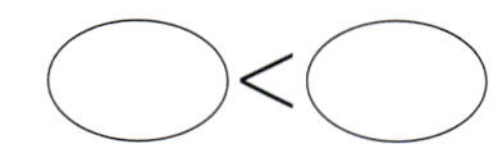
○ < ○

핵심 내용 둘씩 짝을 지을 때 하나가 남으면 홀수, 남는 것이 없으면 짝수

유형 08 짝수와 홀수 알아보기

25 수를 세어 □ 안에 쓰고 짝수인지, 홀수인지 ○표 하시오.

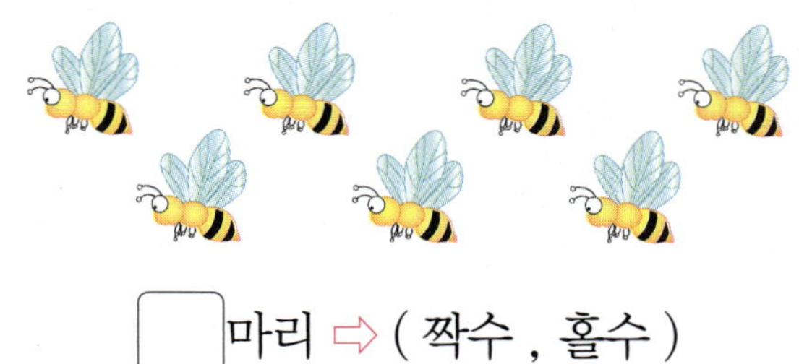

□ 마리 ⇨ (짝수 , 홀수)

26 홀수만 모아 놓은 것에 ○표 하시오.

7, 15, 32	9, 11, 33
(　　)	(　　)

27 짝수는 빨간색, 홀수는 파란색으로 색칠해 보시오.

1	2	3	4	5	6	7	8
9	10	11	12	13	14	15	16

28 21부터 30까지의 수를 홀수와 짝수에 알맞게 써넣으시오.

1
100
까지의
수

잘 틀리는 유형 09 두 수 사이의 수 알아보기

29 59와 61 사이의 수를 쓰시오.

| 57 | 58 | 59 | 60 | 61 | 62 |

(   )

30 서우와 태환이가 말하는 수 사이의 수를 모두 쓰시오.

(   )

협동유형 31 87과 93 사이의 수는 모두 몇 개입니까?

(   )

KEY 87부터 93까지의 수를 차례대로 세어 봅니다.

잘 틀리는 유형 10 세 수의 크기 비교하기

32 가장 큰 수에 ◯표 하시오.

| 58 | 91 | 52 |

33 코알라, 캥거루, 판다 중 가장 작은 수를 들고 있는 동물을 쓰시오.

(   )

협동유형 34 풍선 가게에서 하루 동안 빨간색 풍선을 77개, 노란색 풍선을 72개, 파란색 풍선을 75개 팔았습니다. 가장 많이 판 풍선은 어떤 색 풍선입니까?

(   )

KEY 10개씩 묶음의 수가 같으므로 낱개의 수를 비교하여 가장 큰 수를 찾습니다.

1 100까지의 수

서술형 유형

1-1

사탕의 수를 세어 두 가지 방법으로 읽으려고 합니다. 풀이 과정을 완성하고 답을 구하시오.

풀이 사탕이 10개씩 묶음 6개와 낱개 ☐

개이므로 ☐ 개입니다.

사탕의 수를 읽으면 육십육 또는

☐ 입니다.

답 ☐ , ☐

2-1

35보다 크고 43보다 작은 수 중에서 짝수는 모두 몇 개인지 풀이 과정을 완성하고 답을 구하시오.

풀이 35보다 크고 43보다 작은 수는 36,

37, 38, ☐ , ☐ , ☐ ,

☐ 입니다. 이 중에서 짝수는 36,

38, ☐ , ☐ 이므로 모두 ☐

개입니다.

답 ☐ 개

1-2

공깃돌의 수를 세어 두 가지 방법으로 읽으려고 합니다. 풀이 과정을 쓰고 답을 구하시오.

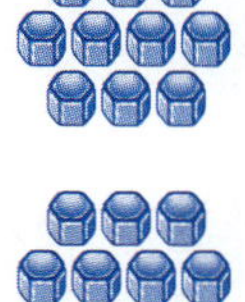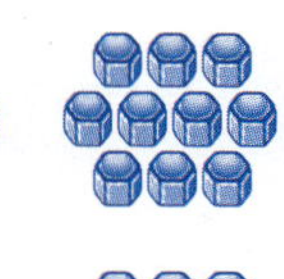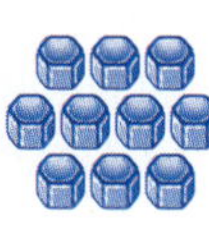
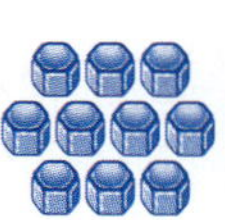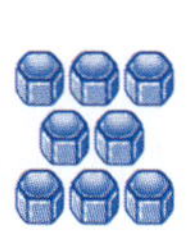

풀이

답 ___________

2-2

56보다 크고 66보다 작은 수 중에서 짝수는 모두 몇 개인지 풀이 과정을 쓰고 답을 구하시오.

풀이

답 ___________

점수 /

01 수를 세어 쓰고 두 가지 방법으로 읽어 보시오.

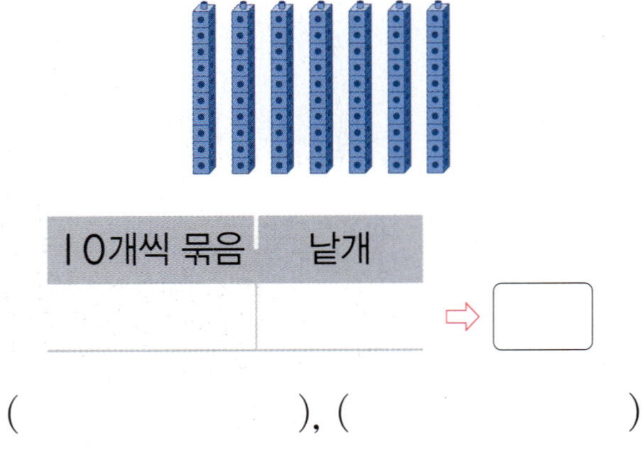

10개씩 묶음	낱개

⇨ [　]

(　　　　　　　), (　　　　　　　)

02 같은 수끼리 이어 보시오.

60	•	• 육십 •	• 여든
80	•	• 구십 •	• 예순
90	•	• 팔십 •	• 아흔

03 빈칸에 알맞은 수를 써넣으시오.

10개씩 묶음	낱개
9	2

⇨ [　]

04 지우개가 10개씩 묶음 9개와 낱개 7개가 있습니다. 지우개 수를 잘못 말한 사람은 누구입니까?

(　　　　　　　　　　　　)

05 10개씩 묶고 빈칸에 알맞은 수를 써넣으시오.

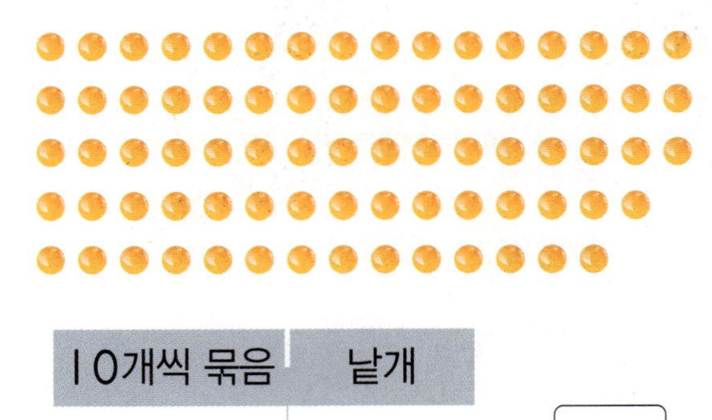

10개씩 묶음	낱개

⇨ [　]

06 곶감의 수를 <u>틀리게</u> 말한 사람은 누구입니까?

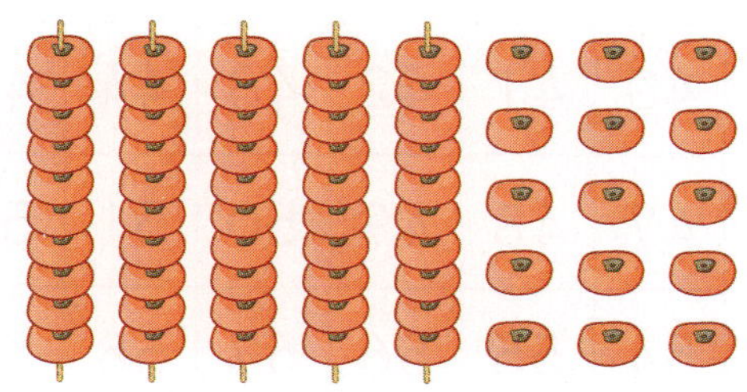

> 지아: 10개씩 묶음 6개와 낱개 5개야.
> 혜인: 곶감은 쉰다섯 개 있어.
> 수현: 곶감은 예순다섯 개야.

(　　　　　　　)

07 빈 곳에 알맞은 수를 써넣으시오.

1만큼 더 작은 수　　　1만큼 더 큰 수

08 빈 곳에 알맞은 수를 써넣으시오.

09 나타내는 금액이 <u>다른</u> 하나를 찾아 기호를 쓰시오.

> ㉠ 100원짜리 동전 1개
> ㉡ 50원짜리 동전 1개
> ㉢ 10원짜리 동전 10개

(　　　　　　　)

10 ◯ 안에 >, <를 알맞게 써넣으시오.

(1) 66 ◯ 56

(2) 80 ◯ 79

3 단계 유형 **평가** 단원

11 지훈이와 은우 중에서 더 작은 수를 말한 사람은 누구입니까?

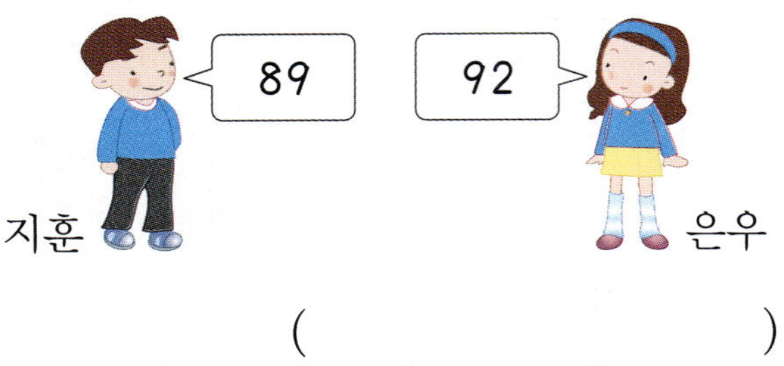

(   )

12 작은 수에 △표 하시오.

82   84

13 짝수만 모아 놓은 것에 ○표 하시오.

4, 16, 30   8, 20, 35

(   )   (   )

14 짝수는 빨간색, 홀수는 파란색으로 색칠해 보시오.

40	41	42	43	44	45	46
47	48	49	50	51	52	53
54	55	56	57	58	59	60

15 연경이와 원석이가 말하는 수 사이의 수를 모두 쓰시오.

(   )

16 가장 큰 수를 찾아 기호를 쓰시오.

> ㉠ 일흔둘　　㉡ 육십구　　㉢ **75**

(　　　　　　　)

17 **68**과 **75** 사이의 수는 모두 몇 개입니까?

(　　　　　　　)

18 밭에서 감자를 윤경이는 **62**개, 미림이는 **68**개, 성민이는 **64**개 캤습니다. 감자를 가장 많이 캔 사람은 누구입니까?

(　　　　　　　)

19 바둑돌의 수를 세어 두 가지 방법으로 읽으려고 합니다. 풀이 과정을 쓰고 답을 구하시오.

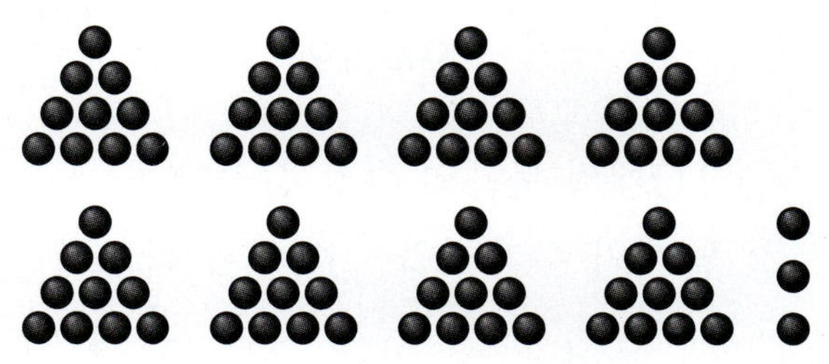

풀이

____

____

____

답 ______________________________

20 **85**보다 크고 **96**보다 작은 수 중에서 홀수는 모두 몇 개인지 풀이 과정을 쓰고 답을 구하시오.

풀이

____

____

____

답 ______________________________

QR 코드를 찍어 단원 평가 를 풀어 보세요.

잘 틀리는 실력 유형

유형 01 ☐ 안에 들어갈 수 있는 수 구하기

$$94 > 9\square$$

① 10개씩 묶음의 수가 같습니다.
② 낱개의 수가 4 > ☐이어야 하므로 ☐ 안에 들어갈 수 있는 수는 0, 1, ☐, ☐입니다.

01 ☐ 안에 들어갈 수 있는 수에 ◯표 하시오.

$$53 > 5\square$$

（ 2 , 3 , 4 , 5 ）

02 1부터 9까지의 수 중에서 ☐ 안에 들어갈 수 있는 수를 모두 쓰시오.

$$\square 4 > 68$$

（　　　　　　　）

03 0부터 9까지의 수 중 ☐ 안에 들어갈 수 있는 수는 모두 몇 개입니까?

$$85 < 8\square$$

（　　　　　　　）

유형 02 수 카드로 수 만들기

6 , 7 , 8 로 몇십몇 만들기

• 가장 큰 몇십몇 만들기
10개씩 묶음의 수는 가장 큰 수인 ☐, 낱개의 수는 두 번째로 큰 수인 ☐을 놓아야 합니다. ⇨ ☐

• 가장 작은 몇십몇 만들기
10개씩 묶음의 수는 가장 작은 수인 ☐, 낱개의 수는 두 번째로 작은 수인 ☐을 놓아야 합니다. ⇨ ☐

04 수 카드 3장 중에서 2장을 골라 한 번씩 사용하여 만들 수 있는 몇십몇 중 가장 큰 수를 구하시오.

4　8　5

（　　　　　　　）

05 수 카드 3장 중에서 2장을 골라 한 번씩 사용하여 만들 수 있는 몇십몇 중 가장 작은 수를 구하시오.

9　3　7

（　　　　　　　）

QR 코드를 찍어 **동영상 특강**을 보세요.

유형 03 조건을 만족하는 수 구하기

- 76보다 크고 82보다 작은 수입니다.
- 10개씩 묶음의 수는 8입니다.

① 76보다 크고 82보다 작은 수는

77, 78, 79, ☐, ☐ 입니다.

② 이 중에서 10개씩 묶음의 수가 8인 수는

☐, ☐ 입니다.

06 조건을 모두 만족하는 수를 구하시오.

\조건/
- 62보다 크고 68보다 작은 수입니다.
- 낱개의 수는 5입니다.

(   )

07 조건을 모두 만족하는 수를 구하시오.

\조건/
- 87보다 크고 93보다 작은 수입니다.
- 10개씩 묶음의 수는 8입니다.
- 홀수입니다.

(   )

유형 04 새 교과서에 나온 활동 유형

08 같은 수 찾기 놀이를 하고 있습니다. 같은 수를 찾은 친구는 누구입니까?

(   )

09 작은 수부터 수 카드를 놓으려고 합니다. 75 는 어디에 놓아야 합니까?

☐ 과 ☐ 사이

10 그림을 보고 짝수인지 홀수인지 ◯표 하세요.

(1) 풍선의 수는 (짝수 , 홀수)입니다.
(2) 풍선을 1개 더 불면, 풍선의 수는
 (짝수 , 홀수)입니다.

1

100
까지의
수

유형 01 10개씩 묶음의 수로 알아보기

01 초콜릿이 70개 있습니다. 이 초콜릿을 한 상자에 10개씩 담아 모두 포장한다면 몇 상자가 되는지 구하시오.

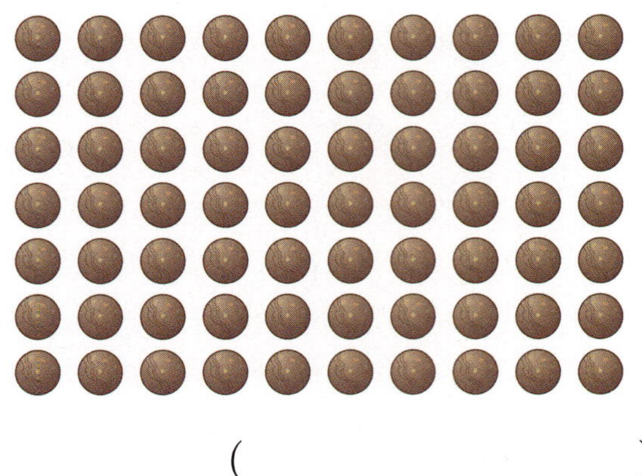

(   )

02 감자가 10개씩 3봉지 있고, 고구마가 10개씩 5봉지 있습니다. 감자와 고구마는 모두 몇 개입니까?

(   )

03 미주와 혜리가 게시판을 꾸미고 남은 색종이는 몇 장입니까?

> 미주: 게시판을 꾸미려고 산 색종이는 10장씩 묶음 9개지?
> 혜리: 응. 그리고 10장씩 묶음 3개를 썼어.

(   )

유형 02 낱개의 수가 10개보다 많은 몇십몇

04 ☐ 안에 알맞은 수를 써넣으시오.

10개씩 묶음	낱개
6	12

⇨ ☐

05 수수깡이 10개씩 묶음 5개와 낱개 26개 있습니다. 수수깡은 모두 몇 개입니까?

(   )

06 토마토는 10개씩 묶음 9개와 낱개 7개가 있고, 바나나는 10개씩 묶음 8개와 낱개 12개가 있습니다. 토마토와 바나나 중 어느 것이 더 많습니까?

(   )

QR 코드를 찍어 **동영상 특강**을 보세요.

유형 03 나타내는 수가 다른 하나 찾기

07 나타내는 수가 나머지와 <u>다른</u> 하나의 기호를 쓰시오.

> ㉠ 84
> ㉡ 팔십사
> ㉢ 마흔여덟
> ㉣ 10개씩 묶음 8개와 낱개 4개인 수

(　　　　　　　　)

08 나타내는 수가 나머지와 <u>다른</u> 하나는 어느 것입니까? ·················· (　　　)

① 예순일곱
② 68보다 1만큼 더 작은 수
③ 65보다 1만큼 더 큰 수
④ 육십칠
⑤ 67

09 큰 수부터 차례로 기호를 쓰시오.

> ㉠ 10개씩 묶음 7개와 낱개 4개인 수
> ㉡ 일흔여섯보다 1만큼 더 작은 수
> ㉢ 예순아홉보다 1만큼 더 큰 수

(　　　　　　　　)

유형 04 ■만큼 더 큰(작은) 수

10 수를 보고 물음에 답하시오.

72 — 73 — 74 — 75 — 76 — 77

(1) 74보다 2만큼 더 큰 수를 쓰시오.
(　　　　　　　　)

(2) 74보다 2만큼 더 작은 수를 쓰시오.
(　　　　　　　　)

11 빈칸에 알맞은 수를 써넣으시오.

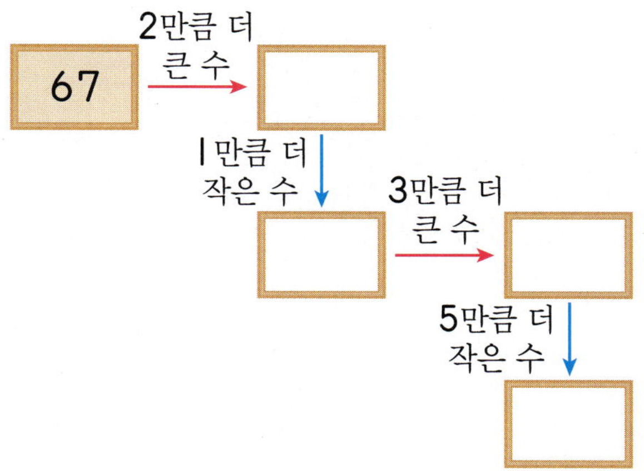

12 빨대를 재희는 10개씩 묶음 8개와 낱개 5개를 가지고 있고, 다솔이는 재희보다 3개 더 많이 가지고 있습니다. 다솔이가 가지고 있는 빨대는 몇 개입니까?

(　　　　　　　　)

99까지의 수 활용하기

01 빈칸에 알맞은 수를 써넣으시오.

10개씩 묶음	낱개		수
8		⇨	❶96
	29	⇨	❷59

❶ 96을 10개씩 묶음 몇 개와 낱개 몇 개로 나타낼 수 있는지 알아봅니다.
❷ 59를 10개씩 묶음 몇 개와 낱개 몇 개로 나타낼 수 있는지 알아봅니다.

두 수 사이의 수 활용하기

02 ❷76과 81 사이의 수가 <u>아닌</u> 것을 찾아 기호를 쓰시오.

❶
> ㉠ 일흔여덟
> ㉡ 80보다 1만큼 더 작은 수
> ㉢ 75보다 1만큼 더 큰 수

(   )

❶ ㉠, ㉡, ㉢을 각각 수로 나타냅니다.
❷ ㉠, ㉡, ㉢ 중 76보다 크고 81보다 작은 수가 아닌 것을 찾습니다.

10개씩 묶음으로 뺄셈하기

03 ❶사과가 10개씩 6봉지와 낱개 13개가 있습니다. 이 중에서 10개씩 2봉지를 상자에 담았습니다. / ❷상자에 담고 남은 사과는 몇 개입니까?

(   )

❶ 사과 10개씩 6봉지에서 2봉지를 상자에 담으면 10개씩 몇 봉지가 남는지 알아봅니다.
❷ 상자에 담고 남은 사과는 몇 개인지 알아봅니다.

모르는 수가 있을 때 크기 비교하기

04 은수네 반 학급문고에 있는 책의 수는 몇십 또는 몇십몇 권입니다. ❶위인전이 가장 적고 동화책이 가장 많을 때 / ❷과학책은 몇 권입니까?

위인전	동화책	과학책
88권	☐1권	8☐권

(   )

❶ 위인전이 가장 적고 동화책이 가장 많다는 것을 이용하여 동화책은 몇 권인지 구합니다.
❷ 과학책은 몇 권인지 구합니다.

조건을 만족하는 수 구하기

05 ❸조건을 모두 만족하는 수는 몇 개입니까?

> ╱**조건**╱
> ❶ 50과 80 사이의 수이고 짝수입니다.
> ❷ 10개씩 묶음의 수가 낱개의 수보다 큽니다.

(   )

❶ 50과 80 사이의 수 중에서 짝수를 모두 찾습니다.
❷ ❶에서 찾은 수 중에서 10개씩 묶음의 수가 낱개의 수보다 큰 수를 찾습니다.
❸ ❷에서 찾은 수는 몇 개인지 알아봅니다.

수 카드로 더 큰 수 만들기

06 서우와 지호가 ❶4장의 수 카드 중 2장을 골라 한 번씩만 사용하여 몇십몇을 만들어 더 큰 수를 만든 사람이 이기는 놀이를 하고 있습니다. ❷서우가 95를 만들어서 졌다면 지호가 만든 몇십몇은 얼마입니까?

(   )

❶ 수 카드로 만들 수 있는 몇십몇을 모두 만들어 봅니다.
❷ 95보다 크려면 지호가 만든 몇십몇은 얼마인지 구합니다.

07 十을 나타내는 수가 몇 개 있어야 百이 나타내는 수와 같아지겠습니까?

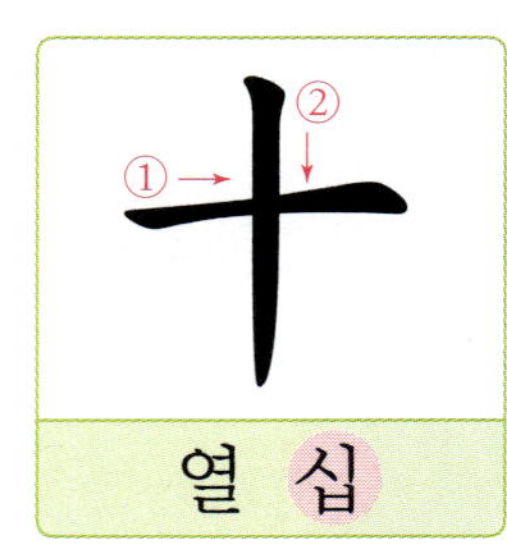

(   )

99까지의 수 활용하기

08 빈 곳에 알맞은 수를 써넣으시오.

10개씩 묶음	낱개		수
3		⇨	55
	12	⇨	72

두 수 사이의 수 활용하기

09 86과 91 사이의 수가 아닌 것을 찾아 기호를 쓰시오.

> ㉠ 구십보다 3만큼 더 작은 수
> ㉡ 89보다 2만큼 더 큰 수
> ㉢ 여든아홉

(   )

10 짝수와 홀수를 구분하여 ☐ 안에 알맞은 수를 써넣으시오.

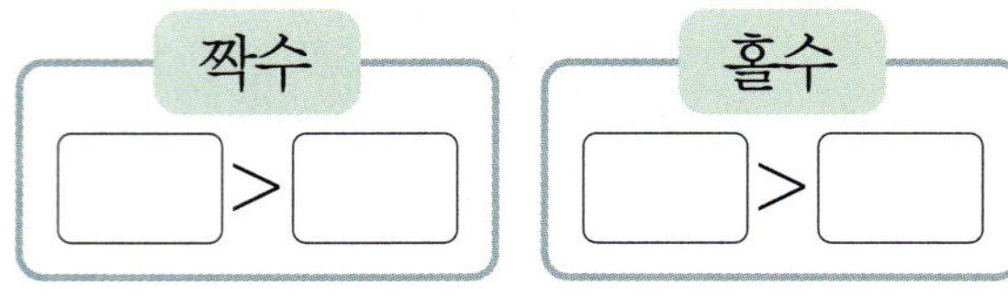

| 84   65   68   59 |

짝수		홀수	
☐ > ☐		☐ > ☐	

10개씩 묶음으로 뺄셈하기

11 초콜릿이 10개씩 7봉지와 낱개 17개가 있습니다. 이 중에서 10개씩 2봉지를 동생에게 주면 남는 초콜릿은 몇 개입니까?

(   )

12 주머니에 든 금액이 같은 것끼리 이어 보시오.

 · 

 · 

 · 

13 야구공을 10개씩 담을 수 있는 상자가 5개 있습니다. 야구공 80개를 모두 담으려면 10개씩 담을 수 있는 상자는 몇 개 더 있어야 합니까?

(　　　　　　　　)

14 대화를 읽고 딱지를 가장 많이 가지고 있는 사람의 이름을 쓰시오.

> 규찬: 나는 예순다섯 장보다 한 장 더 많이 가지고 있어.
> 윤성: 나는 10장씩 묶음 5개와 낱장 12장을 가지고 있지.
> 초희: 나는 한 장만 더 있으면 60장인데…….

(　　　　　　　　)

모르는 수가 있을 때 크기 비교하기

15 과일의 수는 몇십 또는 몇십몇 개입니다. 사과가 가장 적고 귤이 가장 많습니다. 바나나와 귤은 각각 몇 개 있습니까?

바나나	사과	귤
☐0개	88개	☐3개

바나나 (　　　　　　　)
귤 (　　　　　　　)

조건을 만족하는 수 구하기

16 조건을 모두 만족하는 수는 몇 개입니까?

> **조건**
> • 오십오와 구십 사이의 수이고 짝수입니다.
> • 10개씩 묶음의 수와 낱개의 수가 같습니다.

(　　　　　　　　)

수 카드로 더 큰 수 만들기

17 민석이와 은빈이가 4장의 수 카드 중 2장을 골라 한 번씩만 사용하여 몇십과 몇십몇을 만들어 더 큰 수를 만든 사람이 이기는 놀이를 하고 있습니다. 민석이가 80을 만들어서 졌다면 은빈이가 만든 몇십몇은 얼마입니까?

(　　　　　　　　)

18 ☐9보다 크고 8☐보다 작은 수가 16개일 때 ☐ 안에 공통으로 들어가는 수를 구하시오.

(　　　　　　　　)

1 옛날 이집트 사람들은 지금 우리가 사용하는 수와 다른 방법으로 수를 나타냈습니다. 그림을 보고 이집트 수를 우리가 사용하는 아라비아 수로 나타내시오.

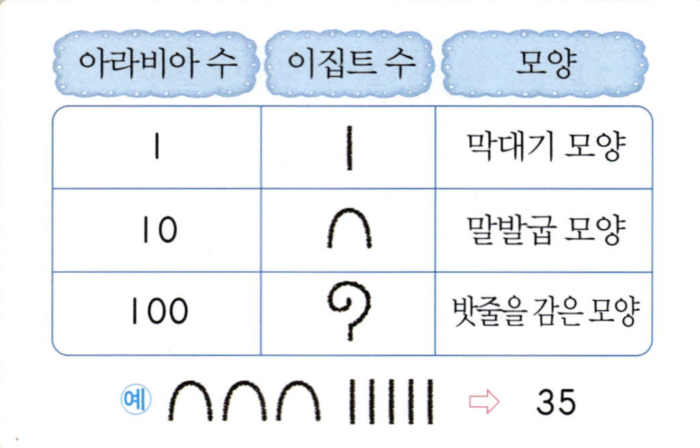

아라비아 수	이집트 수	모양
1	l	막대기 모양
10	∩	말발굽 모양
100	?	밧줄을 감은 모양

예 ∩∩∩ ||||| ⇨ 35

1  ⇨ ☐

2  ⇨ ☐

3 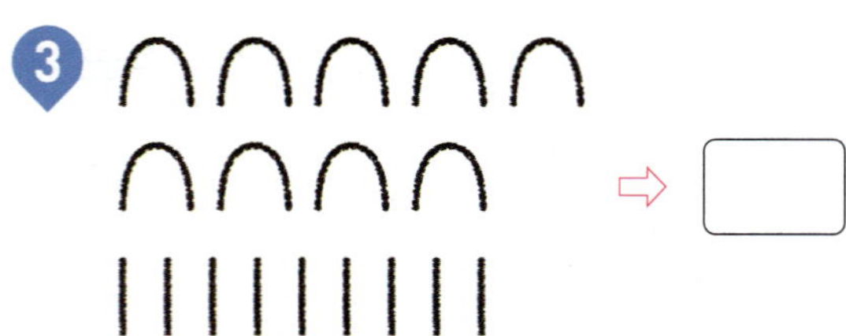 ⇨ ☐

문제 해결

2 작은 □의 수를 세어 보지 않고 홀수인지, 짝수인지 알아보시오.

1 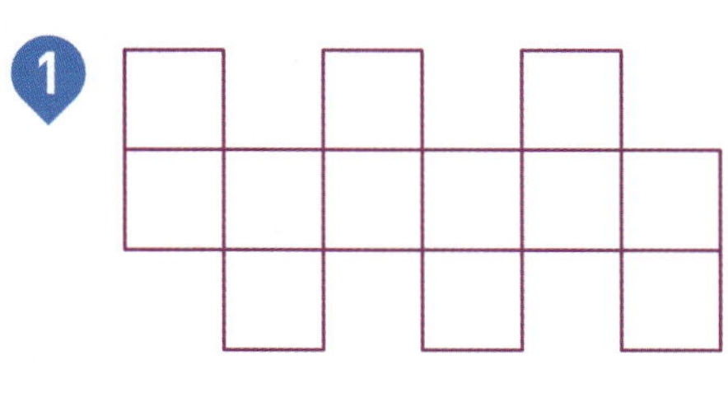

(짝수 , 홀수)

2 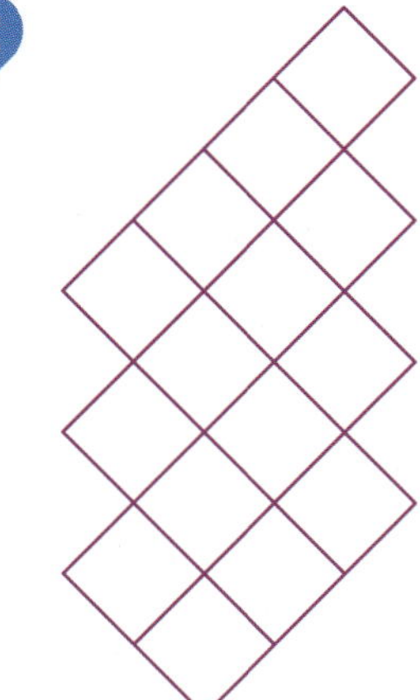

(짝수 , 홀수)

코딩

3 수의 순서대로 토끼가 모든 칸을 한 번씩만 지나서 당근이 있는 곳까지 가려고 합니다. 토끼가 가는 길을 선으로 나타내시오. (→, ←, ↓, ↑ 방향으로만 갈 수 있습니다.)

1 

2 

도전! 최상위 유형

1 |동영상|

| HME 20번 문제 수준 |

1부터 9까지의 수 중에서 ☐ 안에 공통으로 들어갈 수 있는 수는 모두 몇 개입니까?

$$76 > \boxed{}8 \qquad 4\boxed{} > 42$$

(   )

◇ 76>☐8에서 ☐ 안에 들어갈 수 있는 수와 4☐>42에서 ☐ 안에 들어갈 수 있는 수를 각각 구해 봅니다.

2 |동영상|

| HME 20번 문제 수준 |

윤아와 친구들이 딴 딸기의 수는 몇십몇 개입니다. 딸기를 예나가 둘째로 많이 땄을 때 ☐에 알맞은 수를 구하시오.

이름	윤아	예나	재훈
딸기의 수	7△개	☐2개	86개

(   )

3 

| HME 21번 문제 수준 |

46보다 크고 87보다 작은 수를 모두 쓸 때, 숫자 6은 모두 몇 번을 쓰게 됩니까?

(　　　　　　　　　)

🔖 46보다 크고 87보다 작은 수 중에서 숫자 6이 들어 있는 수를 모두 찾아봅니다.

4 

| HME 24번 문제 수준 |

㉮는 몇십몇입니다. 이 수의 10개씩 묶음의 수와 낱개의 수를 서로 바꾼 수가 ㉯일 때 ㉮와 ㉯는 모두 25보다 크고 64보다 작습니다. ㉮가 될 수 있는 수는 모두 몇 개입니까?

(　　　　　　　　　)

2 덧셈과 뺄셈 (1)

기본
핵심 개념
기초 문제
기본 유형

연습
잘 틀리는 유형
서술형 유형
유형(단원) 평가

완성
잘 틀리는 실력 유형
다르지만 같은 유형
응용 유형

도전
사고력 유형
최상위 유형

학습 계획표

계획표대로 공부했으면 ○표, 못했으면 △표 하세요.

내용	쪽수	날짜	확인
❶단계 핵심 개념+기초 문제	34~35쪽	월 일	
❷단계 기본 유형	36~39쪽	월 일	
❷단계 잘 틀리는 유형+서술형 유형	40~41쪽	월 일	
❸단계 유형(단원) 평가	42~45쪽	월 일	
잘 틀리는 실력 유형	46~47쪽	월 일	
다르지만 같은 유형	48~49쪽	월 일	
응용 유형	50~53쪽	월 일	
사고력 유형	54~55쪽	월 일	
최상위 유형	56~57쪽	월 일	

2. 덧셈과 뺄셈(1)
1단계 핵심 개념

개념 ❶ 세 수의 덧셈과 뺄셈

- 세 수의 덧셈

$$3+1=4$$
$$4+2=6$$
$$\Rightarrow 3+1+2=6$$

- 세 수의 뺄셈

$$7-1=6$$
$$6-2=4$$
$$\Rightarrow 7-1-2=4$$

핵심 세 수의 덧셈, 세 수의 뺄셈

❶ ☐ 에 있는 두 수를 계산한 다음, 나머지 수를 계산합니다.

[전에 배운 내용]

- 2부터 9까지의 수 모으기와 가르기

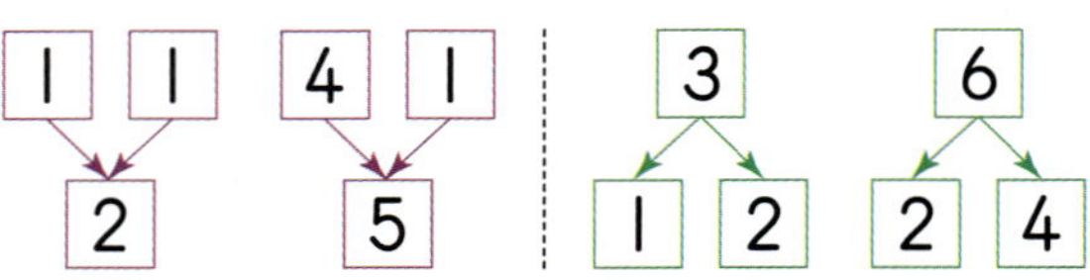

[앞으로 배울 내용]

- 세 수의 계산

$$25+16-14=27$$
$$34-19+18=33$$

세 수의 계산은 앞에서부터 두 수씩 차례대로 계산합니다.

개념 ❷ 10이 되는 더하기와 10에서 빼기

- 10이 되는 더하기

$1+9=10$	$4+6=10$	$7+3=10$
$2+8=10$	$5+5=10$	$8+2=10$
$3+7=10$	$6+4=10$	$9+1=10$

두 수를 바꾸어 더해도 합이 같습니다.

- 10에서 빼기

$10-1=9$	$10-4=6$	$10-7=3$
$10-2=8$	$10-5=5$	$10-8=2$
$10-3=7$	$10-6=4$	$10-9=1$

핵심 10이 되는 더하기, 10에서 빼기

모으기하여 10이 되는 두 수를 더하면 ❷ ☐ 이 됩니다.

[전에 배운 내용]

- 10을 모으기와 가르기

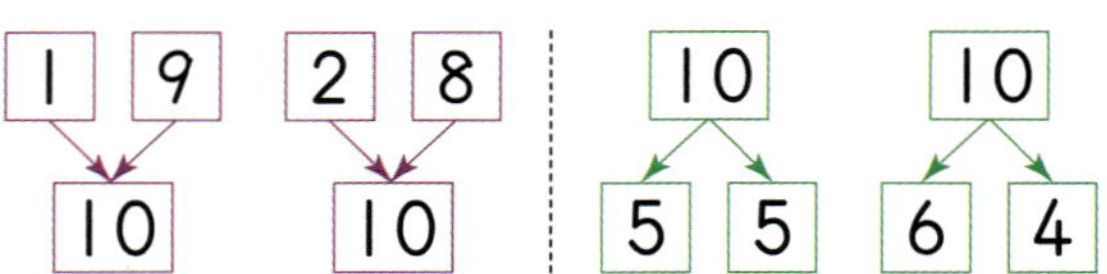

[앞으로 배울 내용]

- (몇)＋(몇)＝(십몇) 계산하기

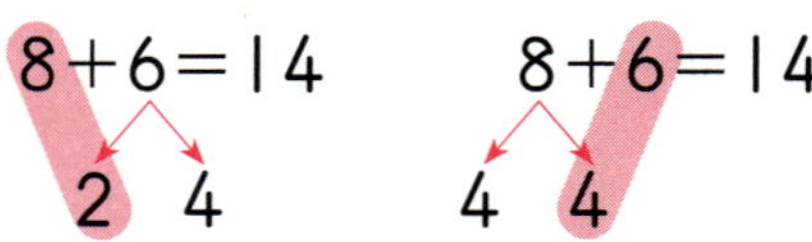

$$8+6=14 \qquad 8+6=14$$

- (십몇)－(몇)＝(몇) 계산하기

$$13-4=9 \qquad 13-4=9$$

QR 코드를 찍어 보세요.
새로운 문제를 계속 풀 수 있어요.

체크

1-1 세 수의 덧셈을 하시오.

(1) $1+2+3=\boxed{}$

(2) $3+2+3=\boxed{}$

(3) $2+1+2=\boxed{}$

(4) $5+2+1=\boxed{}$

(5) $3+3+3=\boxed{}$

1-2 세 수의 뺄셈을 하시오.

(1) $5-1-2=\boxed{}$

(2) $6-2-3=\boxed{}$

(3) $7-2-2=\boxed{}$

(4) $8-3-1=\boxed{}$

(5) $9-5-2=\boxed{}$

체크 

2-1 덧셈을 하시오.

(1) $2+8=\boxed{}$

(2) $3+7=\boxed{}$

(3) $5+5=\boxed{}$

(4) $6+4=\boxed{}$

(5) $7+3=\boxed{}$

2-2 뺄셈을 하시오.

(1) $10-1=\boxed{}$

(2) $10-2=\boxed{}$

(3) $10-4=\boxed{}$

(4) $10-5=\boxed{}$

(5) $10-7=\boxed{}$

2단계 기본 유형

2. 덧셈과 뺄셈 (1)

유형 01 세 수의 덧셈

01 그림을 보고 알맞은 덧셈식을 만들어 보시오.

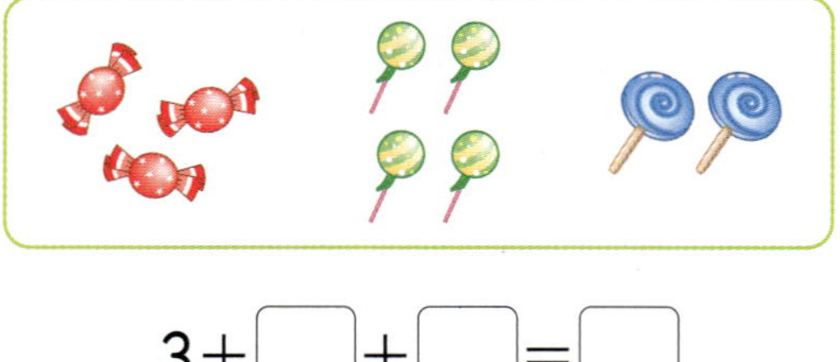

$$3+\boxed{}+\boxed{}=\boxed{}$$

02 알맞은 것을 찾아 이어 보시오.

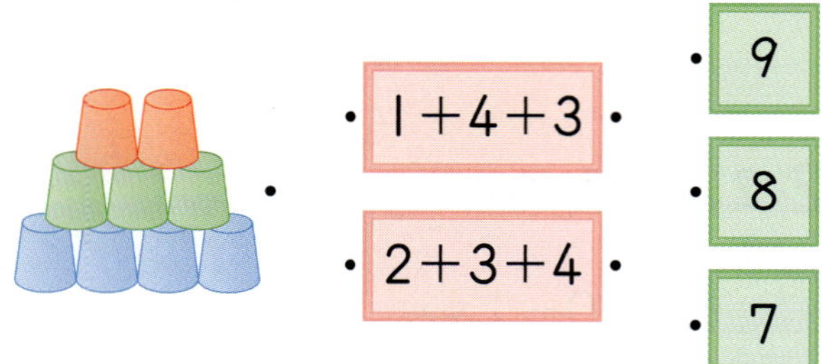

03 빨간색에 쓰인 수들의 합을 구하시오.

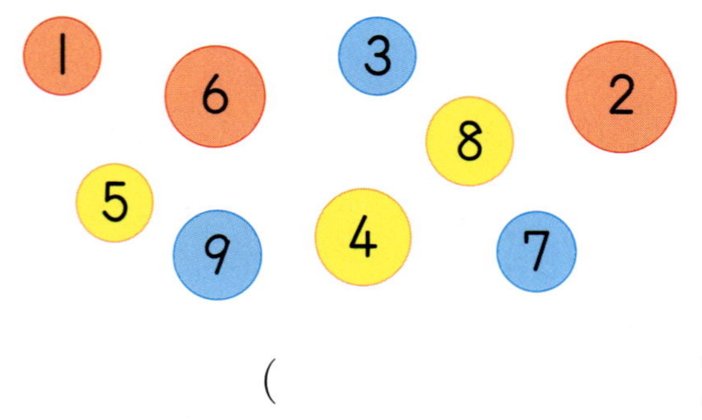

(　　　　　　　　)

유형 02 세 수의 뺄셈

04 그림을 보고 알맞은 뺄셈식을 만들어 보시오.

$$6-1-\boxed{}=\boxed{}$$

05 계산을 하시오.

(1) $9-3-4$　　　　(2) $8-2-2$

06 두 친구가 사탕을 가져가면 남는 사탕은 몇 개입니까?

식 $7-\boxed{}-\boxed{}=\boxed{}$　　　답 $\boxed{}$개

핵심 내용 ▶ 모으기하여 10이 되는 두 수를 더하면 10이 된다.

유형 03　10이 되는 더하기

07 ☐ 안에 알맞은 수를 써넣으시오.

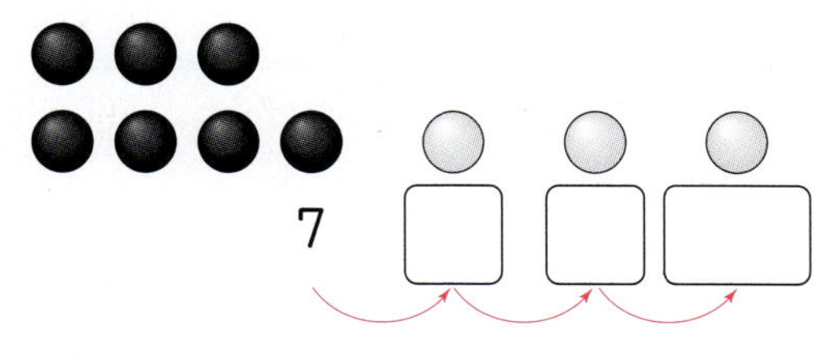

$7+3=$☐

08 그림을 보고 덧셈식으로 나타내시오.

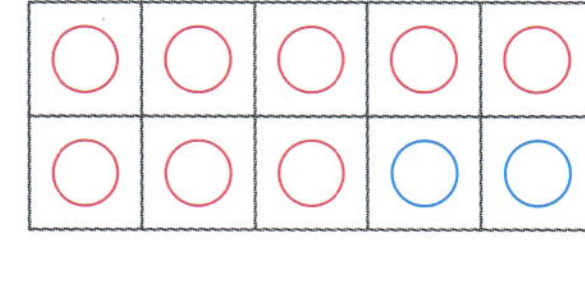

$8+$☐$=$☐

09 그림을 보고 ☐ 안에 알맞은 수를 써넣으시오.

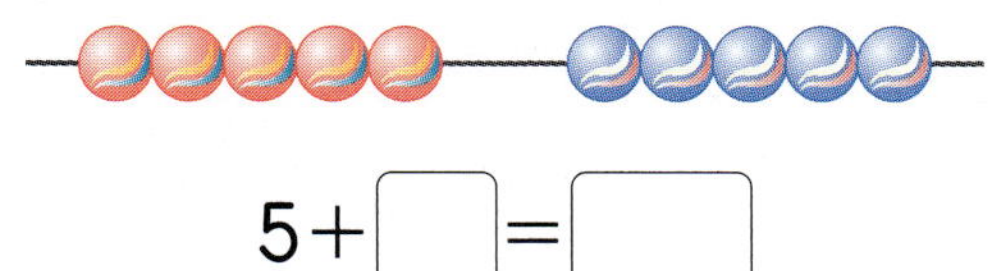

$5+$☐$=$☐

10 두 가지 색으로 색칠하였습니다. 알맞은 덧셈식으로 나타내시오.

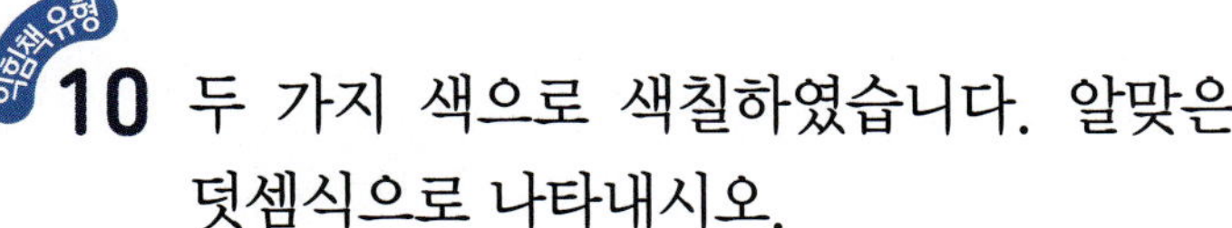

$1+$☐$=$☐

11 빈 곳에 알맞은 수를 써넣으시오.

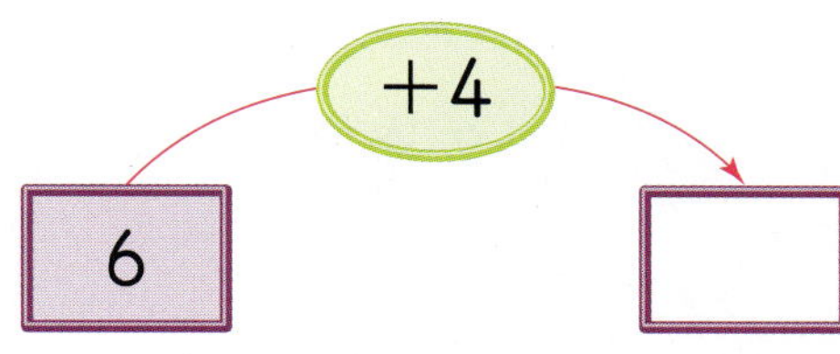

12 10이 되는 두 수를 이용하여 알맞게 잇고 덧셈식을 쓰시오.

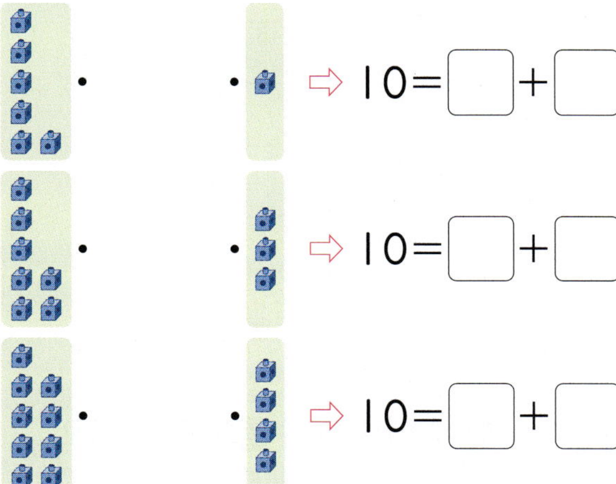

$\Rightarrow 10=$☐$+$☐

$\Rightarrow 10=$☐$+$☐

$\Rightarrow 10=$☐$+$☐

13 10이 되는 덧셈이 <u>아닌</u> 것은 어느 것입니까? ……………………… (　　　)

① $1+9$　　　② $3+7$
③ $5+5$　　　④ $6+4$
⑤ $8+1$

2 단계 기본 유형

→ 핵심 내용 | 10을 두 수로 가르기했을 때 10에서 한 수를 빼면 다른 한 수가 된다.

유형 04 | 10에서 빼기

14 □ 안에 알맞은 수를 써넣으시오.

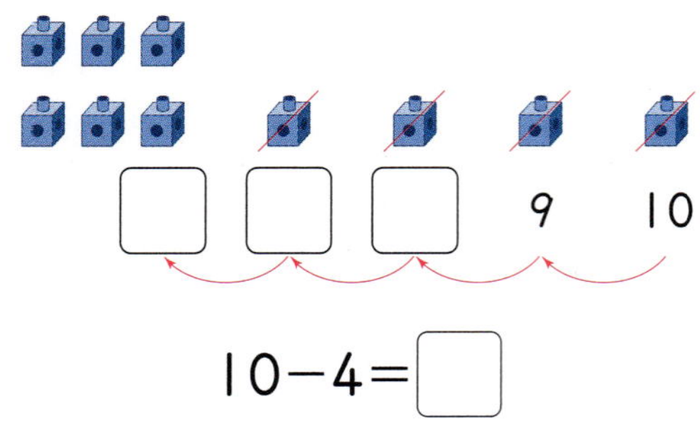

9 10

$10-4=$ □

15 그림을 보고 뺄셈식으로 나타내시오.

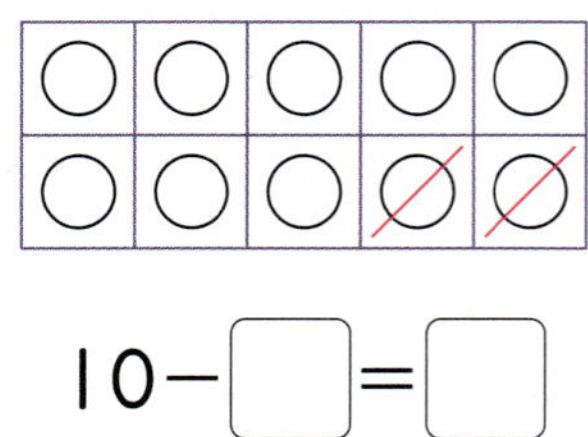

$10-$ □ $=$ □

16 □ 안에 알맞은 수를 써넣으시오.

$10-4=$ □

17 관계있는 것끼리 이어 보시오.

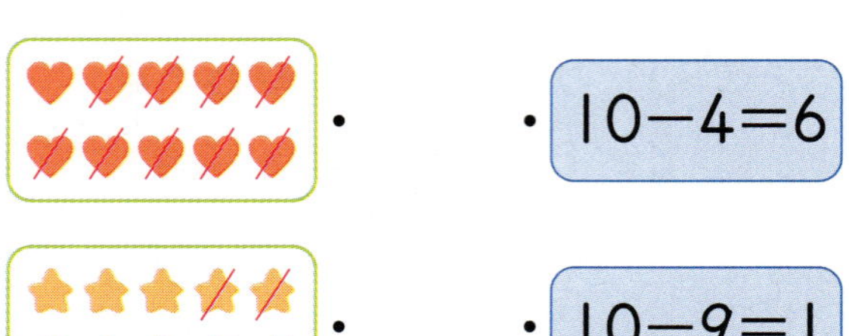

・ $10-4=6$

・ $10-9=1$

18 빈 곳에 두 수의 차를 써넣으시오.

10	8

19 계산 결과를 비교하여 ○ 안에 >, =, < 를 알맞게 써넣으시오.

$10-4$ ○ $10-6$

20 계산 결과가 작은 것부터 차례로 이어 보시오.

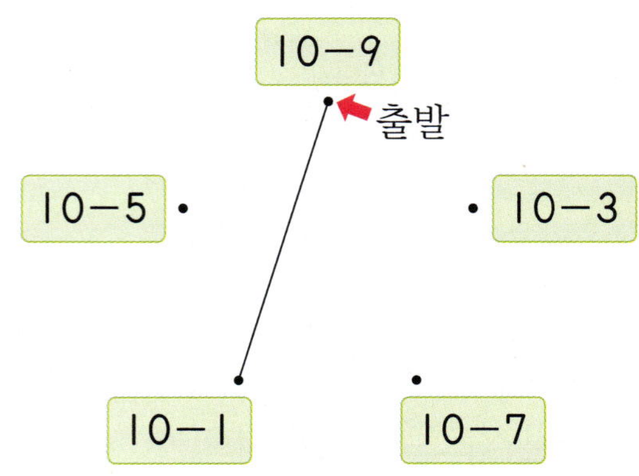

→ 핵심 내용 앞의 두 수를 더해서 10을 만든 다음, 나머지 한 수를 더한다.

유형 05 앞의 두 수로 10을 만들어 더하기

21 8+2+3을 계산하려고 합니다. ☐ 안에 알맞은 수를 써넣으시오.

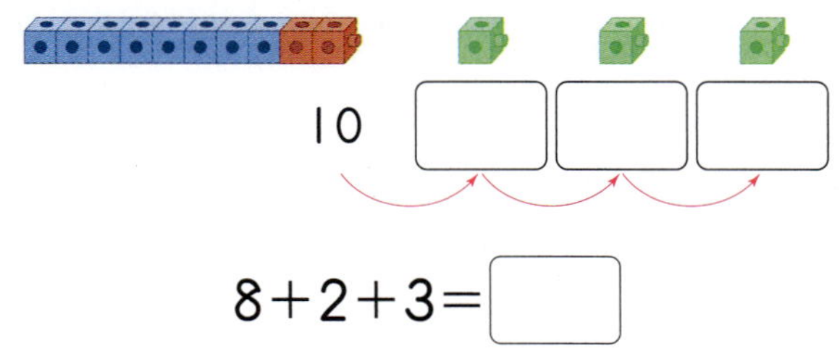

$$10 \quad \boxed{} \quad \boxed{} \quad \boxed{}$$

$$8+2+3=\boxed{}$$

22 계산 결과를 찾아 이어 보시오.

$$2+8+9$$ ·

$$9+1+7$$ ·

· 17

· 18

· 19

23 수 카드에 적힌 세 수를 더하면 얼마입니까?

(　　　　　)

→ 핵심 내용 뒤의 두 수를 더해서 10을 만든 다음, 나머지 한 수를 더한다.

유형 06 뒤의 두 수로 10을 만들어 더하기

24 그림을 보고 ☐ 안에 알맞은 수를 써넣으시오.

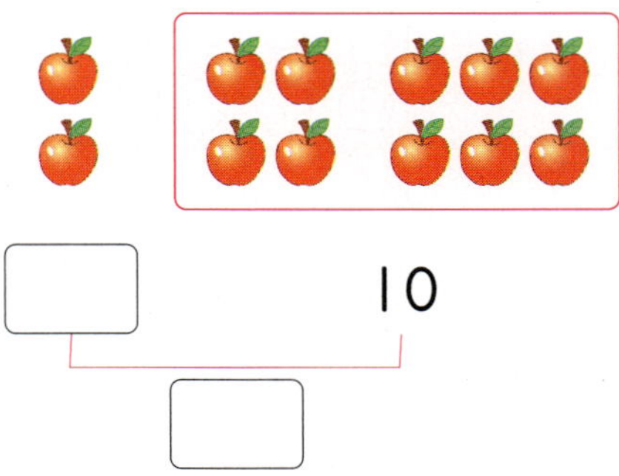

$$\boxed{} \qquad 10$$

$$\boxed{}$$

25 보기 와 같이 합이 10이 되는 두 수를 ◯로 묶은 뒤 세 수의 합을 구하시오.

보기
$$5+\boxed{1+9}=15$$

(1) $3+9+1$

(2) $8+3+7$

26 들고 있는 덧셈의 결과가 같은 사람끼리 짝꿍이 된다고 합니다. 현수의 짝꿍은 누구입니까?

(　　　　　)

2 단계 **기본 유형**

잘 틀리는 유형 07 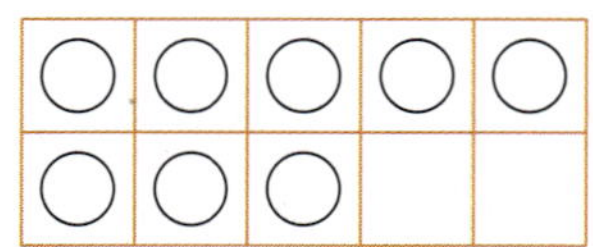 10이 되는 덧셈식에서 모르는 수 구하기

27 10이 되도록 ○를 그려 넣고, ☐ 안에 알맞은 수를 써넣으시오.

$$8+\boxed{}=10$$

28 ☐ 안에 알맞은 수를 써넣으시오.

(1) $5+\boxed{}=10$

(2) $\boxed{}+8=10$

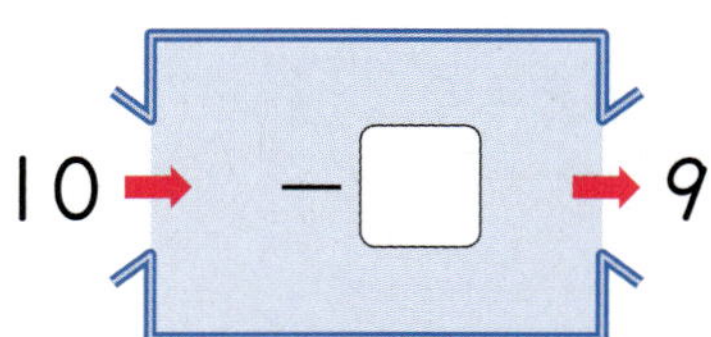

29 양말이 6켤레 있습니다. 어머니께서 몇 켤레를 더 사 오셔서 모두 10켤레가 되었습니다. 어머니께서 사 오신 양말은 몇 켤레입니까?

( )

KEY 어머니께서 사 오신 양말의 수를 ☐켤레라고 하여 덧셈식을 세웁니다.

잘 틀리는 유형 08 10이 되는 뺄셈식에서 모르는 수 구하기

30 10개 중 7개가 남도록 /으로 지우고, ☐ 안에 알맞은 수를 써넣으시오.

$$10-\boxed{}=7$$

31 ☐ 안에 알맞은 수를 써넣으시오.

$$10 \;\rightarrow\; -\boxed{} \;\rightarrow\; 9$$

32 10에서 어떤 수를 뺐더니 2가 되었습니다. 어떤 수는 얼마입니까?

( )

KEY 어떤 수를 ☐라고 하여 뺄셈식을 세웁니다.

서술형 유형

1-1

다음 계산이 <u>틀린</u> 이유를 완성하고 답을 바르게 구하시오.

$$9-4-3=8$$

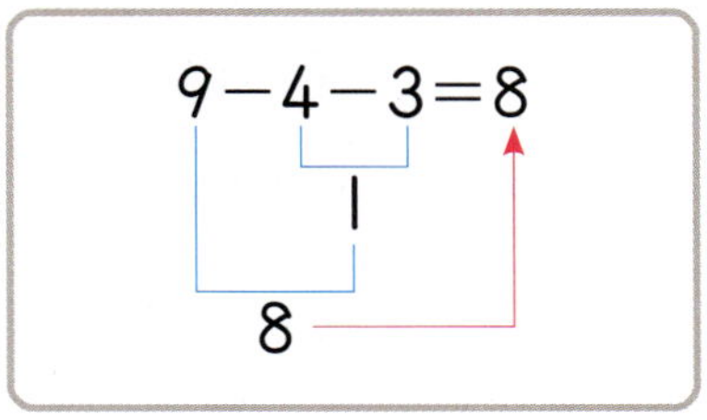

이유 □의 두 수를 먼저 계산해야 하는데

□의 두 수를 먼저 계산했습니다.

바른 계산: $9-4-3=$□

답 □

1-2

다음 계산이 <u>틀린</u> 이유를 쓰고 답을 바르게 구하시오.

$$7-3-3=7$$

이유

답 ________________________

2-1

10개짜리 달걀 한 꾸러미를 사서 달걀부침을 만들고 남은 것입니다. 달걀부침에 사용한 달걀은 몇 개인지 풀이 과정을 완성하고 답을 구하시오.

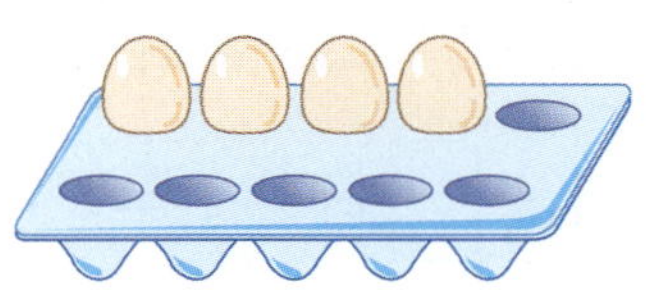

풀이 10개 중 □개가 남았으므로 달걀부침에 사용한 달걀은

$10-$□$=$□(개)입니다.

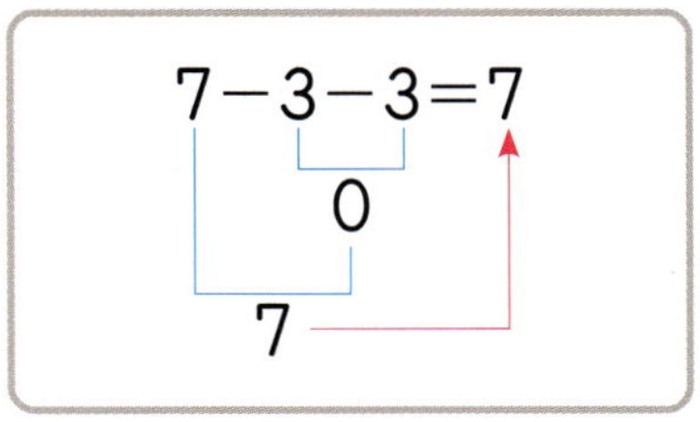

답 □개

2-2

진호가 바둑돌 10개를 양손에 쥐고 있습니다. 펼친 손에 있는 바둑돌을 보고 다른 손에 감춘 바둑돌은 몇 개인지 풀이 과정을 쓰고 답을 구하시오.

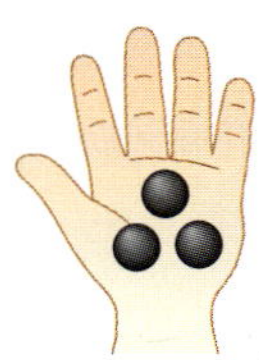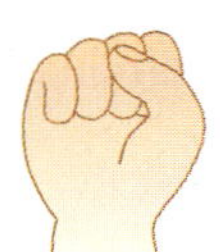

풀이

답 ________________________

01 그림을 보고 알맞은 덧셈식을 만들어 보시오.

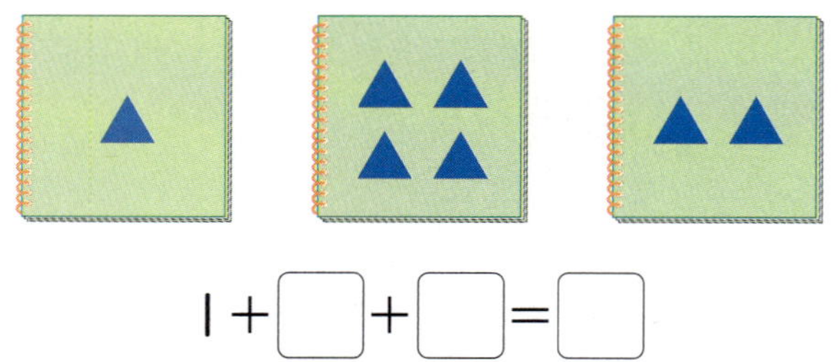

$$1 + \boxed{} + \boxed{} = \boxed{}$$

02 알맞은 것을 찾아 이어 보시오.

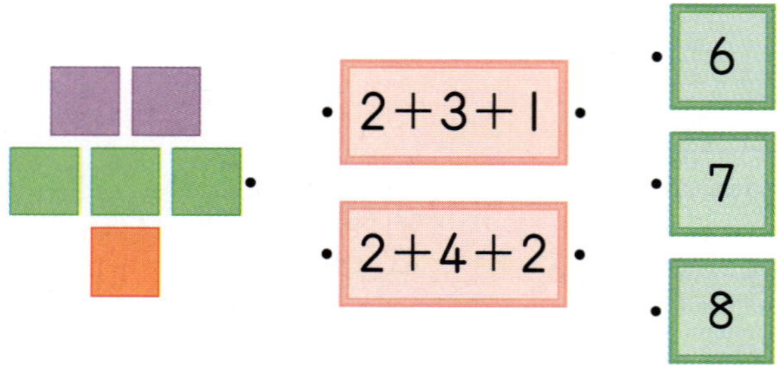

2+3+1 · 6

2+4+2 · 7

· 8

03 계산을 하시오.

(1) $7 - 1 - 3$ (2) $9 - 5 - 2$

04 그림을 보고 알맞은 뺄셈식을 만들어 보시오.

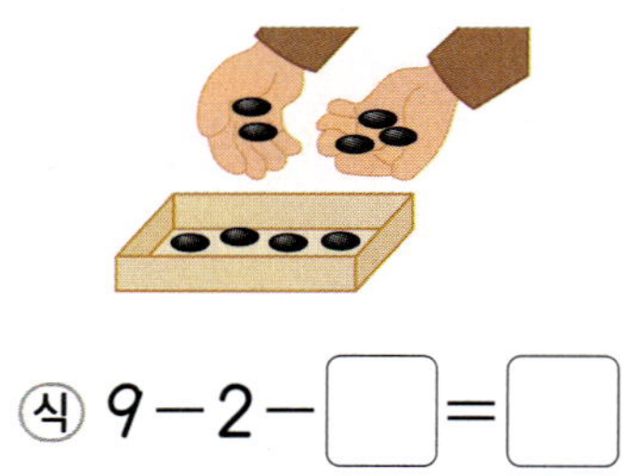

식 $9 - 2 - \boxed{} = \boxed{}$

05 그림을 보고 덧셈식으로 나타내시오.

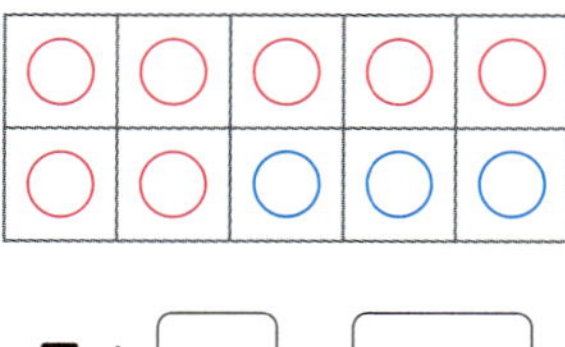

$$7 + \boxed{} = \boxed{}$$

06 두 가지 색으로 색칠하였습니다. 알맞은 덧셈식으로 나타내시오.

(1) 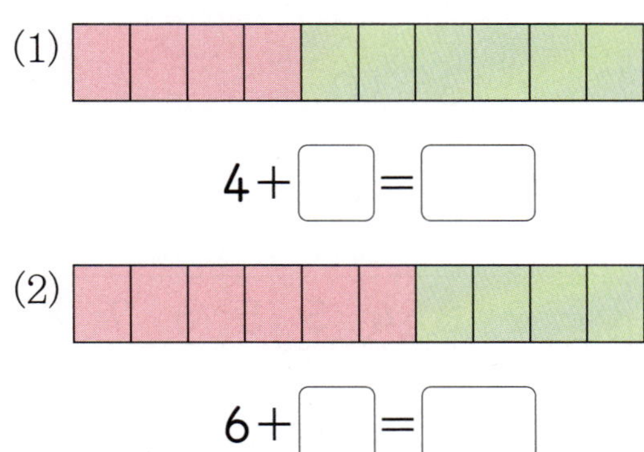

$$4+\boxed{}=\boxed{}$$

(2)

$$6+\boxed{}=\boxed{}$$

07 10이 되는 덧셈이 <u>아닌</u> 것을 찾아 기호를 쓰시오.

| ㉠ 4+6 | ㉡ 8+2 |
| ㉢ 7+1 | ㉣ 5+5 |

(　　　　　　　　　)

08 그림을 보고 **뺄셈식**으로 나타내시오.

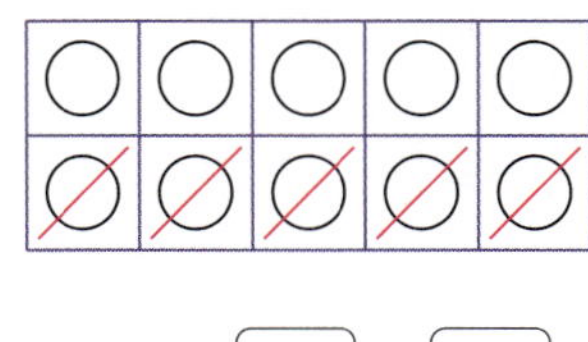

$$10-\boxed{}=\boxed{}$$

09 빈 곳에 두 수의 차를 써넣으시오.

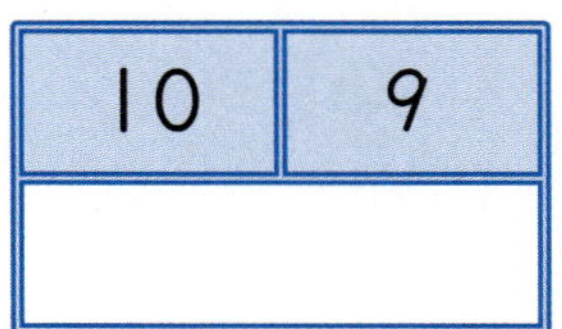

10 계산 결과를 비교하여 ◯ 안에 >, =, < 를 알맞게 써넣으세요.

$$\boxed{10-6} \quad \bigcirc \quad \boxed{10-3}$$

11 계산 결과를 찾아 이어 보시오.

$$\boxed{7+3+5} \cdot \qquad \cdot \boxed{14}$$

$$\cdot \boxed{15}$$

$$\boxed{5+5+6} \cdot \qquad \cdot \boxed{16}$$

12 수 카드에 적힌 세 수를 더하면 얼마입니까?

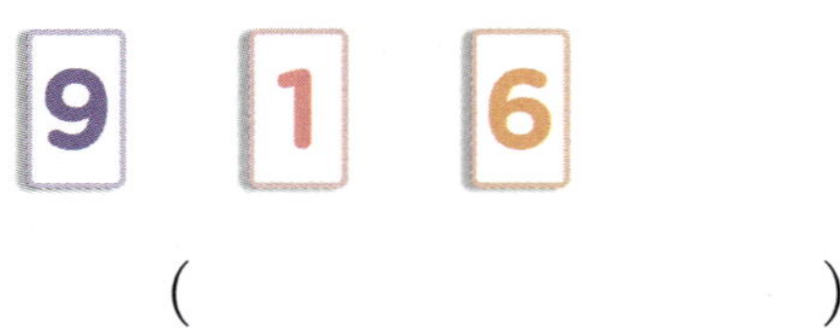

(   )

13 보기 와 같이 합이 10이 되는 두 수를 ◯로 묶은 뒤 세 수의 합을 구하시오.

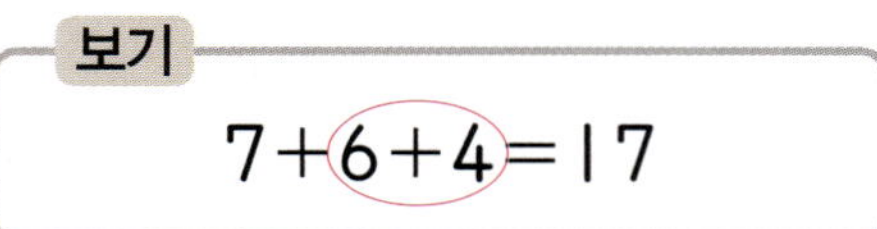

(1) $2+3+7$

(2) $5+2+8$

14 덧셈의 결과가 같은 사람끼리 짝꿍이 된다고 합니다. 예준이의 짝꿍은 누구입니까?

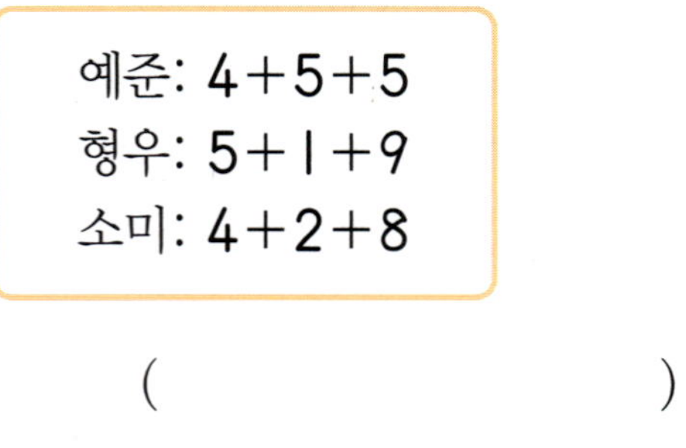

(   )

15 ☐ 안에 알맞은 수를 써넣으시오.

(1) $7+\boxed{}=10$

(2) $\boxed{}+6=10$

16 ☐ 안에 알맞은 수를 써넣으시오.

(1)
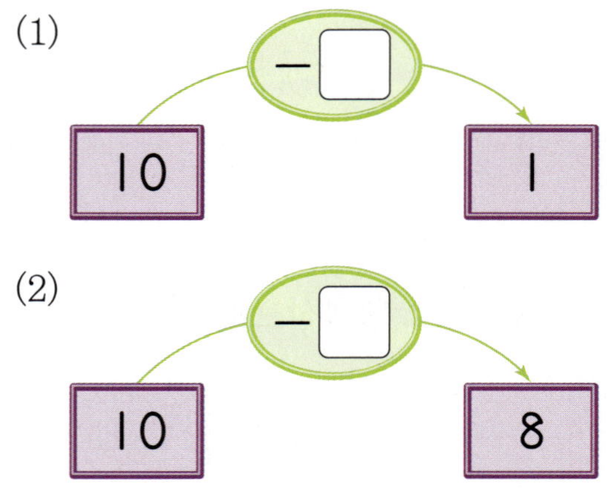

(2)

17 현정이는 종이배를 5개 만들었습니다. 동생에게 종이배를 몇 개 더 받았더니 모두 10개가 되었습니다. 동생에게 받은 종이배는 몇 개입니까?

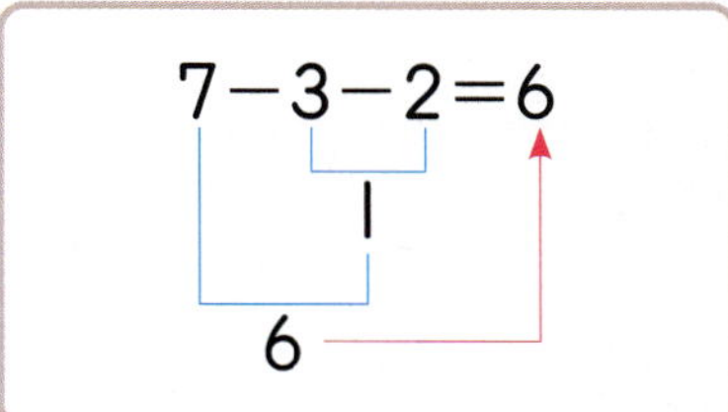

(   )

18 10에서 어떤 수를 뺐더니 1이 되었습니다. 어떤 수는 얼마입니까?

(   )

19 다음 계산이 틀린 이유를 쓰고 답을 바르게 구하시오.

$$7-3-2=6$$

이유

답

20 하준이가 구슬 10개를 양손에 쥐고 있습니다. 펼친 손에 있는 구슬을 보고 다른 손에 감춘 구슬은 몇 개인지 풀이 과정을 쓰고 답을 구하시오.

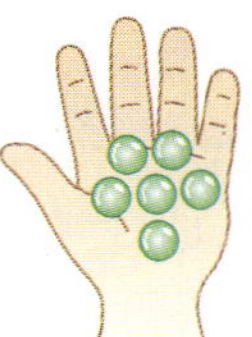

풀이

답

QR 코드를 찍어 **단원 평가** 를 풀어 보세요.

잘 틀리는 실력 유형

유형 01 세 수의 합 비교하기

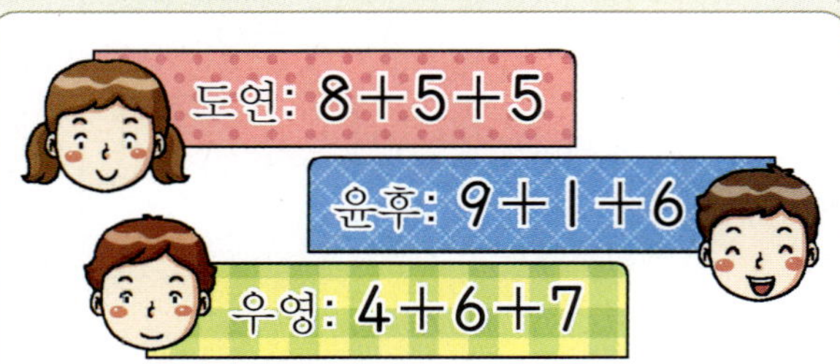

① 도연: 8+5+5= ☐,

윤후: 9+1+6= ☐,

우영: 4+6+7= ☐ 입니다.

② 계산 결과가 가장 큰 사람: ☐

계산 결과가 가장 작은 사람: ☐

01 계산 결과가 가장 큰 사람은 누구입니까?

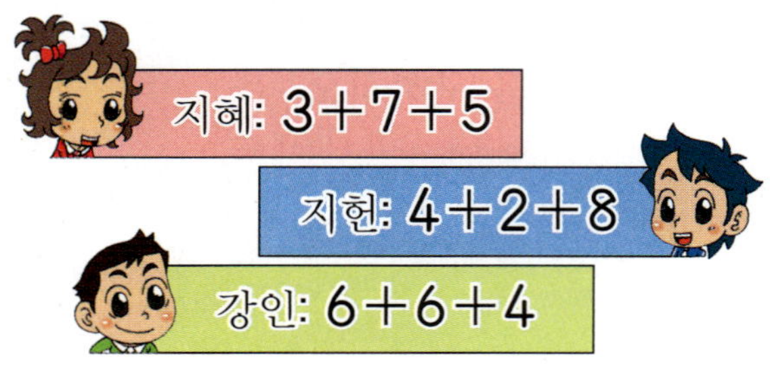

( )

02 민서와 주희 중 3달 동안 책을 더 많이 읽은 사람은 누구입니까?

	1월	2월	3월
민서	6권	4권	5권
주희	4권	9권	1권

( )

유형 02 ☐ 안에 들어갈 수 있는 수 구하기

1부터 9까지의 수 중에서 ☐ 안에 들어갈 수 있는 수 구하기

$$10-\boxed{}>5$$

① ☐ 안에 1부터 차례로 넣어 보면

10−1= ☐, 10−2= ☐,

10−3= ☐, 10−4= ☐,

10−5= ☐, ... 입니다.

② 따라서 ☐ 안에 들어갈 수 있는 수는

☐, ☐, ☐, ☐ 입니다.

03 1부터 9까지의 수 중에서 ☐ 안에 들어갈 수 있는 수를 모두 쓰시오.

$$10-\boxed{}>6$$

( )

04 1부터 9까지의 수 중에서 ☐ 안에 들어갈 수 있는 수를 모두 쓰시오.

$$4+\boxed{}<10$$

( )

QR 코드를 찍어 **동영상 특강**을 보세요.

유형 03 　모양에 알맞은 수 구하기

●와 ▲에 알맞은 수의 합 구하기

· ●+6=10
· 10−▲=7

① ●+6=10 ⇨ ◻에 6을 더하면 10

이 되므로 ●=◻입니다.

② 10−▲=7 ⇨ 10에서 ◻을 빼면 7

이 되므로 ▲=◻입니다.

③ 따라서 ●와 ▲에 알맞은 수의 합은

◻+◻=◻입니다.

05 ■와 ★에 알맞은 수의 합을 구하시오.

· ■+8=10
· 10−★=5

(　　　　　　　　)

06 ◆와 ♥에 알맞은 수의 합을 구하시오.

· 3+2+◆=8
· 9−◆−♥=4

(　　　　　　　　)

유형 04 　새 교과서에 나온 활동 유형

07 수 카드 2장을 골라 덧셈식 또는 뺄셈식을 완성해 보시오.

(1)

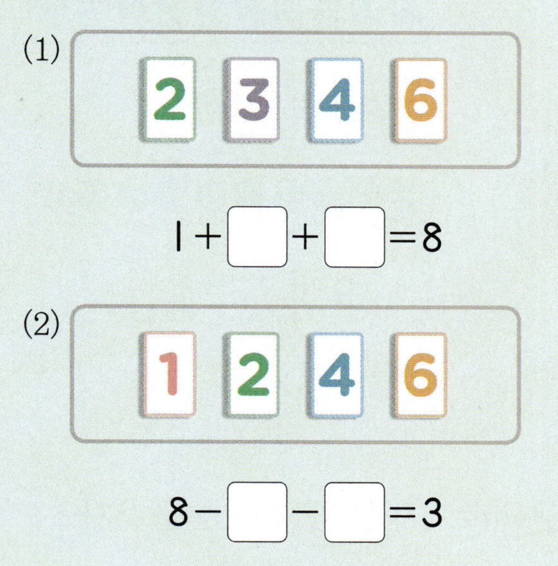

2　3　4　6

1+◻+◻=8

(2)

1　2　4　6

8−◻−◻=3

08 이웃한 두 수를 더해서 10이 되는 두 수를 찾고, 10이 되는 덧셈식을 써 보시오.

1	8	5	5	9
7	5	3	6	1
3	9	8	3	6
2	8	4	5	2

10=5+5

2

덧셈과 뺄셈 (1)

다르지만  같은 유형

유형 01 두 수를 바꾸어 더하기

01 두 수를 바꾸어 더해 보시오.

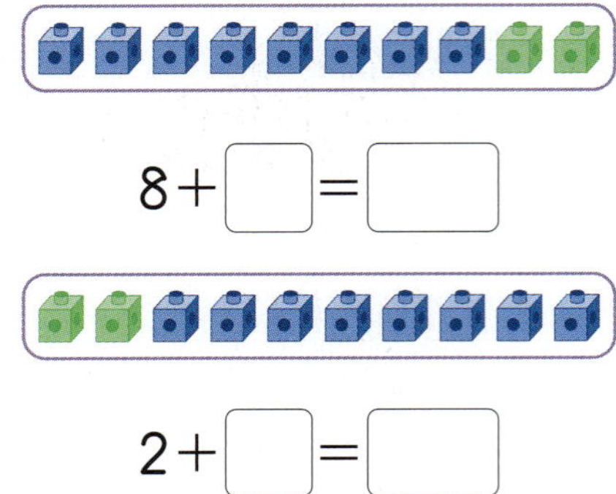

$8+\boxed{}=\boxed{}$

$2+\boxed{}=\boxed{}$

02 바르게 말한 친구의 이름을 쓰시오.

( )

03 범수는 동화책을 어제 3쪽, 오늘 7쪽 읽었습니다. 상미는 동화책을 어제 7쪽 읽었습니다. 두 사람이 읽은 쪽수가 같아지려면 상미가 오늘 몇 쪽을 읽어야 합니까?

( )

유형 02 그림을 보고 덧셈식과 뺄셈식 만들기

04 은지는 화분에 봉숭아 씨앗을 10개 심었습니다. 그림을 보고 만들 수 **없는** 식은 어느 것입니까? ……………… ( )

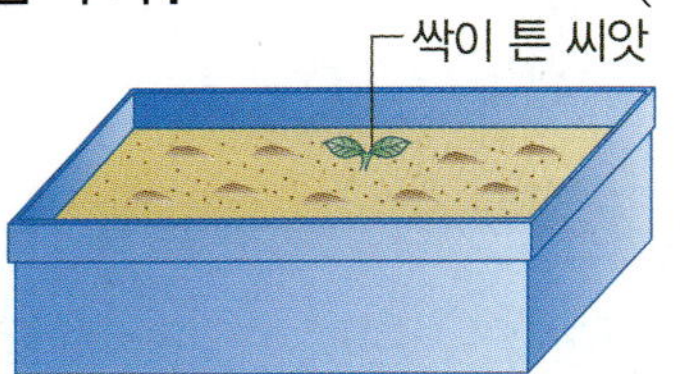

① $10-1=9$ ② $9+1=10$
③ $1+9=10$ ④ $1+8=9$
⑤ $10-9=1$

05 그림을 보고 ☐ 안에 알맞은 수를 써넣으시오.

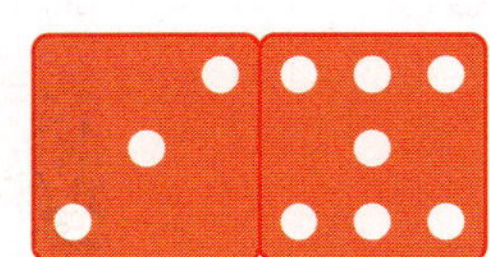

$3+\boxed{}=10$

$7+\boxed{}=10$

$10-3=\boxed{}$

$10-\boxed{}=3$

06 바둑돌 10개가 들어 있는 상자에서 손바닥 위의 수만큼 꺼냈습니다. 그림을 보고 덧셈식과 뺄셈식을 만들어 보시오.

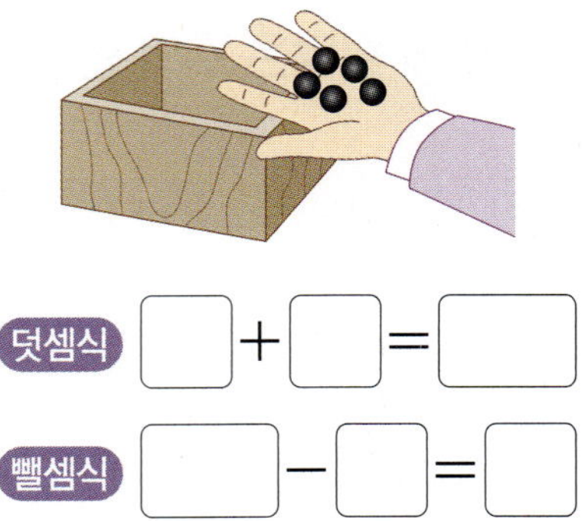

덧셈식 $\boxed{}+\boxed{}=\boxed{}$

뺄셈식 $\boxed{}-\boxed{}=\boxed{}$

QR 코드를 찍어 **동영상 특강**을 보세요.

유형 **03** 계산 결과의 크기 비교하기

07 현주와 서경이 중 계산 결과가 더 큰 카드를 들고 있는 사람은 누구입니까?

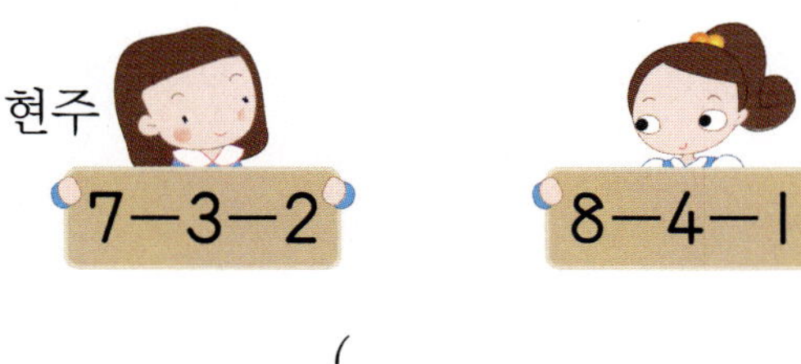

(   )

08 계산 결과가 가장 큰 것을 찾아 기호를 쓰시오.

> ㉠ 6+4+3
> ㉡ 3+7+5
> ㉢ 4+9+1

(   )

09 계산 결과가 가장 작은 것을 찾아 기호를 쓰시오.

> ㉠ 9−2−3
> ㉡ 8−1−5
> ㉢ 10−7

(   )

유형 **04** 세 수의 뺄셈 활용

10 한수가 친구들에게 색종이를 준 후에 남은 색종이는 몇 장입니까?

(   )

11 예주는 음악 소리의 크기를 6칸에서 1칸을 줄이고 다시 3칸을 줄였습니다. 지금 듣고 있는 음악 소리의 크기는 몇 칸입니까?

(   )

12 윤지와 훈구는 연필을 각각 7자루씩 가지고 있습니다. 남는 연필이 더 많은 친구는 누구입니까?

> 윤지: 동생에게 1자루, 친구에게 2자루를 줘야지.
> 훈구: 형에게 3자루, 친구에게 1자루를 줘야겠다.

(   )

2

덧셈과 뺄셈 (1)

응용 유형

규칙을 찾아 계산하기

01 ❶규칙을 찾아 / ❷빈 곳에 알맞은 수를 써넣으시오.

 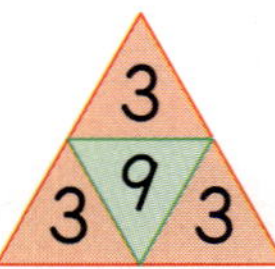 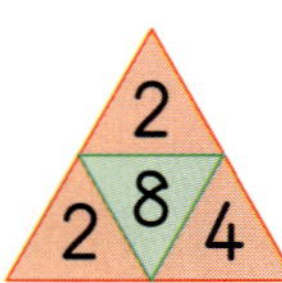 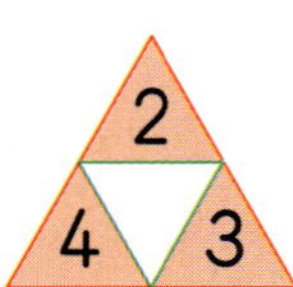

❶ 바깥쪽 세 수와 한가운데 수의 규칙을 찾아봅니다.

❷ 규칙에 맞게 빈 곳에 알맞은 수를 구합니다.

나이 구하기

02 ❶진영이는 8살입니다. / ❷진영이의 언니는 몇 살입니까?

❶ 언니의 나이를 구하는 방법을 알아봅니다.

❷ ❶의 방법으로 식을 세우고 계산하여 언니의 나이를 구합니다.

(   )

한글을 이용하여 세 수의 합 구하기

03 ❶'기러기'라는 낱말은 다음과 같이 9번에 씁니다. ❷'고양이'는 몇 번에 씁니까?

❶ 각 글자는 몇 번에 쓰는지 알아봅니다.

❷ '고양이'는 몇 번에 쓰는지 알아봅니다.

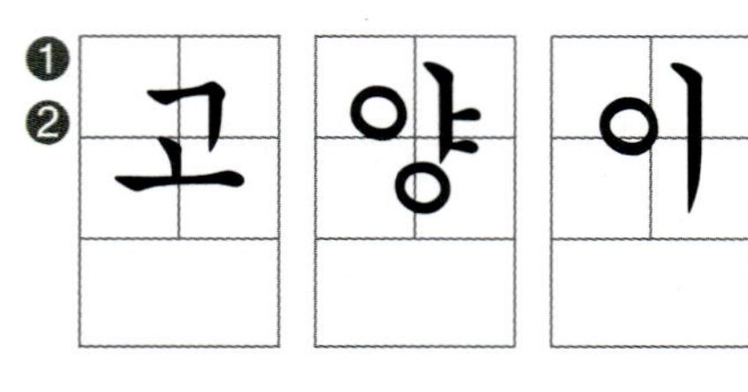

(   )

다리 수를 이용하여 동물의 수 구하기

04 마당에 병아리 1마리와 강아지 몇 마리가 놀고 있습니다. ❶병아리와 강아지의 다리 수를 세어 보니 모두 10개였습니다. / ❷마당에 있는 강아지는 몇 마리입니까?

❶ 강아지의 다리 수의 합을 구합니다.
❷ 강아지는 몇 마리인지 구합니다.

(　　　　　　　　　　)

조건을 만족하는 수 구하기

05 ❶(딸기)와 (귤)은 조건을 만족하는 수입니다. / ❷(딸기)+(귤)+(귤)은 얼마입니까?

❶ 조건을 이용하여 (딸기)와 (귤)에 알맞은 수를 각각 구합니다.
❷ (딸기)+(귤)+(귤)의 값을 구합니다.

❶
> ┌ 조건 ┐
> • (딸기)와 (귤)의 합은 10입니다.
> • (딸기)는 (귤)보다 2만큼 더 작습니다.

(　　　　　　　　　　)

어떤 수를 구하여 바르게 계산한 값 구하기

06 ❶어떤 수에서 / ❷3을 빼야 할 것을 / ❶잘못하여 더 했더니 10이 되었습니다. / ❷바르게 계산한 값은 얼마인지 구하시오.

❶ 어떤 수를 ◯라 하여 덧셈식을 만들고 어떤 수를 구합니다.
❷ 바르게 계산한 값을 구합니다.

(　　　　　　　　　　)

07 가장 큰 수에서 나머지 두 수를 빼면 얼마입니까?

3　2　9

(　　　　　　　)

규칙을 찾아 계산하기

08 규칙을 찾아 빈 곳에 알맞은 수를 써넣으시오.

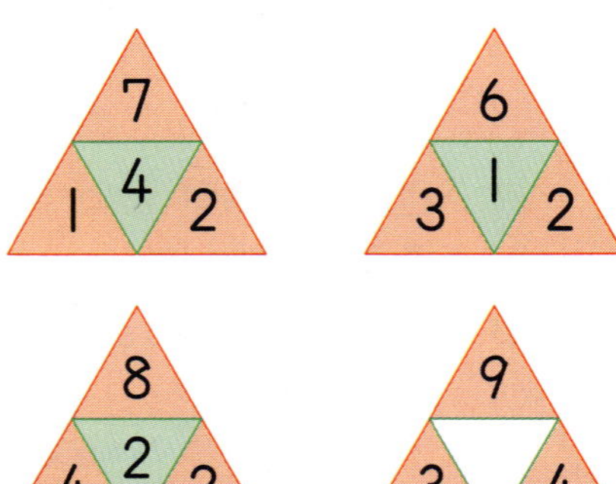

09 ☐ 안에 알맞은 수를 써넣어 만들 수 있는 서로 다른 덧셈식을 3개 써 보시오.

$$7 + \boxed{} + \boxed{} = 17$$

$$7 + \boxed{} + \boxed{} = 17$$

$$7 + \boxed{} + \boxed{} = 17$$

나이 구하기

10 동수는 7살입니다. 동수의 형은 몇 살입니까?

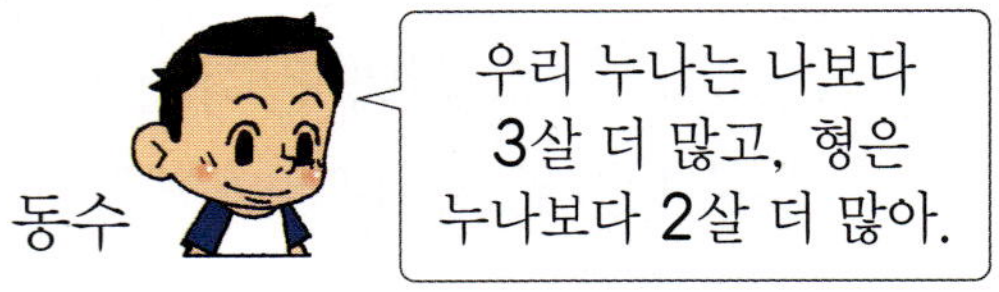

(　　　　　　　)

[11~12] '그리스'라는 낱말은 다음과 같이 9번에 씁니다. 물음에 답하시오.

한글을 이용하여 세 수의 합 구하기

11 다음 낱말은 몇 번에 씁니까?

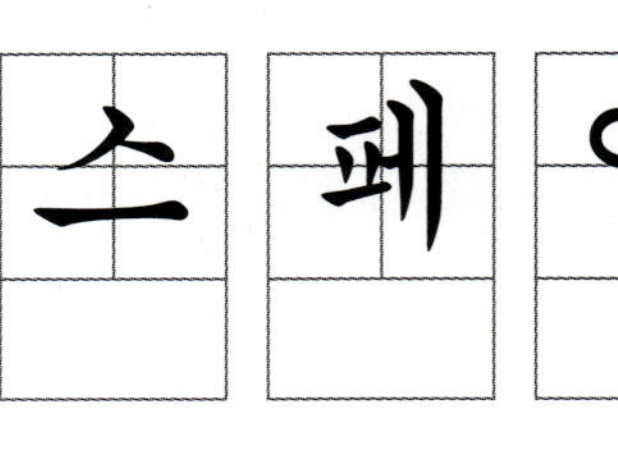

(　　　　　　　)

12 10번에 쓸 수 있는 낱말을 쓴 사람은 누구입니까?

(　　　　　　　)

13 소희와 연아가 주사위를 각각 2번씩 던져 나온 눈의 수를 더했더니 각각 10이 되었습니다. 모르는 눈의 수가 더 큰 사람은 누구입니까?

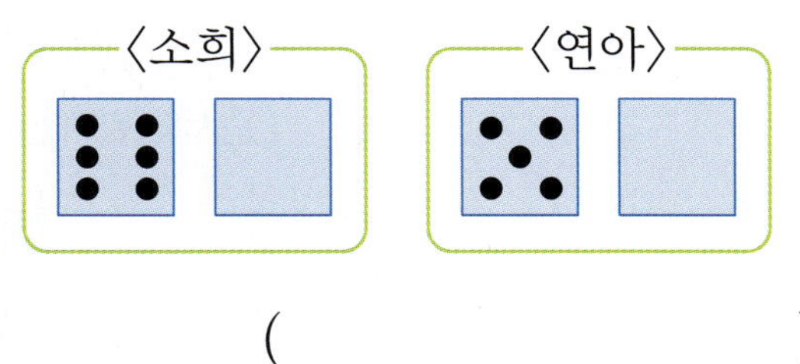

(　　　　　)

14 ▲=2일 때 ★의 값을 구하시오.

$$▲+●=10$$
$$★+★+●=10$$

(　　　　　)

15 마당에 참새 3마리와 병아리 몇 마리가 놀고 있습니다. 참새와 병아리의 다리 수를 세어 보니 모두 10개였습니다. 마당에 있는 병아리는 몇 마리입니까?

(　　　　　)

16 묶여진 두 장의 수 카드의 수를 더하면 각각 10이 됩니다. 뒤집어진 수 카드의 수가 큰 것부터 차례로 기호를 쓰시오.

(　　　　　)

17 ⚾와 ⚽은 조건을 만족하는 수입니다.

⚾+⚾+⚽은 얼마입니까?

┌ 조건 ┐
• ⚾와 ⚽의 합은 10입니다.
• ⚾은 ⚽보다 4만큼 더 작습니다.

(　　　　　)

18 어떤 수에서 2를 빼야 할 것을 잘못하여 더했더니 10이 되었습니다. 바르게 계산한 값은 얼마인지 구하시오.

(　　　　　)

1 사다리를 타고 내려가면서 계산하여 ☐ 안에 알맞은 수를 써넣으시오.

사다리 타는 방법

1 아래로 내려가다 만나는 다리는 반드시 건넙니다.

2 아래와 옆으로만 이동합니다.

3 지나는 길에 있는 식을 모두 계산합니다.

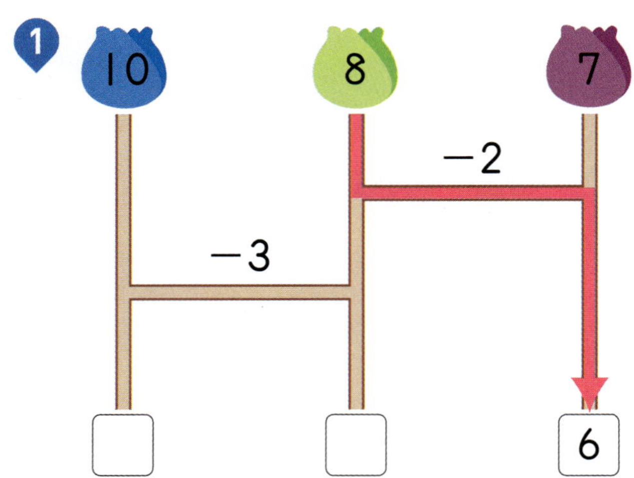

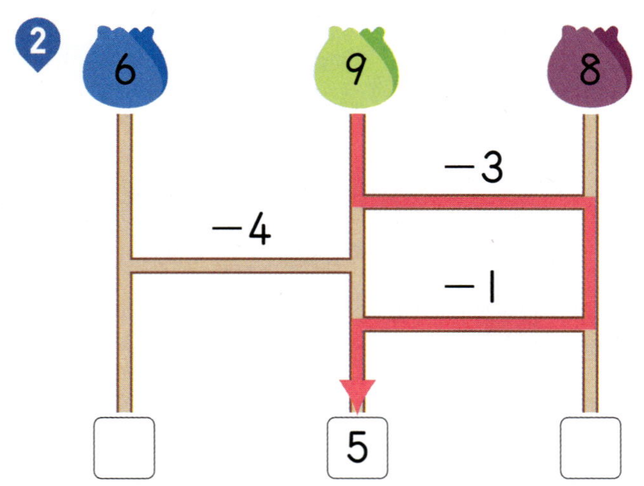

코딩

2 미로를 통과하는 길에 있는 식을 모두 계산하여 도착하는
곳에 알맞은 수를 써넣으시오.

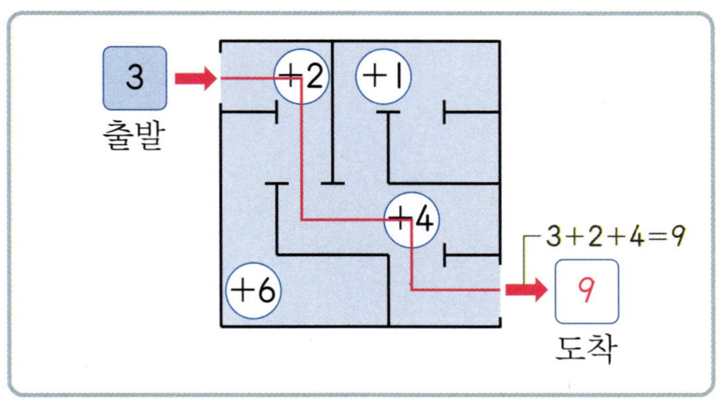

❶

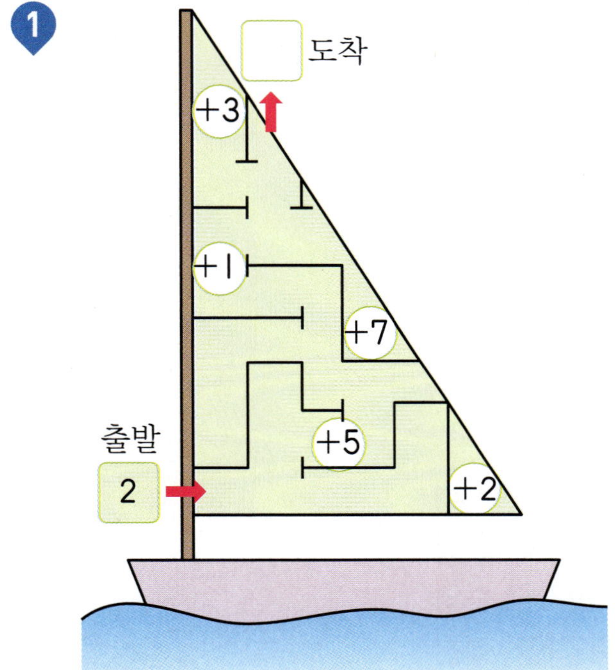

❷

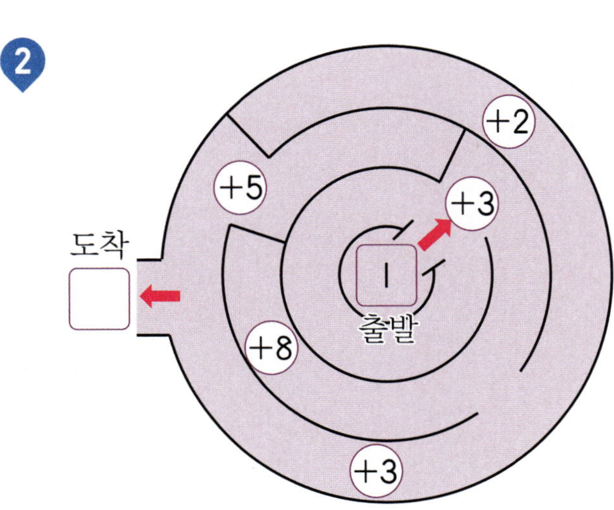

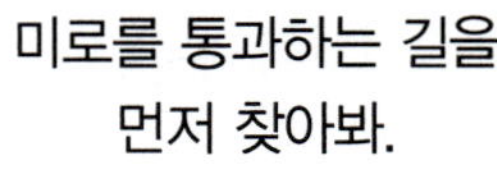

2

덧셈과 뺄셈
(1)

도전! 최상위 유형

1

| HME 19번 문제 수준 |

다음을 보고 ★에 알맞은 수를 구하시오.

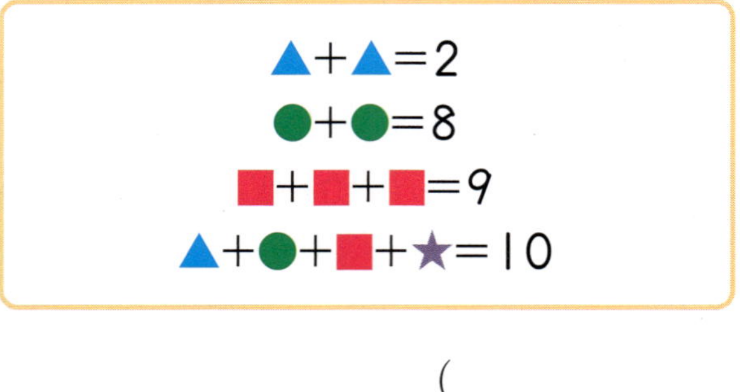

(   )

▲, ●, ■, ★에 알맞은 수를 차례로 구해 봅니다.

2

| HME 20번 문제 수준 |

세 사람이 가위, 바위, 보 중 하나를 내어 가위바위보를 한 번 하였더니 한 사람만 이겼습니다. 세 사람이 펼친 손가락 수의 합이 10개보다 적은 경우는 모두 몇 가지입니까? (단, 펼친 손가락 수의 합이 같으면 한 가지 경우로 생각합니다.)

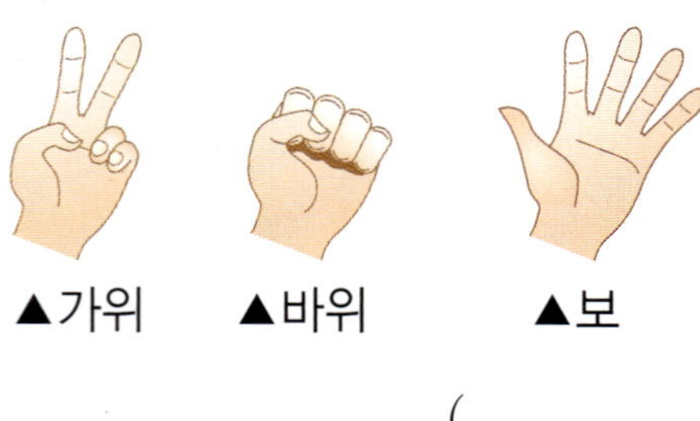

(   )

3 

| HME 21번 문제 수준 |

| 부터 9까지의 수 중에서 서로 다른 세 수의 합이 | 0이 되는 경우는 모두 몇 가지입니까? (단, 더하는 순서만 다른 식은 같은 식으로 생각합니다.)

(   )

◇ 서로 다른 세 수의 합이 | 0이 되는 모든 경우를 찾아봅니다.

4 

| HME 22번 문제 수준 |

출발점부터 도착점까지 점선을 따라가려고 합니다. 한 번 지나간 점선은 다시 지나갈 수 없습니다. 지나간 길 위에 있는 수들의 합이 가장 작을 때 그 합을 구하시오.

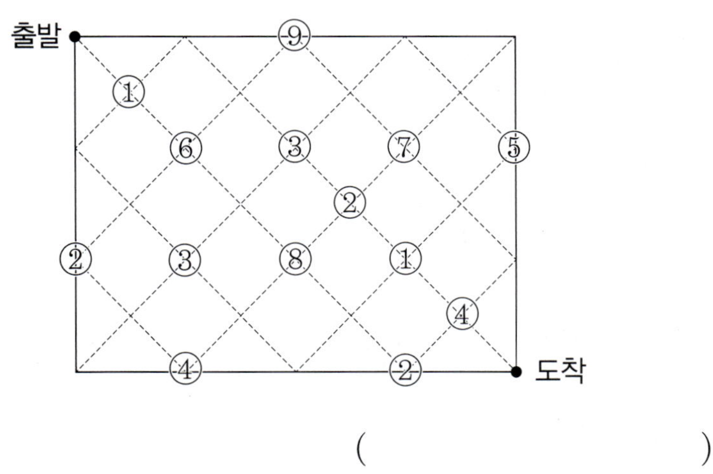

(   )

3 모양과 시각

기본	**연습**	**완성**	**도전**
핵심 개념 기초 문제 기본 유형	잘 틀리는 유형 서술형 유형 유형(단원) 평가	잘 틀리는 실력 유형 다르지만 같은 유형 응용 유형	사고력 유형 최상위 유형

계획표대로 공부했으면 ○표, 못했으면 △표 하세요.

내용	쪽수	날짜	확인
❶단계 핵심 개념+기초 문제	60~61쪽	월 일	
❷단계 기본 유형	62~67쪽	월 일	
❷단계 잘 틀리는 유형+서술형 유형	68~69쪽	월 일	
❸단계 유형(단원) 평가	70~73쪽	월 일	
잘 틀리는 실력 유형	74~75쪽	월 일	
다르지만 같은 유형	76~77쪽	월 일	
응용 유형	78~81쪽	월 일	
사고력 유형	82~83쪽	월 일	
최상위 유형	84~85쪽	월 일	

1단계 핵심 개념

개념에 대한 **자세한 동영상 강의를** 시청하세요.

개념 ❶ 여러 가지 모양 알아보기

모양	특징
◻	① 뾰족한 부분이 **4군데**입니다. ② **곧은 선**이 있습니다.
△	① 뾰족한 부분이 **3군데**입니다. ② **곧은 선**이 있습니다.
◯	① 뾰족한 부분이 없습니다. ② **둥근 부분**이 있습니다.

핵심 모양의 특징

◻, △ 모양은 뾰족한 부분이 있다는 점은 같

지만 뾰족한 부분이 ◻ 모양은 ❶ [ ]군데,

△ 모양은 ❷ [ ]군데라는 점이 다릅니다.

[전에 배운 내용]

• 여러 가지 모양 알아보기

모양	특징
▣	모든 부분이 평평합니다.
▯	둥근 부분도 있고, 평평한 부분도 있습니다.
●	모든 부분이 둥급니다.

[앞으로 배울 내용]

• 삼각형, 사각형, 원 알아보기

삼각형	사각형	원
△	▢	◯

개념 ❷ 시각 알아보기

짧은바늘이 **2**, 긴바늘이 **12**를 가리킬 때 시계는 **2**시를 나타내고 두 시라고 읽습니다.

짧은바늘이 **10**과 **11**의 가운데, 긴바늘이 **6**을 가리킬 때 시계는 **10**시 **30**분을 나타내고 열 시 삼십 분이라고 읽습니다.

핵심 몇 시와 몇 시 30분

'■시'는 긴바늘이 항상 ❸ [ ]을/를 가리키

고, '■시 30분'은 긴바늘이 항상 ❹ [ ]을/를 가리킵니다.

[전에 배운 내용]

• 시계 알아보기

시계에는 1부터 12까지의 수가 쓰여 있고 긴바늘과 짧은바늘이 있습니다.

[앞으로 배울 내용]

• 몇 시 몇 분 읽기

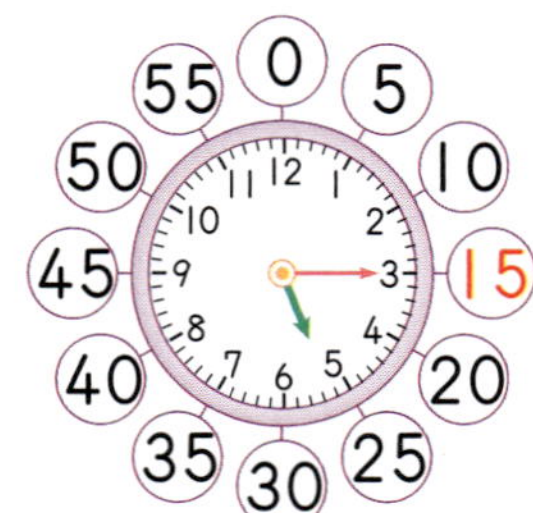

시계에서 긴바늘이 가리키는 작은 눈금 한 칸은 1분을 나타 냅니다.

시계의 긴바늘이 가리키는 숫자가 1이면 5분, 2이면 10분, 3이면 15분, …을 나타 냅니다. 시계가 나타내는 시각은 5시 15분 입니다.

정답 ▸ ❶ 4 ❷ 3 ❸ 12 ❹ 6

기초 문제

QR 코드를 찍어 보세요.
새로운 문제를 계속 풀 수 있어요.

체크

1-1 왼쪽과 같은 모양의 물건에 ○표 하시오.

(1) 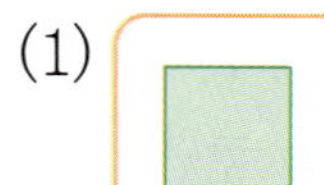 |  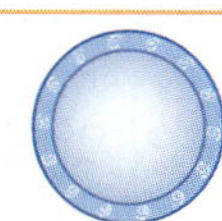 

(2)  | 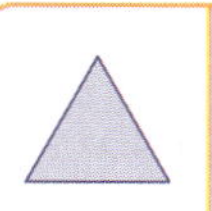   

(3) 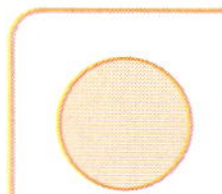 |   

1-2 다음 물건을 종이 위에 대고 본뜬 모양을 찾아 ○표 하시오.

(1) 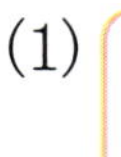 (□ , △ , ○)

(2) 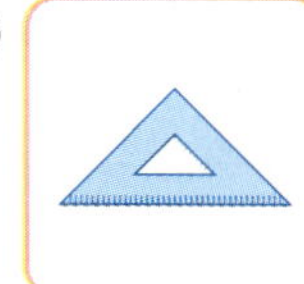 (□ , △ , ○)

(3)  (□ , △ , ○)

체크

2-1 시계를 보고 몇 시인지 써 보시오.

(1) 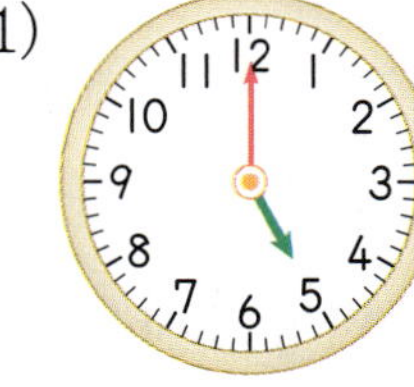 ☐ 시

(2)  ☐ 시

(3)  ☐ 시

2-2 시계를 보고 몇 시 30분인지 써 보시오.

(1) 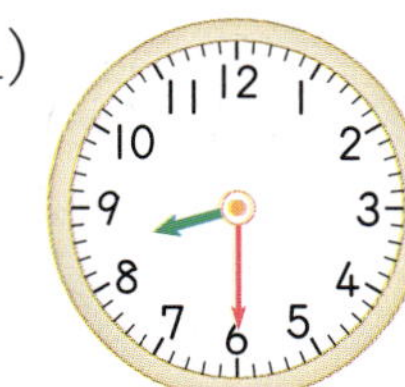 ☐ 시 ☐ 분

(2)  ☐ 시 ☐ 분

(3) 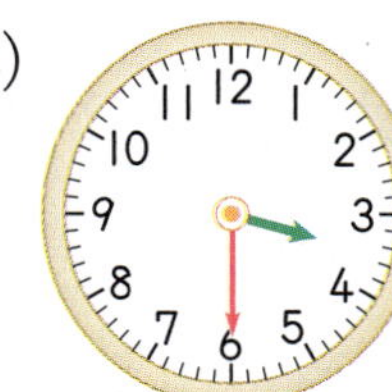 ☐ 시 ☐ 분

2단계 기본 유형

유형 01 여러 가지 모양 찾아보기

01 ◻ 모양에는 □표, △ 모양에는 △표, ○ 모양에는 ○표 하시오.

(   )　(   )　(   )

(   )　(   )　(   )

02 다음 중 모양이 나머지와 <u>다른</u> 하나는 어느 것입니까? ………………… (   )

①   ②

③   ④

⑤

03 ○ 모양의 물건은 모두 몇 개입니까?

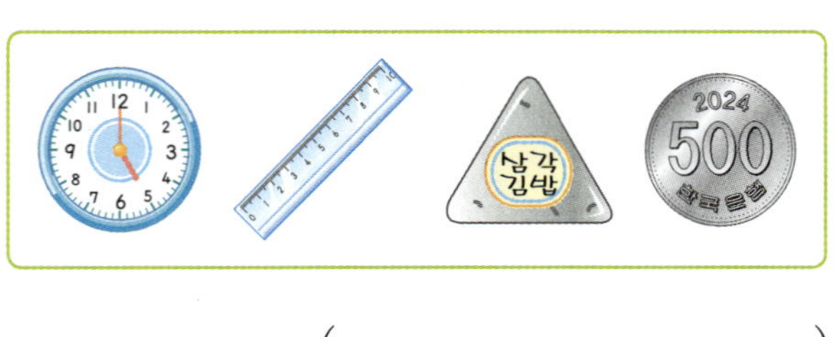

(   )

유형 02 같은 모양끼리 모으기

04 어떤 모양의 물건을 모아 놓은 것인지 찾아 ○표 하시오.

(◻ , △ , ○)

05 모양이 같은 것끼리 이어 보시오.

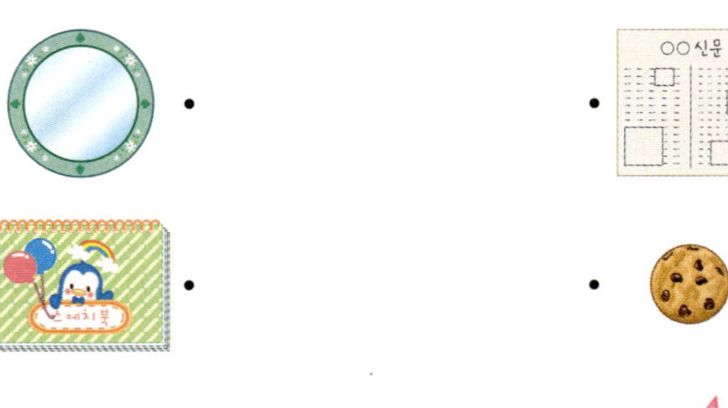

06 같은 모양끼리 모으려고 합니다. 빈칸에 알맞은 기호를 모두 써넣으시오.

모양	기호
◻ 모양	
△ 모양	
○ 모양	

핵심 내용 ▶ 점토 찍기, 본뜨기, 물감을 묻혀 찍기로 ■, ▲, ● 모양을 나타낼 수 있다.

유형 03 여러 가지 방법으로 모양 나타내기

07 유섭이가 점토에 찍은 모양을 찾아 ○표 하시오.

08 ▲ 모양을 본뜰 수 있는 물건은 어느 것입니까? ……………………… (   )

① 
② 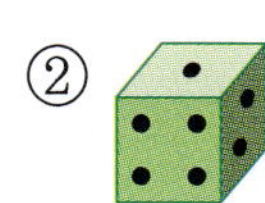
③ 
④ 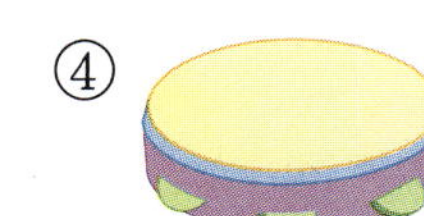
⑤ 

09 물감을 묻혀 찍기를 할 때 나올 수 있는 모양을 찾아 이어 보시오.

 ·   · ▲

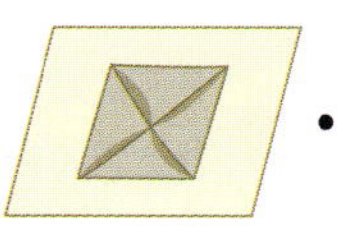 ·   · ○

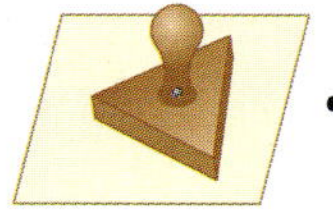 ·   · ■

핵심 내용 ▶ 뾰족한 부분, 곧은 선, 둥근 부분으로 모양의 특징을 알아본다.

유형 04 ■, ▲, ● 모양의 특징 알아보기

10 뾰족한 부분이 모두 4군데인 모양을 찾아 ○표 하시오.

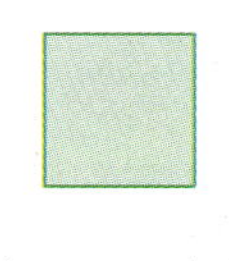 ▲ 

(   ) (   ) (   )

11 바르게 말한 친구의 이름을 써 보시오.

> 진주: ○ 모양은 뾰족한 부분이 있어.
> 초아: ■ 모양은 둥근 부분이 있어.
> 연수: ▲ 모양은 뾰족한 부분이 3군데야.

(   )

12 대화를 읽고 빈칸에 알맞은 모양을 그려 넣으시오.

3

모양과 시각

2단계 기본 유형

→ 핵심 내용 ■, ▲, ● 모양으로 여러 가지 모양을 꾸밀 수 있다.

유형 05 여러 가지 모양 만들기

13 다음 모양을 꾸미는 데 이용한 모양을 모두 찾아 ○표 하시오.

(■ , ▲ , ●)

14 오른쪽 모양을 꾸미는 데 이용하지 <u>않은</u> 모양을 찾아 기호를 쓰시오.

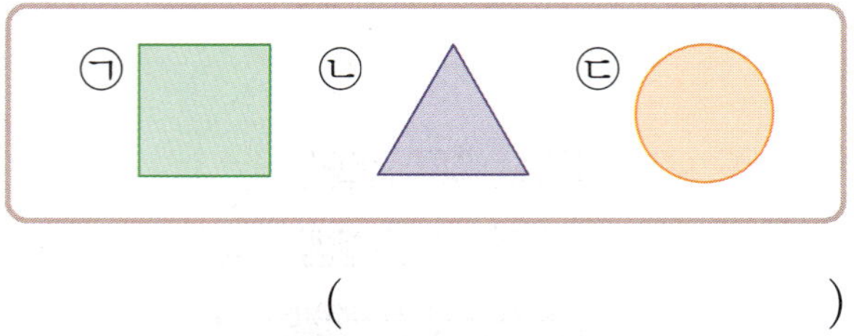

(   )

15 마리가 말한 방법대로 꾸민 모양을 찾아 ○표 하시오.

(   )   (   )   (   )

→ 핵심 내용 ■, ▲, ● 모양별로 표시를 하며 개수를 센다.

유형 06 ■, ▲, ● 모양의 수 세기

16 오른쪽 모양을 꾸미는 데 이용한 ● 모양은 모두 몇 개입니까?

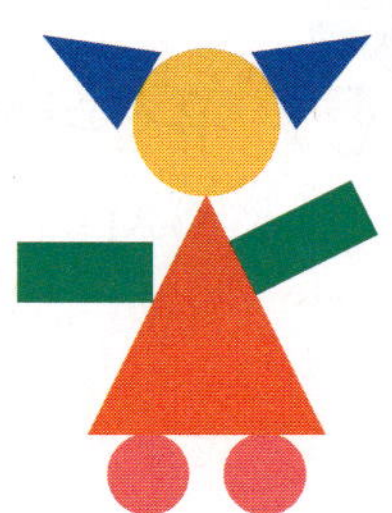

(   )

17 다음 모양을 꾸미는 데 이용한 ■, ▲, ● 모양은 각각 몇 개입니까?

(1)

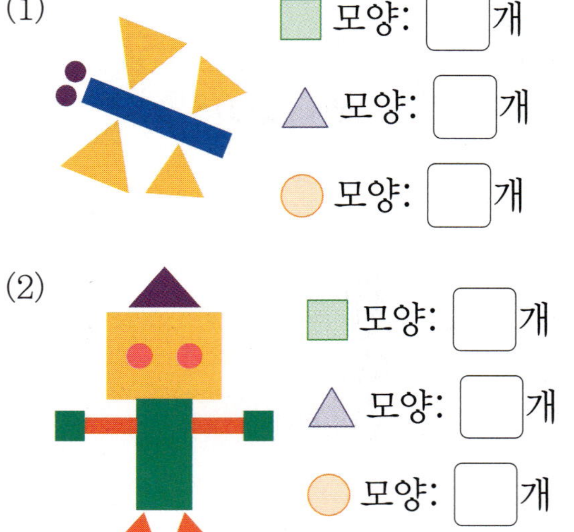

■ 모양: [ ]개

▲ 모양: [ ]개

● 모양: [ ]개

(2)

■ 모양: [ ]개

▲ 모양: [ ]개

● 모양: [ ]개

18 다음 모양을 꾸미는 데 이용한 ■ 모양의 수와 ▲ 모양의 수의 합을 구하시오.

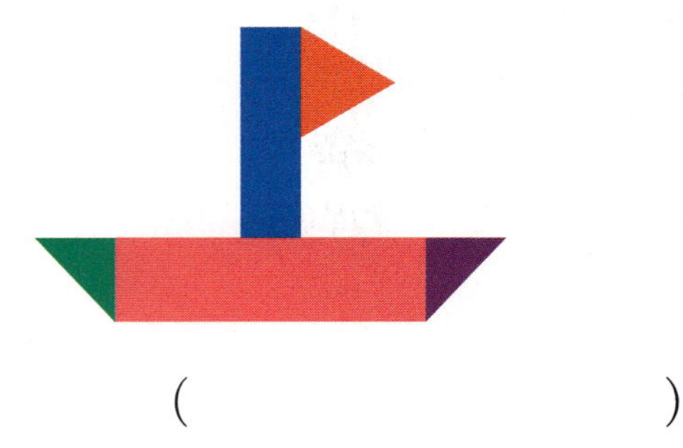

(   )

핵심 내용▶ 짧은바늘이 ■, 긴바늘이 12를 가리킬 때 ■시이다.

유형 **07** 몇 시 알아보기

19 시계를 보고 이어 보시오.

20 다음 시각의 공통점을 한 가지 쓰시오.

공통점

21 윤하가 말하는 시각은 몇 시인지 쓰시오.

(   )

핵심 내용▶ ■시는 짧은바늘이 ■, 긴바늘이 12를 가리키도록 그린다.

유형 **08** 몇 시를 시계에 나타내기

22 5시를 바르게 나타낸 것에 ○표 하시오.

(   )   (   )   (   )

23 왼쪽 시계의 시각을 오른쪽 시계에 나타 내시오.

24 시각에 알맞게 시곗바늘을 그려 보시오.

여섯 시 ⇨ 

25 시곗바늘을 그려 넣고, 시각을 쓰시오.

짧은바늘 ⇨ 3, 긴바늘 ⇨ 12

(   )

3 모양과 시각

 **2** 단계 **기본유형**

유형 09 몇 시 30분 알아보기

26 시각을 쓰고 읽어 보시오.

쓰기 (　　　　　　　　　　)

읽기 (　　　　　　　　　　)

27 시각이 나머지와 다른 하나를 찾아 기호를 쓰시오.

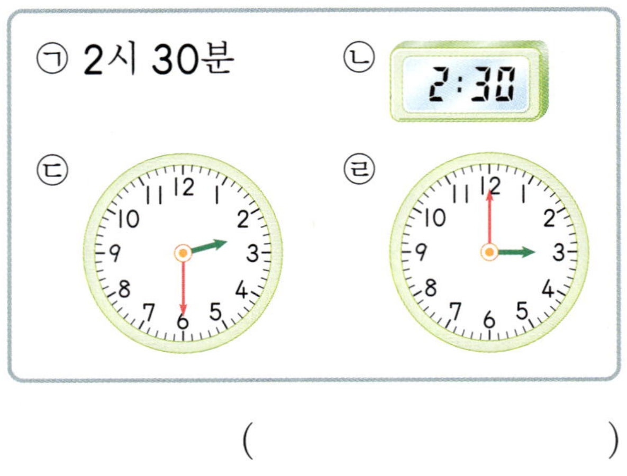

(　　　　　　　　　　)

28 지금은 몇 시 몇 분입니까?

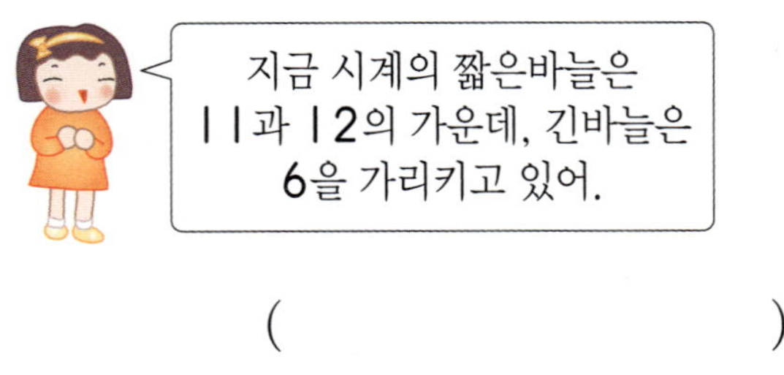

(　　　　　　　　　　)

29 3시 30분, 6시 30분, 10시 30분은 시계의 긴바늘이 모두 같은 숫자를 가리킵니다. 긴바늘은 어떤 숫자를 가리킵니까?

(　　　　　　　　　　)

유형 10 몇 시 30분을 시계에 나타내기

30 시각에 알맞게 시곗바늘을 그려 보시오.

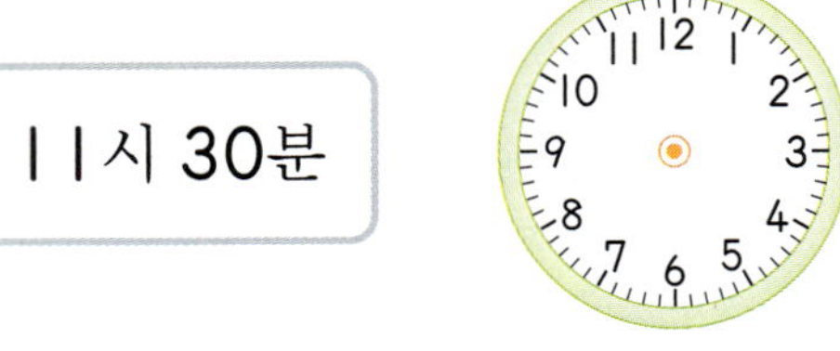

31 왼쪽 시계의 시각을 오른쪽 시계에 나타내시오.

32 지금 시각을 시계에 나타내시오.

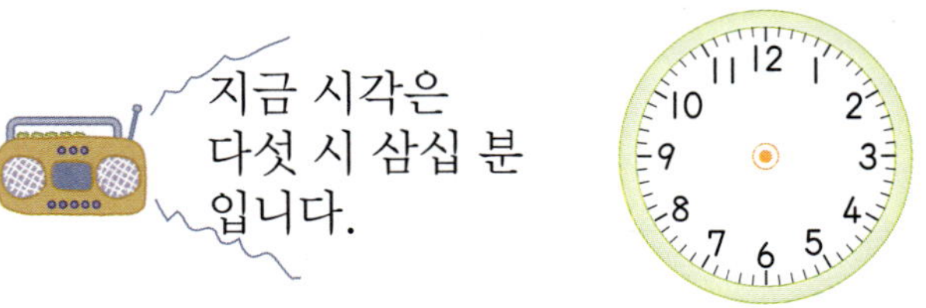

33 시계의 짧은바늘이 12와 1의 가운데, 긴바늘이 6을 가리킬 때의 시각을 시계에 나타내고 시각을 쓰시오.

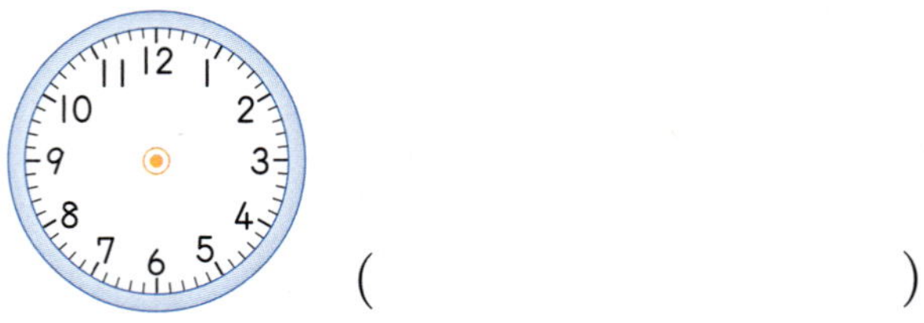

(　　　　　　　　　　)

→ **핵심 내용** 생활 속 여러 가지 상황에서 이용되는 시각을 알아본다.

유형 11 **시각을 나타내고 할 일 말하기**

[34~35] 그림을 보고 문장을 완성하시오.

34

지혜는 □시 □분에 점심을 먹었습니다.

35

지혜는 □시에 공부를 하였습니다.

36 밑줄 친 시각에 알맞게 시곗바늘을 그려 보시오.

37 다음 중 10시에 한 놀이는 무엇입니까?

자기소개 놀이   나뭇잎 놀이

(   )

38 그림을 보고 알맞은 시각을 각각 나타내시오.

39 시계와 그림을 보고 이야기를 만들어 보시오.

____

____

잘 틀리는 유형 12 | 이용한 모양의 수 비교하기

40 오른쪽 모양을 만드는 데 이용한 ■, ▲, ● 모양의 수를 세어 쓰고, 가장 많이 이용한 모양에 ○표 하시오.

모양	■	▲	●
모양의 수(개)			

(■ , ▲ , ●)

41 ■, ▲, ● 모양 중에서 가장 많이 이용한 모양은 어떤 모양이고, 몇 개를 이용했습니까?

( ), ( )

융합 유형 42 꾸미는 데 ● 모양을 더 많이 이용한 램프의 기호를 쓰시오.

( )

KEY ㉠과 ㉡ 모양을 꾸미는 데 이용한 ● 모양의 수를 각각 세어 봅니다.

잘 틀리는 유형 13 | 시각의 순서 알아보기

43 민호가 일요일 아침에 한 일입니다. 먼저 한 일에 ○표 하시오.

( ) ( )

44 주아가 토요일 낮 동안 한 일입니다. 빠른 시각에 한 일부터 차례로 번호를 쓰시오.

융합 유형 45 승주는 저녁 6시부터 9시까지 책을 읽었습니다. 책을 읽는 동안 볼 수 <u>없는</u> 시각의 기호를 쓰시오.

( )

KEY 각 시계의 시각을 알아보고 6시부터 9시까지의 시각이 아닌 것을 찾습니다.

서술형 유형

1-1

오른쪽 모양을 보고 틀리게 이야기한 사람을 찾으려고 합니다. 풀이 과정을 완성하고 답을 구하시오.

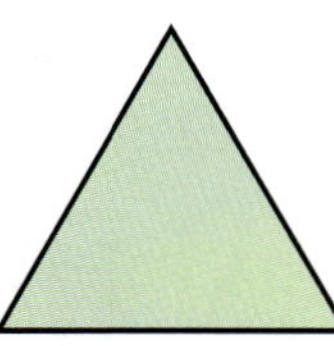

| 유민: 뾰족한 부분이 있습니다. |
| 현준: 뾰족한 부분이 4군데입니다. |

풀이 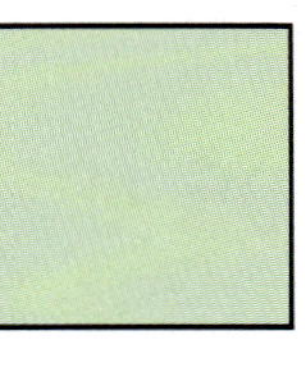 모양은 뾰족한 부분이 ☐군데입니다. 따라서 틀리게 이야기한 사람은 ☐입니다.

답 ☐

1-2

오른쪽 모양을 보고 틀리게 이야기한 사람을 찾으려고 합니다. 풀이 과정을 쓰고 답을 구하시오.

| 영호: 뾰족한 부분이 없습니다. |
| 찬우: 뾰족한 부분이 4군데입니다. |

풀이

답 ________________________________

2-1

다음 시계는 3시 30분을 잘못 나타낸 것입니다. 그 이유를 완성하시오.

이유 시계에서 3시 30분은 짧은바늘이 ☐와/과 ☐의 가운데를 가리켜야 하는데 ☐을 가리키고 있습니다.

2-2

다음 시계는 7시를 잘못 나타낸 것입니다. 그 이유를 쓰시오.

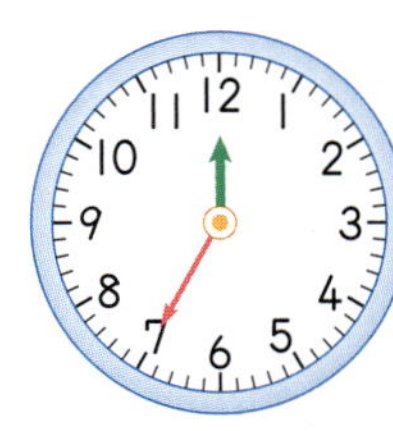

이유

3단계 유형 단원평가

01 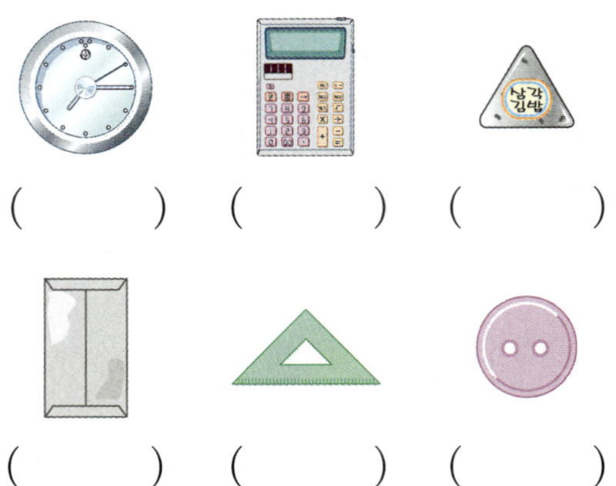 모양에는 □표, ▲ 모양에는 △표, ● 모양에는 ○표 하시오.

( ) ( ) ( )

( ) ( ) ( )

02 모양의 물건은 모두 몇 개입니까?

( )

03 어떤 모양의 물건을 모아 놓은 것인지 찾아 ○표 하시오.

(, ▲ , ●)

04 종이에 대고 본뜨기를 할 때 나올 수 있는 모양을 찾아 이어 보시오.

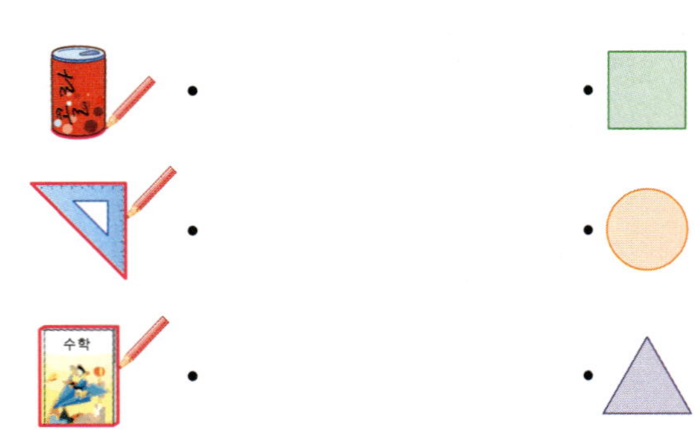

05 바르게 말한 친구의 이름을 쓰시오.

하나: ● 모양은 곧은 선이 있어.
유정: 모양은 둥근 부분이 있어.
지우: ▲ 모양은 뾰족한 부분이 3군데야.

( )

06 다음 모양을 꾸미는 데 이용하지 <u>않은</u> 모양을 찾아 기호를 쓰시오.

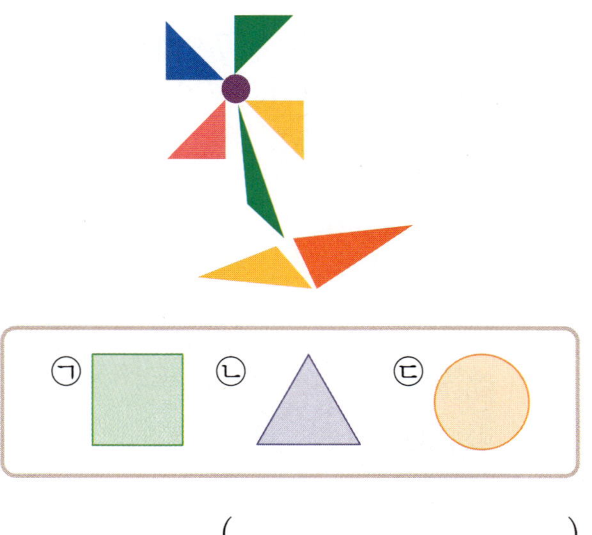

(   )

07 다음 모양을 꾸미는 데 이용한 △ 모양의 수와 ◯ 모양의 수의 합을 구하시오.

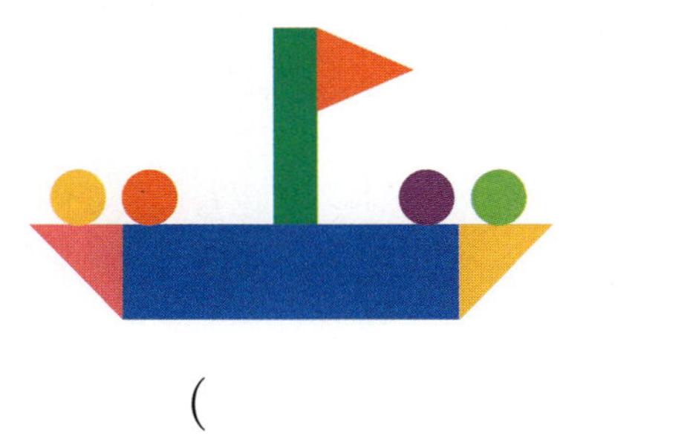

(   )

08 같은 시각끼리 이어 보시오.

09 휴대 전화를 본 시각을 오른쪽 시계에 나타내시오.

10 시곗바늘을 그려 넣고, 시각을 쓰시오.

짧은바늘 ⇨ |0, 긴바늘 ⇨ |2

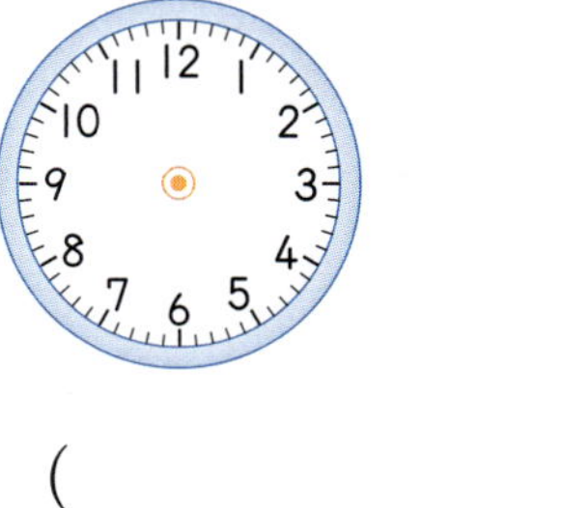

(   )

11 지금은 몇 시 몇 분입니까?

(   )

12 왼쪽 시계의 시각을 오른쪽 시계에 나타
내시오.

13 다음 중 1시에 한 운동은 무엇입니까?

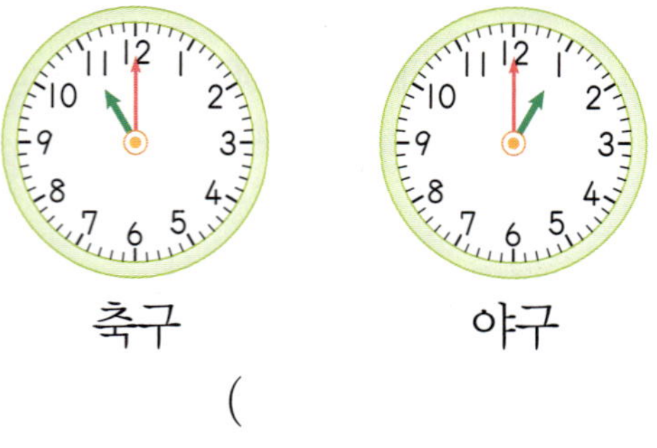

(   )

14 그림을 보고 알맞은 시각을 각각 나타내
시오.

15 ⬛, △, ⬤ 모양 중에서 가장 적게 이용
한 모양은 어떤 모양이고, 몇 개를 이용했
습니까?

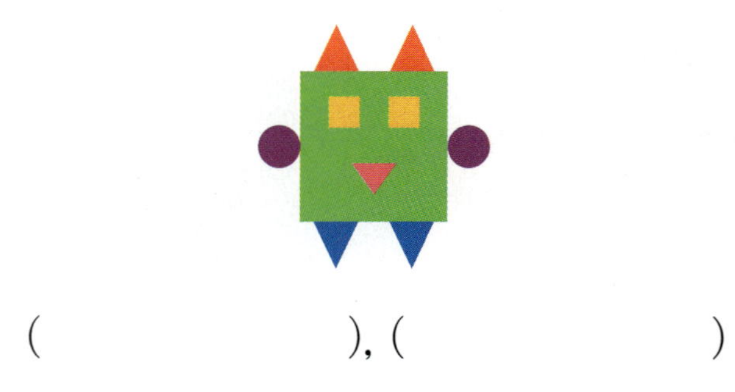

(   ), (   )

16 은서, 지희, 현서가 오늘 아침에 도서관에 도착한 시각입니다. 일찍 도착한 사람부터 차례로 이름을 쓰시오.

은서   지희   현서

(   )

17 꾸미는 데  모양을 더 많이 이용한 컵을 찾아 기호를 쓰시오.

(   )

18 주아가 낮 12시부터 3시까지 친구들과 놀이터에서 놀았습니다. 놀이터에서 노는 동안 볼 수 없는 시각을 찾아 기호를 쓰시오.

(   )

19 다음 모양을 보고 틀리게 이야기한 사람을 찾으려고 합니다. 풀이 과정을 쓰고 답을 구하시오.

> 미나: 뾰족한 부분이 3군데입니다.
> 지원: 뾰족한 부분이 4군데입니다.

(풀이)

____

____

____

(답) _______________________________

20 다음 시계는 1시를 잘못 나타낸 것입니다. 그 이유를 쓰시오.

(이유)

____

____

____

QR 코드를 찍어 **단원 평가** 를 풀어 보세요.

잘 틀리는 실력 유형

유형 01 가장 많이(적게) 이용한 모양

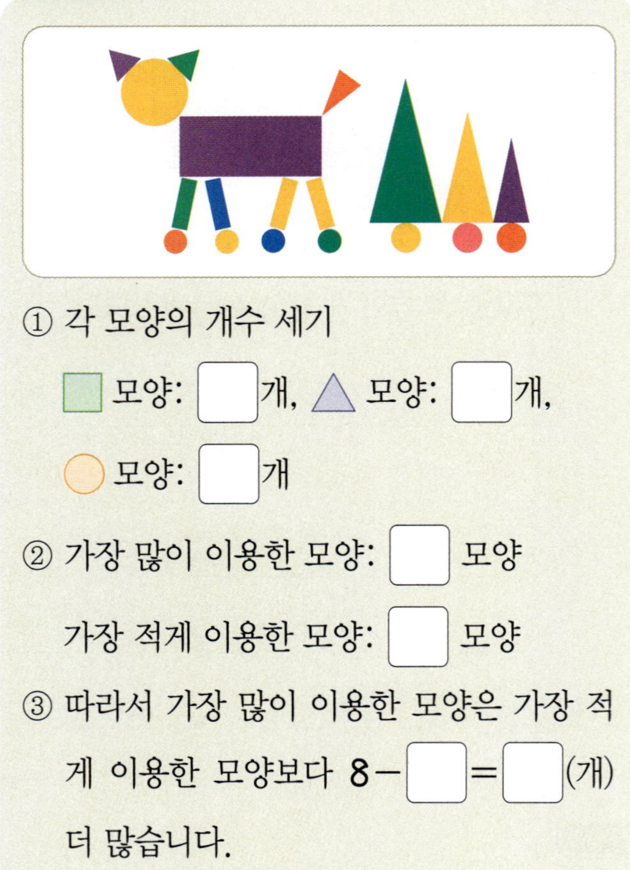

① 각 모양의 개수 세기

　□ 모양: ☐ 개, △ 모양: ☐ 개,

　○ 모양: ☐ 개

② 가장 많이 이용한 모양: ☐ 모양

　가장 적게 이용한 모양: ☐ 모양

③ 따라서 가장 많이 이용한 모양은 가장 적게 이용한 모양보다 8 − ☐ = ☐ (개) 더 많습니다.

01 다음 모양을 꾸미는 데 □, △, ○ 모양 중에서 가장 많이 이용한 모양은 가장 적게 이용한 모양보다 몇 개 더 많습니까?

(　　　　)

유형 02 거울에 비친 시계가 나타내는 시각

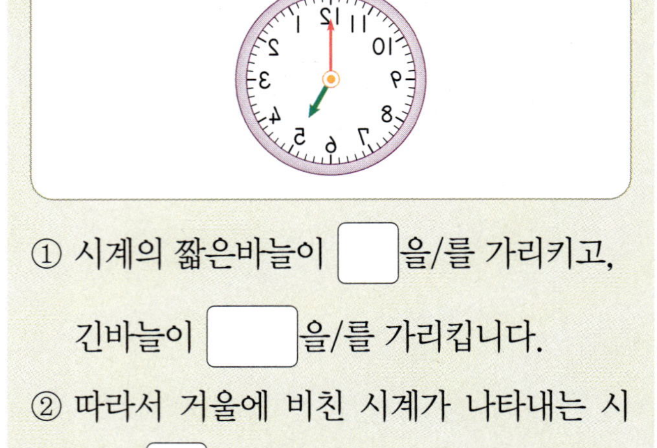

① 시계의 짧은바늘이 ☐ 을/를 가리키고,

　긴바늘이 ☐ 을/를 가리킵니다.

② 따라서 거울에 비친 시계가 나타내는 시각은 ☐ 시입니다.

02 거울에 비친 시계입니다. 시계가 나타내는 시각을 쓰시오.

(　　　　)

03 거울에 비친 시계입니다. 시계가 나타내는 시각을 쓰시오.

(　　　　)

QR 코드를 찍어 **동영상 특강**을 보세요.

유형 **03**　색종이를 접어 자르기

그림과 같이 색종이를 2번 접었다 펼쳤을 때 접힌 선을 따라 자르면 🟩 모양은 모두 몇 개 만들어지는지 알아보기

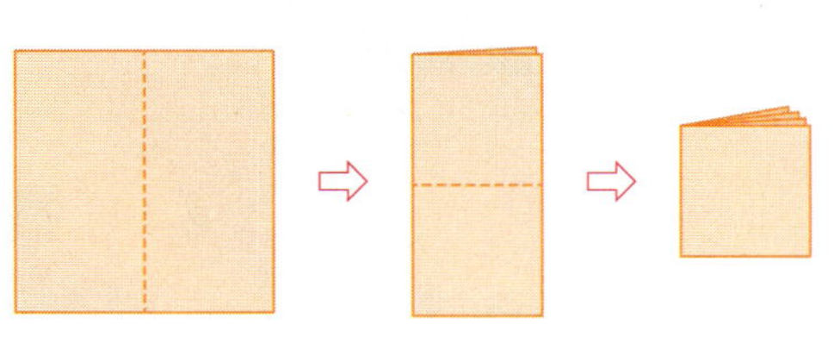

① 색종이를 2번 접으면 색종이가 ☐장 겹쳐집니다.

② 따라서 접힌 선을 따라 자르면 🟩 모양은 모두 ☐개 만들어집니다.

04 그림과 같이 색종이를 2번 접었다 펼쳤을 때 접힌 선을 따라 자르면 🔺 모양은 모두 몇 개 만들어집니까?

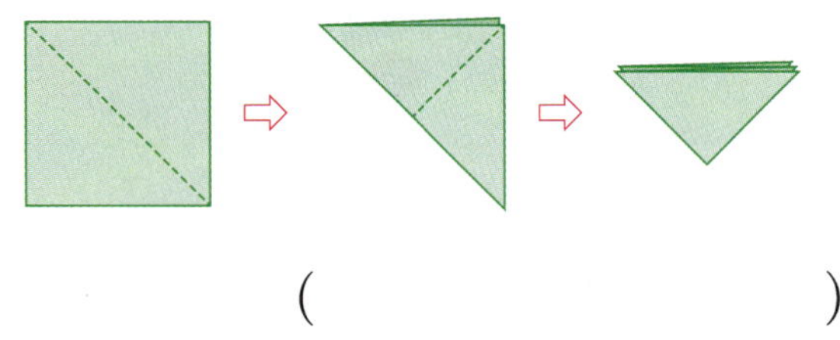

(　　　　　　　　)

05 그림과 같이 색종이를 2번 접은 후 ⬭을 따라 가위로 오렸습니다. 🟠 모양은 모두 몇 개 만들어집니까?

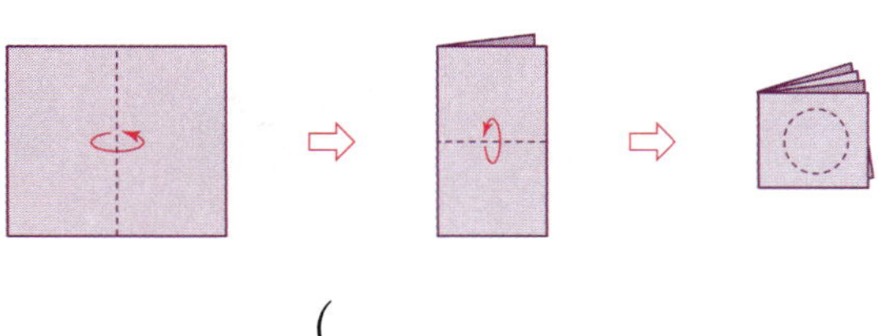

(　　　　　　　　)

유형 **04**　새 교과서에 나온 활동 유형

06 손으로 여러 가지 모양을 만들었습니다. 어떤 모양을 만든 것인지 알맞게 이어 보시오.

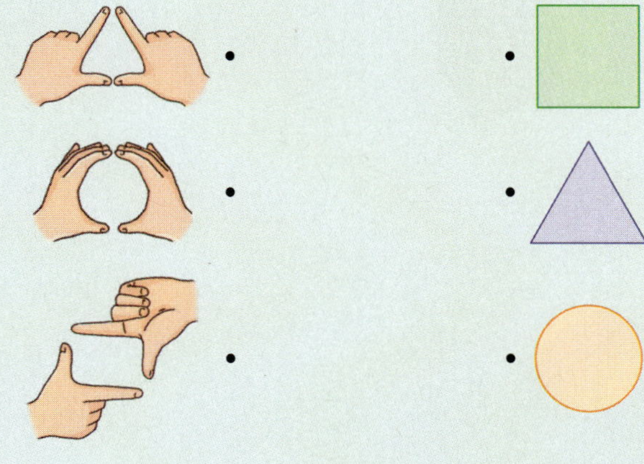

07 카드에 적힌 시각을 바르게 나타낸 친구는 누구입니까?

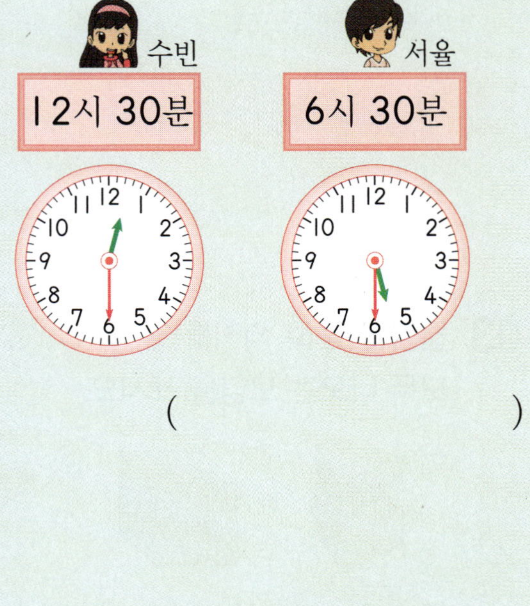

(　　　　　　　　)

3 모양과 시각

유형 01 물건에서 나올 수 있는 모양

01 왼쪽 물건에 물감을 묻혀 찍기를 할 때 나올
수 있는 모양을 모두 찾아 기호를 쓰시오.

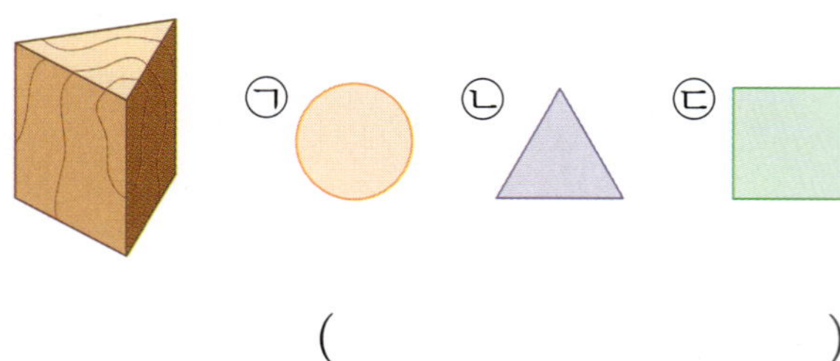

(   )

02 오른쪽 물건을 종이 위에
대고 본뜰 때 나올 수 없는
모양을 찾아 기호를 쓰시오.

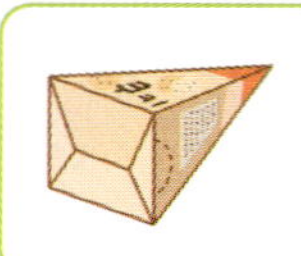

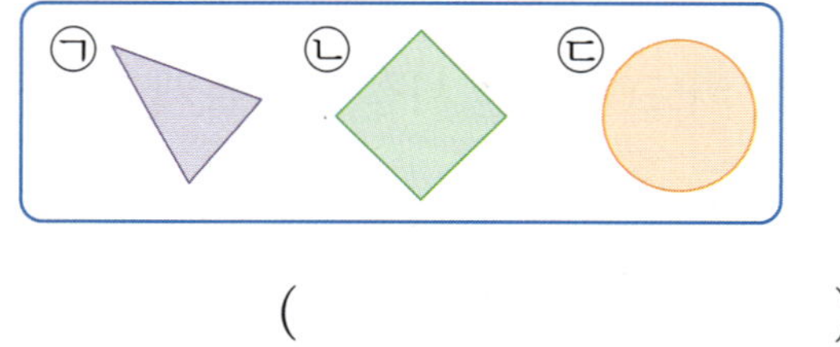

(   )

03 물감을 묻혀 찍기를 할 때 ㉠, ㉡, ㉢에서
모두 나오는 모양을 쓰시오.

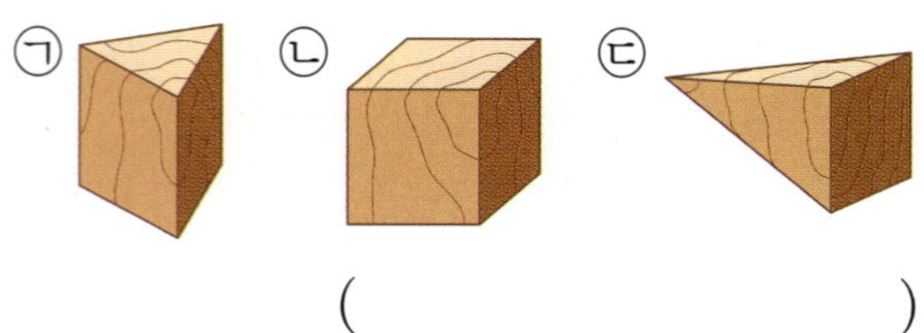

(   )

유형 02 주어진 모양을 꾸밀 수 있는 모양 찾기

04 주어진 모양 조각으로 꾸밀 수 있는 그림
을 찾아 ○표 하시오.

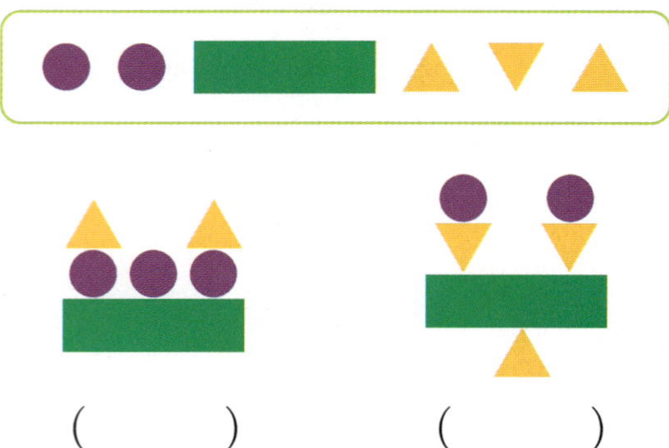

(   )   (   )

05 ▨ 모양 4개, △ 모양 1개로 꾸밀 수 있
는 모양을 찾아 기호를 쓰시오.

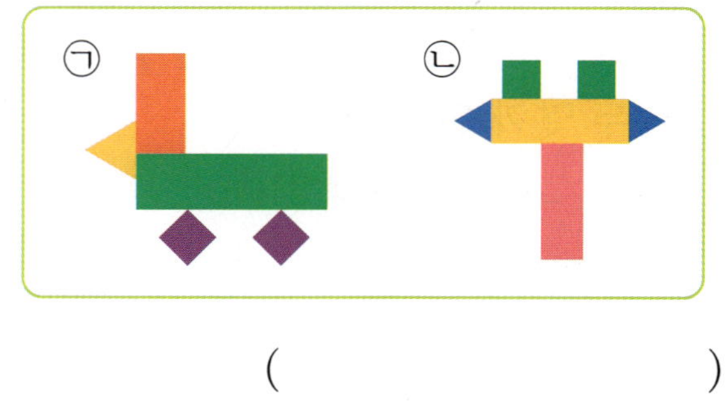

(   )

06 보기 의 모양 조각으로
꾸밀 수 있는 모양을 찾
아 기호를 쓰시오.

(   )

QR 코드를 찍어 **동영상 특강**을 보세요.

유형 03 계획표대로 하였는지 알아보기

07 시계를 보고 계획표대로 하였으면 ○표, 하지 않았으면 ×표 하시오.

집에서 출발	9시
놀이공원 도착	10시 30분
점심 식사	1시 30분

(1)    (   )

(2)   (   )

08 시계를 보고 계획표대로 한 일은 모두 몇 가지인지 쓰시오.

컴퓨터 하기	5시 30분
그림 그리기	7시
잠자기	9시 30분

(   )

유형 04 여러 도시의 시각 알아보기

09 세계 여러 나라의 도시는 위치에 따라 시각이 다르기도 합니다. 서울이 2시일 때 각 도시별 시각을 쓰시오.

시드니 (   )
뉴델리 (   )
테헤란 (   )
런던 (   )

10 미국의 세 도시의 시각을 각각 시계에 나타내시오.

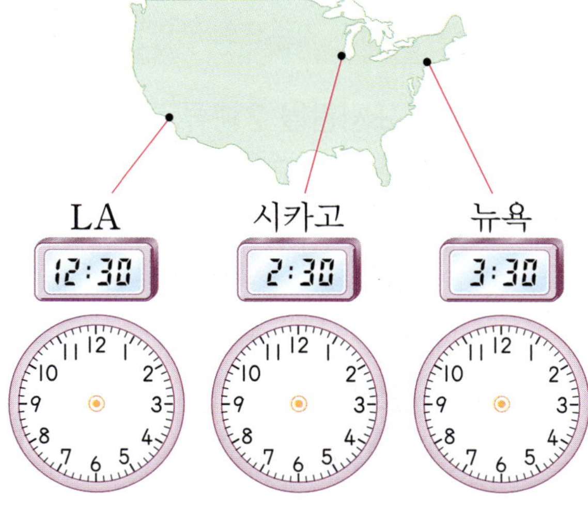

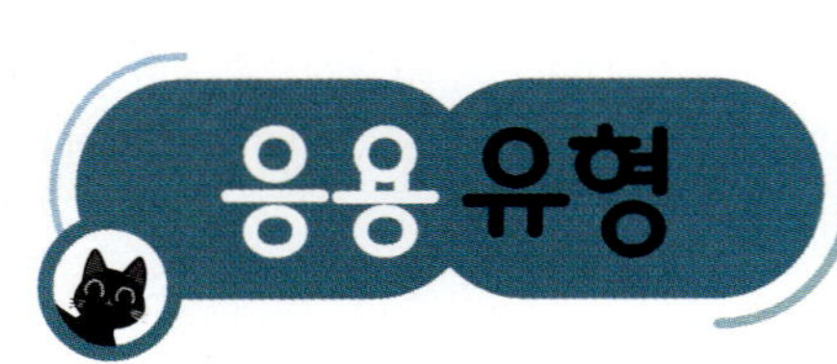

꾸미고 남은 모양의 조각의 수 구하기

01 ❶ 보기 의 모양 조각을 이용하여 오른쪽 그림을 꾸몄습니다. / ❷꾸미고 남은 ▢ 모양과 △ 모양은 각각 몇 개입니까?

▢ (　　　　　　　　　), △ (　　　　　　　　　)

❶ 보기 에 주어진 ▢ 모양, △ 모양의 개수와 이용한 ▢ 모양, △ 모양의 개수를 각각 세어 봅니다.
❷ 꾸미고 남은 ▢ 모양과 △ 모양의 개를 구합니다.

꾸민 모양의 개수의 차 구하기

02 민호와 희진이 중 ❷▢ 모양을 더 많이 이용하여 모양을 꾸민 사람은 누구입니까?

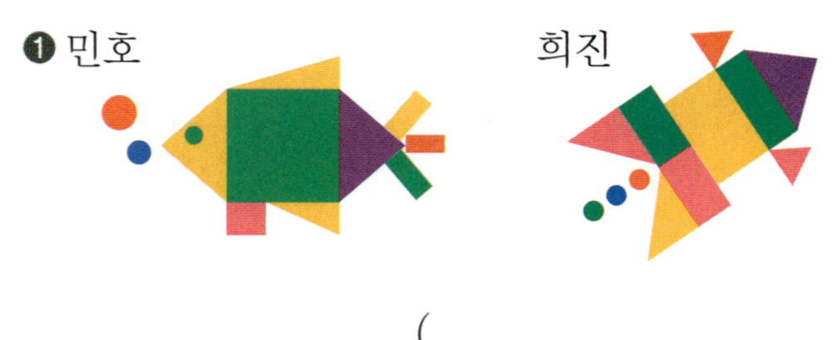

(　　　　　　　　　　　)

❶ 민호와 희진이가 이용한 ▢ 모양의 수를 각각 세어 봅니다.
❷ ▢ 모양의 수를 비교하여 ▢ 모양을 더 많이 이용하여 모양을 꾸민 사람을 찾습니다.

모양을 어떤 기준으로 모았는지 설명하기

03 ❶교통 표지판을 2종류로 나누어 모았습니다. / ❷어떤 기준으로 모은 것인지 설명하여 보시오.

기준 ________________________________

❶ 왼쪽 모양의 특징과 오른쪽 모양의 특징을 각각 알아봅니다.
❷ 각 특징을 이용하여 어떤 기준으로 모은 것인지 설명합니다.

시곗바늘이 가리키는 숫자의 합 구하기

04 ❶다음 시계의 시각을 시계에 나타낼 때 / ❷짧은바늘이 가리키는 숫자의 합을 구하시오.

2:00   6:00

(   )

❶ 2시와 6시를 각각 시계에 나타낼 때 짧은바늘이 가리키는 숫자를 알아봅니다.
❷ 짧은바늘이 가리키는 숫자의 합을 구합니다.

조건에 맞는 시각 구하기

05 ❶3시보다 늦고 5시보다 빠른 낮의 시각 중 시계의 긴바늘이 6을 가리키는 시각은 / ❷모두 몇 번인지 구하시오.

(   )

❶ 3시보다 늦고 5시보다 빠른 낮의 시각 중 시계의 긴바늘이 6을 가리키는 시각을 모두 구합니다.
❷ ❶에서 찾은 시각은 모두 몇 번인지 구합니다.

시곗바늘이 보이지 않는 시계의 시각 구하기

06 오른쪽과 같이 시계의 일부분이 가려져 두 시곗바늘이 보이지 않습니다. ❷이 시계의 시각이 될 수 없는 것을 찾아 기호를 쓰시오.

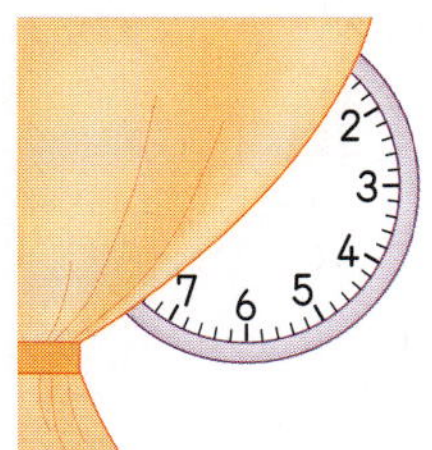

❶ 주어진 시각을 각각 시계에 나타내 봅니다.
❷ 시계의 시각이 될 수 없는 것을 찾습니다.

❶
㉠ 여덟 시	㉡ 아홉 시
㉢ 열 시 삼십 분	㉣ 열한 시

(   )

3

모양과 시각

꾸미고 남은 모양의 조각의 수 구하기

07 보기 의 모양 조각을 이용하여 오른쪽 그림을 꾸몄습니다. 꾸미고 남은 ◯ 모양은 몇 개입니까?

(   )

꾸민 모양의 개수의 차 구하기

08 수아와 은호 중 ◯ 모양을 더 많이 이용하여 모양을 꾸민 사람은 누구입니까?

(   )

09 정미가 붙임딱지로 다음과 같이 게시판을 꾸몄더니 △ 모양 붙임딱지가 2장 남았습니다. 정미가 처음에 가지고 있던 △ 모양 붙임딱지는 모두 몇 장입니까?

(   )

10 빵 가게에 놓여 있는 단팥 빵, 피자 빵, 크림 빵 중 ◯ 모양의 빵은 △ 모양의 빵보다 몇 개 더 많습니까?

(   )

모양을 어떤 기준으로 모았는지 설명하기

11 교통 표지판을 2종류로 나누어 모았습니다. 어떤 기준으로 모은 것인지 설명하여 보시오.

기준

시곗바늘이 가리키는 숫자의 합 구하기

12 다음 시계의 시각을 시계에 나타낼 때 짧은바늘이 가리키는 숫자의 합을 구하시오.

(　　　　　　　　　)

13 피노키오가 거꾸로 매단 오른쪽 시계의 시각을 쓰시오.

(　　　　　　　　　)

조건에 맞는 시각 구하기

14 5시 30분보다 늦고, 9시 30분보다 빠른 아침의 시각 중 긴바늘이 6을 가리키는 시각은 모두 몇 번인지 구하시오.

(　　　　　　　　　)

시곗바늘이 보이지 않는 시계의 시각 구하기

15 오른쪽과 같이 시계의 일부분이 가려져 두 시곗바늘이 보이지 않습니다. 이 시계의 시각이 될 수 <u>없는</u> 시각을 모두 찾아 기호를 쓰시오.

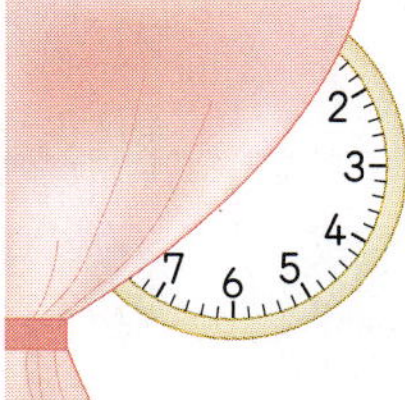

㉠ 열두 시	㉡ 열한 시 삼십 분
㉢ 한 시	㉣ 세 시

(　　　　　　　　　)

16 '몇 시' 또는 '몇 시 30분'인 시각 중 시계의 두 시곗바늘이 완전히 겹쳐지는 시각을 쓰시오.

(　　　　　　　　　)

17 지수가 본 시계의 짧은바늘은 이웃한 두 수 ■와 ●의 가운데, 긴바늘은 6을 가리켰습니다. ■와 ●의 합이 7이라면 시계를 본 시각을 쓰고, 시각을 시계에 나타내시오.

시각

추론

1 빈 곳에 퍼즐 조각을 넣어 ▢, △, ◯ 모양을 완성하려고 합니다. 알맞은 조각을 찾아 ◯표 하시오.

동영상

① 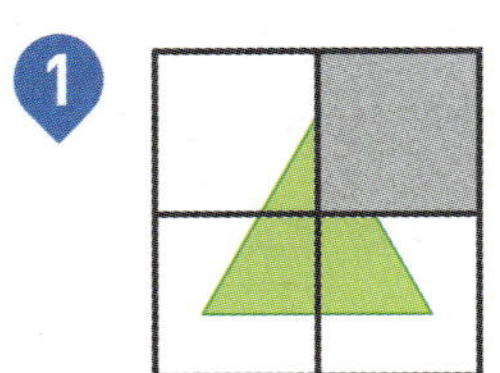  (　　) 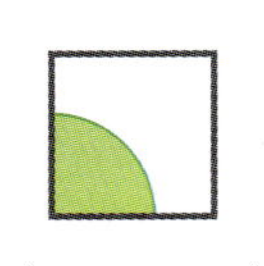 (　　) 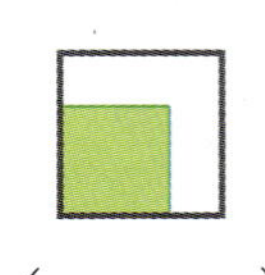 (　　)

② 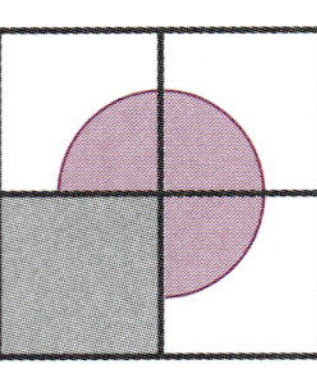 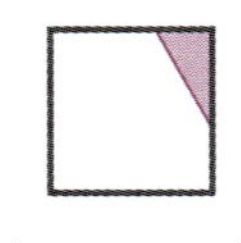 (　　) 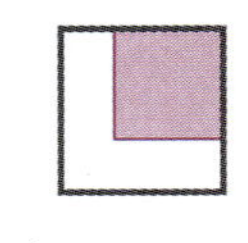 (　　) 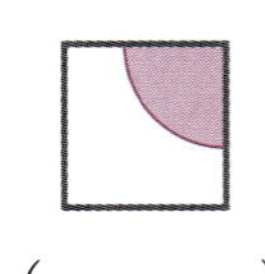 (　　)

③ 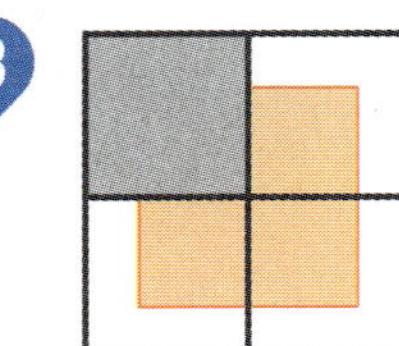 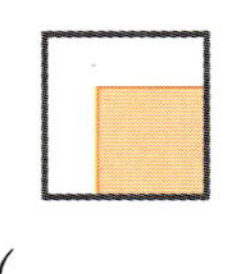 (　　) 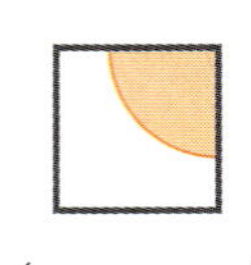 (　　)  (　　)

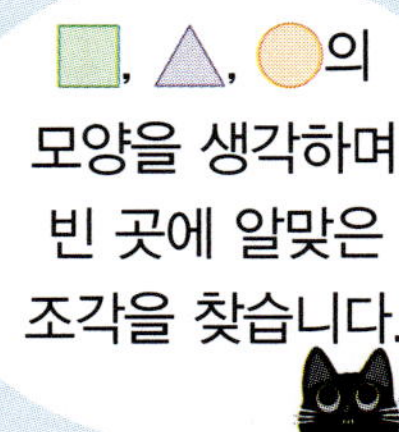

창의·융합

2 보기 와 같이 ▢, △, ◯ 모양을 이용하여 사자의 얼굴을 완성해 보시오.

동영상

보기

문제 해결

3

짧은바늘만 있는 오른쪽 시계의 시각은 7시입니다. 다음과 같이 짧은바늘만 있는 시계의 시각을 쓰시오.

(　　　　　　) 　 (　　　　　　)

문제 해결

4

시계의 긴바늘이 한 바퀴 도는 동안 짧은바늘은 숫자 눈금 한 칸을 움직이므로 한 시간이 지난 것입니다. 다음 시각에서 긴바늘이 움직인 후의 시각을 오른쪽 시계에 나타내시오.

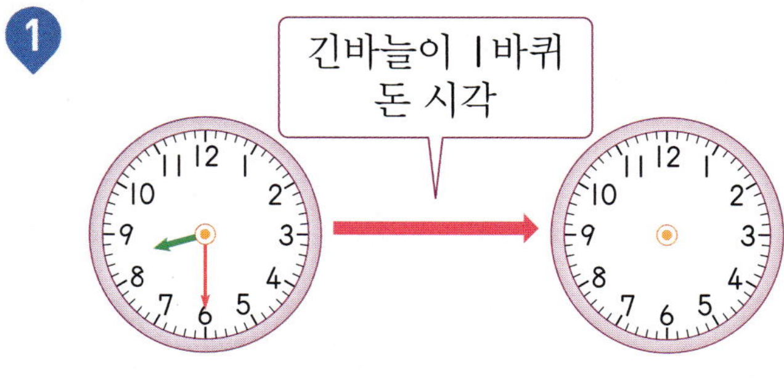

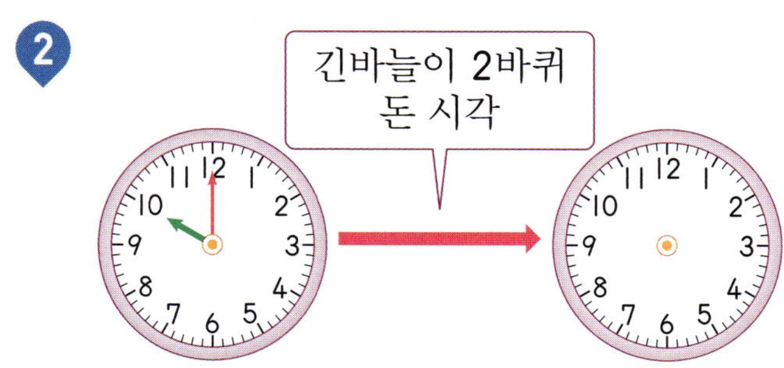

도전! 최상위 유형

1

| HME 19번 문제 수준 |

보기 에서 규칙을 찾아 ☐ 안에 알맞은 수를 구하시오.

◇ ■, △, ● 모양의 특징을 생각하며 규칙을 찾아봅니다.

2

| HME 20번 문제 수준 |

점과 점 사이의 간격이 같은 점 종이에 △ 모양을 그리려고 합니다. 뾰족한 부분이 모두 점에 놓이도록 그릴 때 서로 다른 △ 모양은 모두 몇 가지 그릴 수 있습니까? (단, 뒤집거나 돌렸을 때 모양과 크기가 같으면 한 가지로 생각합니다.)

(   )

3   동영상

| HME 19번 문제 수준 |

어느 날 우리나라의 시각과 호주의 시각을 나타낸 것입니다. 우리나라의 시계가 짧은바늘이 9와 10의 가운데, 긴바늘이 6을 가리킬 때 호주의 시각을 구하시오.

(　　　　　　　　　)

◇ 우리나라와 호주의 시각의 차이를 먼저 알아봅니다.

4  동영상

| HME 20번 문제 수준 |

현영이네 집에는 ■시마다 짧은바늘이 가리키는 수만큼 종이 울리는 시계가 있습니다. 그런데 시계가 고장이 나서 짧은바늘이 가리키는 숫자가 홀수일 때는 종이 울리지 않는다고 합니다. 12시와 7시 사이에 종은 모두 몇 번 울리겠습니까?

(　　　　　　　　　)

덧셈과 뺄셈 (2)

기본

핵심 개념
기초 문제
기본 유형

연습

잘 틀리는 유형
서술형 유형
유형(단원) 평가

완성

잘 틀리는 실력 유형
다르지만 같은 유형
응용 유형

도전

사고력 유형
최상위 유형

학습 계획표

계획표대로 공부했으면 ○표, 못했으면 △표 하세요.

내용	쪽수	날짜	확인
❶단계 핵심 개념＋기초 문제	88~89쪽	월 일	
❷단계 기본 유형	90~93쪽	월 일	
❷단계 잘 틀리는 유형＋서술형 유형	94~95쪽	월 일	
❸단계 유형(단원) 평가	96~99쪽	월 일	
잘 틀리는 실력 유형	100~101쪽	월 일	
다르지만 같은 유형	102~103쪽	월 일	
응용 유형	104~107쪽	월 일	
사고력 유형	108~109쪽	월 일	
최상위 유형	110~111쪽	월 일	

4. 덧셈과 뺄셈 (2)

핵심 개념

개념에 대한 **자세한 동영상 강의**를 시청하세요.

개념 ❶ 덧셈하기

- 9+6 계산하기

방법1 9+6=15

↓
1 5

10+5=15

방법2 9+6=15

↓
5 4

5+10=15

핵심 덧셈을 하는 방법

방법1 은 9와 더하여 10을 만들기 위해 6을

❶ □ 과 5로 가르기하였고, 방법2 는 6과 더

하여 10을 만들기 위해 9를 5와 ❷ □ 로 가

르기하였습니다.

[전에 배운 내용]

- 10이 되는 더하기

1+9=10	4+6=10	7+3=10
2+8=10	5+5=10	8+2=10
3+7=10	6+4=10	9+1=10

- 합이 10이 되는 두 수를 이용하여 세 수의
덧셈하기

[앞으로 배울 내용]

- 받아올림이 없는 두 자리 수의 덧셈

```
    3 2        2 3
  +   5      + 1 4
  ─────      ─────
    3 7        3 7
```

일 모형의 수끼리, 십 모형의 수끼리 더합니다.

개념 ❷ 뺄셈하기

- 11-4 계산하기

방법1 11-4=7

↓
1 3

10-3=7

방법2 11-4=7

↓
10 1

6+1=7

핵심 뺄셈을 하는 방법

방법1 은 1을 먼저 빼고 10에서 남은 ❸ □

을 뺐고, 방법2 는 10에서 4를 한 번에 빼고

남은 6에 ❹ □ 을 더했습니다.

[전에 배운 내용]

- 10에서 빼기

10-1=9	10-4=6	10-7=3
10-2=8	10-5=5	10-8=2
10-3=7	10-6=4	10-9=1

[앞으로 배울 내용]

- 받아내림이 없는 두 자리 수의 뺄셈

```
    5 8        3 4
  -   5      - 2 3
  ─────      ─────
    5 3        1 1
```

일 모형의 수끼리, 십 모형의 수끼리 뺍니다.

정답 ❶ 1 ❷ 4 ❸ 3 ❹ 1

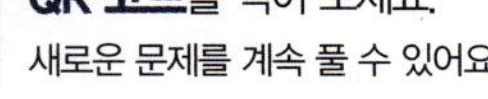

체크

1-1 ☐ 안에 알맞은 수를 써넣으시오.

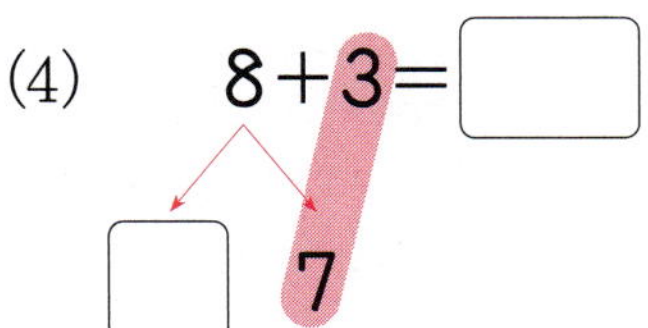

(1) $8+9=$ ☐   ☐   7

(2) $5+8=$ ☐   5   ☐

(3) $7+6=$ ☐   3   ☐

(4) $8+3=$ ☐   ☐   7

1-2 덧셈을 하시오.

(1) $7+7=$ ☐

(2) $6+8=$ ☐

(3) $9+4=$ ☐

(4) $5+9=$ ☐

(5) $8+8=$ ☐

체크

2-1 ☐ 안에 알맞은 수를 써넣으시오.

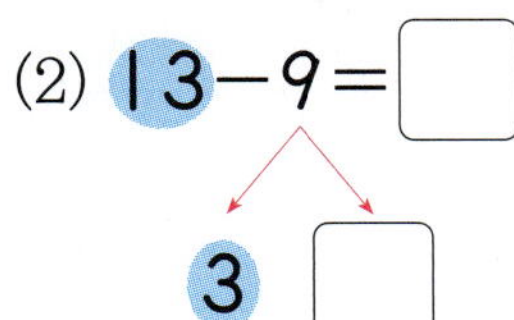

(1) $15-7=$ ☐   5   ☐

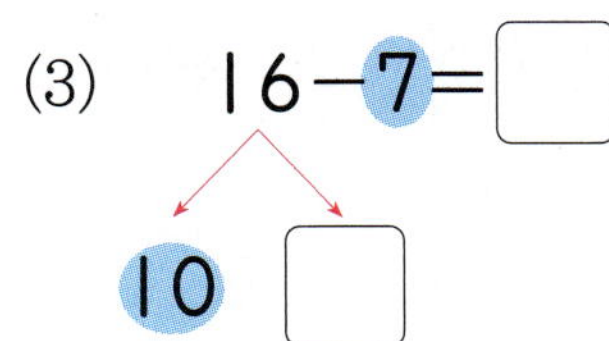

(2) $13-9=$ ☐   3   ☐

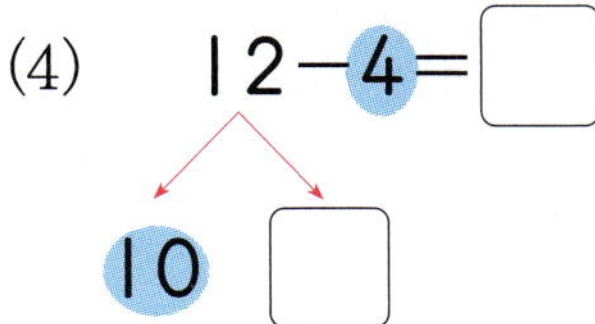

(3) $16-7=$ ☐   10   ☐

(4) $12-4=$ ☐   10   ☐

2-2 뺄셈을 하시오.

(1) $11-6=$ ☐

(2) $12-8=$ ☐

(3) $14-4=$ ☐

(4) $15-9=$ ☐

(5) $16-6=$ ☐

4. 덧셈과 뺄셈 (2)
기본 유형

유형 01 덧셈 알아보기

01 9+3을 다음 방법으로 계산해 보시오.

(1) 이어 세기로 구하시오.

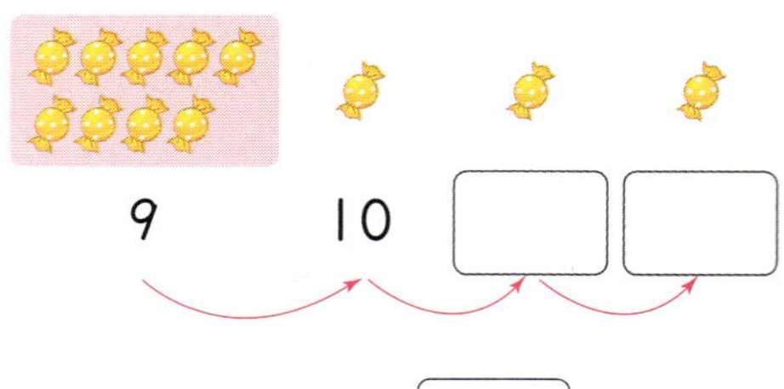

9   10   □   □

9+3= □

(2) 십 배열판에 3만큼 △를 그려 구하시오.

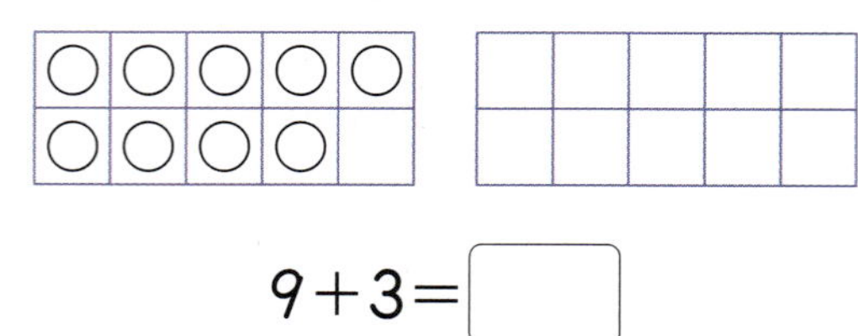

9+3= □

02 구슬은 모두 몇 개인지 구하시오.

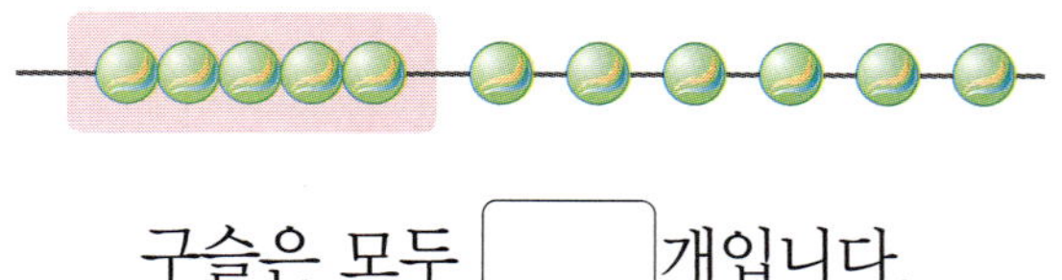

구슬은 모두 □개입니다.

03 다람쥐는 모두 몇 마리인지 덧셈식을 완성하고 답을 구하시오.

식 7+□=□   답 □마리

유형 02 덧셈하기

04 6+8을 계산하려고 합니다. 6과 더하여 10을 만들어 구하시오.

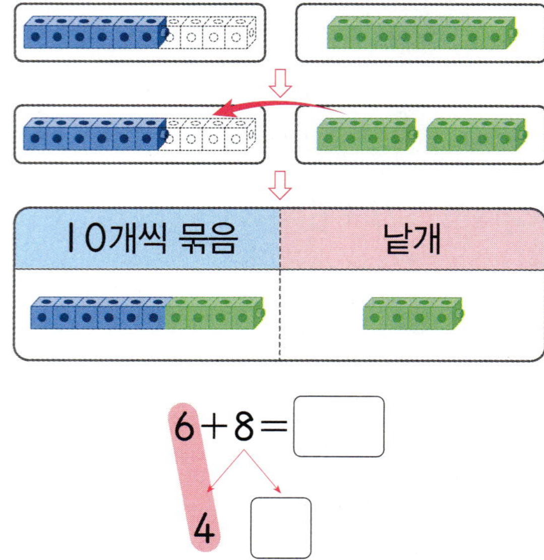

6+8= □
4   □

05 5+7을 계산하려고 합니다. 7과 더하여 10을 만들어 구하시오.

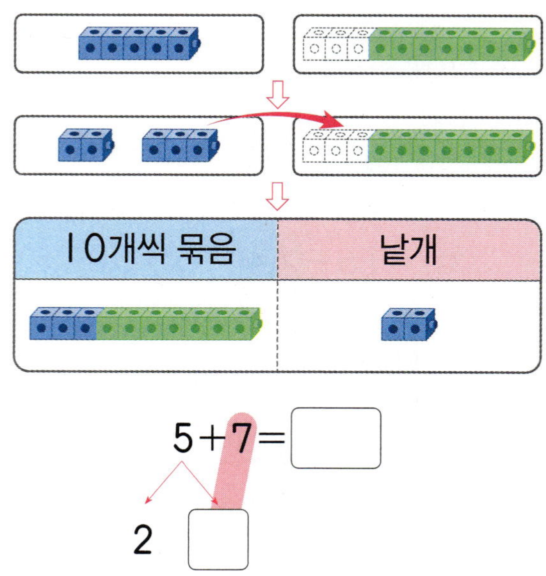

5+7= □
2   □

06 9+7을 두 가지 방법으로 계산하려고 합니다. ☐ 안에 알맞은 수를 써넣으시오.

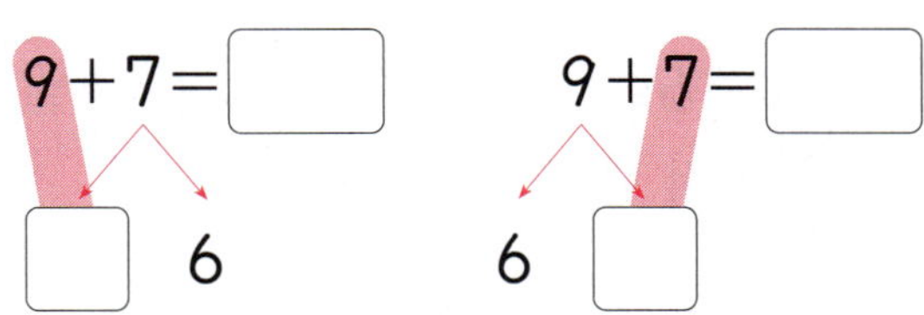

$9+7=\boxed{}$ $9+7=\boxed{}$

☐   6   6   ☐

07 민희가 가지고 있는 동화책은 모두 몇 권입니까?

(   )

08 영준이는 연필을 8자루 가지고 있었는데 생일 선물로 연필 9자루를 더 받았습니다. 영준이가 가지고 있는 연필은 모두 몇 자루가 되었습니까?

식 ☐ + ☐ = ☐   답 ☐ 자루

유형 **03** 여러 가지 덧셈하기

[09~10] 덧셈을 하고 알맞은 말에 ◯표 하시오.

09

$7+4=\boxed{}$

$7+5=\boxed{}$

$7+6=\boxed{}$

$7+7=\boxed{}$

더하는 수가 1씩 커지면 합도 1씩 (커집니다 , 작아집니다).

10

$9+4=\boxed{}$

$4+9=\boxed{}$

두 수를 바꾸어 더해도 합이 (같습니다 , 다릅니다).

11 두 수의 합이 작은 것부터 순서대로 이으시오.

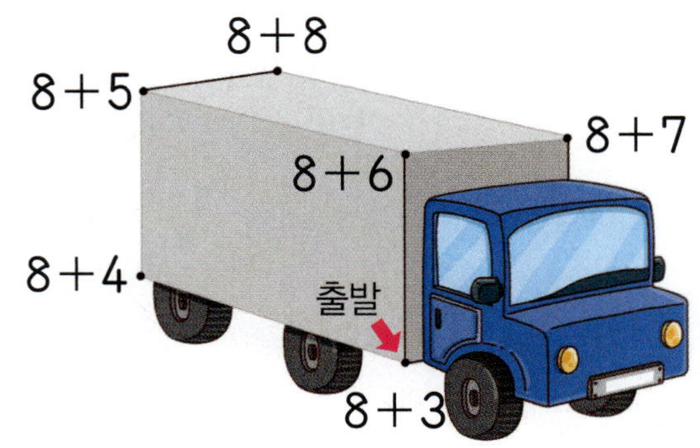

2단계 기본 유형

> 핵심 내용 거꾸로 세기, 연결 모형에서 빼고 남는 것 구하기 등의 방법으로 뺄셈을 알아볼 수 있다.

> 핵심 내용 낱개를 먼저 빼거나 10개씩 묶음에서 한 번에 빼어 뺄셈을 할 수 있다.

유형 04 뺄셈 알아보기

12 11−4를 다음 방법으로 계산해 보시오.

(1) 거꾸로 세기로 구하시오.

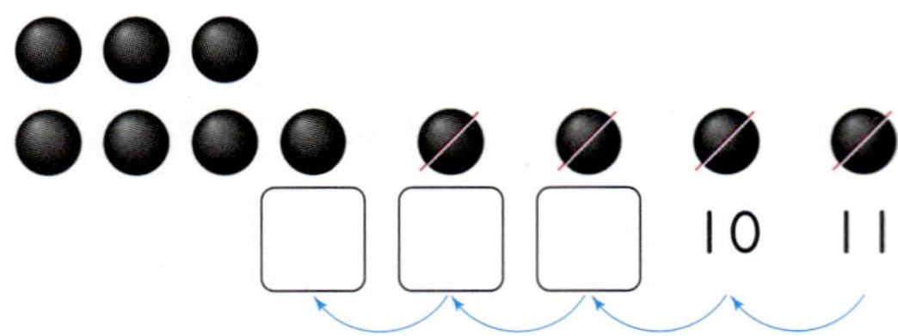

$$11-4=\boxed{}$$

(2) 연결 모형에서 4개만큼 /으로 지워 구하시오.

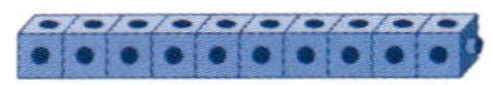

$$11-4=\boxed{}$$

13 검은색 바둑돌은 흰색 바둑돌보다 몇 개 더 많은지 구하시오.

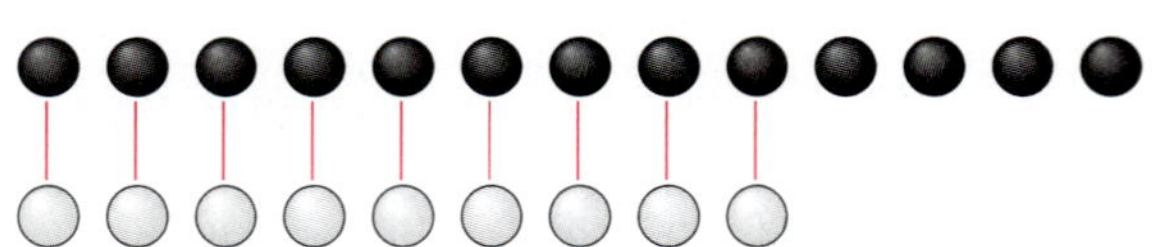

검은색 바둑돌이 $\boxed{}$ 개 더 많습니다.

14 촛불 14개 중 끄고 남은 촛불은 몇 개인지 뺄셈식을 완성하고 답을 구하시오.

식 $14-\boxed{}=\boxed{}$ 답 $\boxed{}$ 개

유형 05 뺄셈하기

15 13−6을 계산하려고 합니다. 낱개 3개를 먼저 빼서 구하시오.

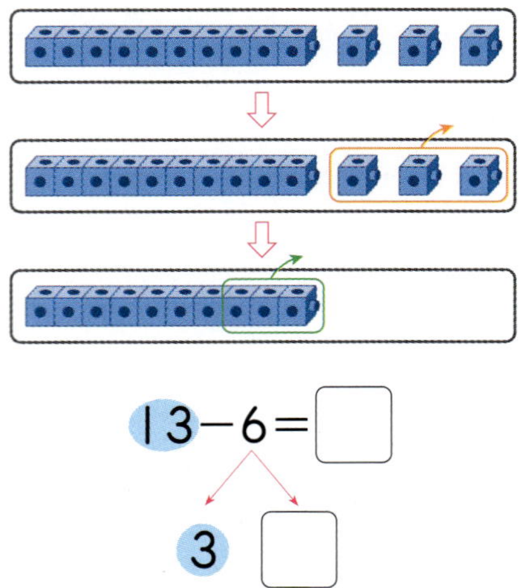

$$13-6=\boxed{}$$

3 $\boxed{}$

16 14−6을 계산하려고 합니다. 10개씩 묶음에서 한 번에 빼서 구하시오.

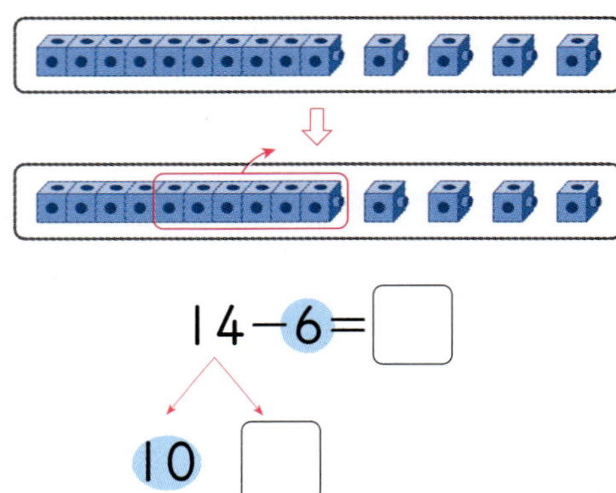

$$14-6=\boxed{}$$

10 $\boxed{}$

17 17−8을 두 가지 방법으로 계산하려고 합니다. ☐ 안에 알맞은 수를 써넣으시오.

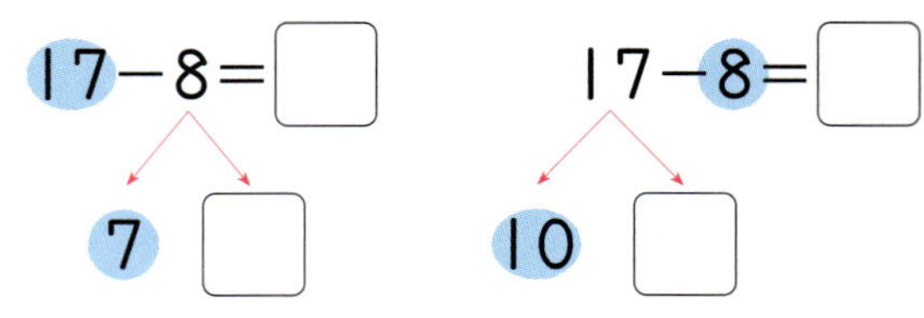

$17-8=\boxed{}$ $17-8=\boxed{}$

7 $\boxed{}$ 10 $\boxed{}$

18 계산 결과를 비교하여 ○ 안에 >, =, < 를 알맞게 써넣으시오.

$$15-5 \quad \bigcirc \quad 13-3$$

19 색종이로 종이 비행기를 접었습니다. 남은 색종이는 몇 장입니까?

(　　　　　　　)

20 민규는 가지고 있는 장난감 12개 중 6개 를 알뜰 시장에 팔았습니다. 남은 장난감 은 몇 개입니까?

식 □ － □ ＝ □ 　　답 □ 개

유형 **06** 여러 가지 뺄셈하기

21 뺄셈을 하고 알맞은 말에 ○표 하시오.

$$13-7=\square$$
$$14-7=\square$$
$$15-7=\square$$
$$16-7=\square$$

빼지는 수가 1씩 커지면 차도 1씩
(커집니다 , 작아집니다).

22 뺄셈을 하시오.

$15-6=9$	
$14-6=\square$	$15-7=\square$
$13-6=\square$	$15-8=\square$
$12-6=\square$	$15-9=\square$

23 차가 8이 되도록 □ 안에 알맞은 수를 써 넣으시오.

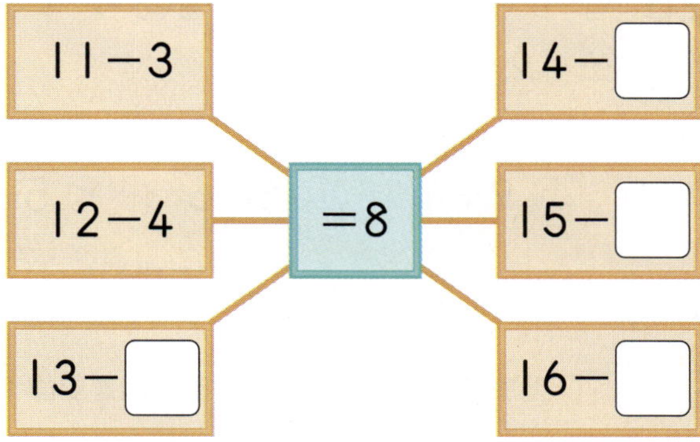

2단계 기본 유형

잘 틀리는 유형 07 합이 같은 덧셈 알아보기

24 합이 같은 것끼리 이으시오.

7+7	·	·	9+7
5+6	·	·	7+4
8+8	·	·	8+6

25 덧셈표를 보고 물음에 답하시오.

6+5				
6+6	5+6			
6+7	5+7	4+7		
6+8	5+8	4+8	3+8	
6+9	5+9	4+9	3+9	2+9

(1) 6+6과 합이 같은 덧셈을 모두 찾아 빨간색으로 색칠하시오.

(2) 6+8과 합이 같은 덧셈을 찾아 파란색으로 색칠하시오.

26 합이 나머지와 다른 덧셈을 찾아 기호를 쓰시오.

| ㉠ 9+4 | ㉡ 6+6 | ㉢ 5+8 |

( )

KEY 각 덧셈을 계산한 다음 합이 다른 하나를 찾습니다.

잘 틀리는 유형 08 차가 같은 뺄셈 알아보기

27 차가 4인 뺄셈을 모두 찾아 ◯표 하시오.

| 15−8 | 13−9 | 11−7 |

( ) ( ) ( )

28 뺄셈표를 보고 물음에 답하시오.

14−5	14−6	14−7	14−8	14−9
	15−6	15−7	15−8	15−9
		16−7	16−8	16−9
			17−8	17−9
				18−9

(1) 14−6과 차가 같은 뺄셈을 모두 찾아 빨간색으로 색칠하시오.

(2) 14−8과 차가 같은 뺄셈을 찾아 파란색으로 색칠하시오.

29 차가 같은 뺄셈을 가지고 있는 사람끼리 짝이 된다고 합니다. 영주의 짝은 누구입니까?

( )

KEY 친구들이 가지고 있는 뺄셈을 계산한 다음 영주와 차가 같은 친구를 찾습니다.

서술형 유형

1-1

덧셈을 하고 알게 된 점을 완성하시오.

$$3+8=\boxed{}$$

$$5+8=\boxed{}$$

$$7+8=\boxed{}$$

$$9+8=\boxed{}$$

알게 된 점 $\boxed{}$씩 커지는 수에 같은 수를 더하면 합도 $\boxed{}$씩 커집니다.

1-2

뺄셈을 하고 알게 된 점을 쓰시오.

$$14-5=\boxed{}$$

$$14-6=\boxed{}$$

$$14-7=\boxed{}$$

$$14-8=\boxed{}$$

알게 된 점

2-1

카드에 적힌 두 수의 차가 더 큰 사람이 이기는 놀이를 하였습니다. 이긴 사람은 누구인지 풀이 과정을 완성하고 답을 구하시오.

풀이 지호: $16-8=\boxed{}$,

소유: $18-\boxed{}=\boxed{}$

따라서 $\boxed{}>\boxed{}$이므로 $\boxed{}$가 이겼습니다.

답 $\boxed{}$

2-2

카드에 적힌 두 수의 합이 더 작은 사람이 이기는 놀이를 하였습니다. 이긴 사람은 누구인지 풀이 과정을 쓰고 답을 구하시오.

풀이

답 _______________

3단계 단원 유형평가

01 7+5를 다음 방법으로 계산해 보시오.

(1) 이어 세기로 구하시오.

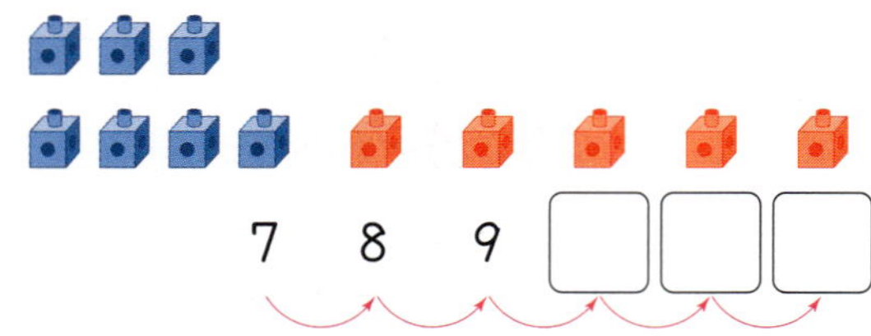

7 8 9 □ □ □

$7+5=$ □

(2) 십 배열판에 5만큼 △를 그려 구하시오.

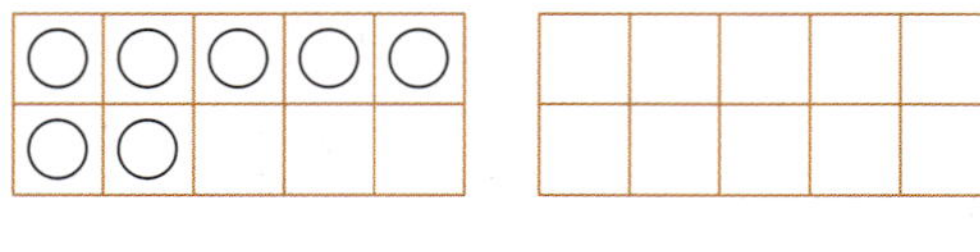

$7+5=$ □

02 백조는 모두 몇 마리인지 덧셈식을 완성하고 답을 구하시오.

식 $8+$ □ $=$ □   답 □ 마리

03 8+9를 두 가지 방법으로 계산하려고 합니다. □ 안에 알맞은 수를 써넣으시오.

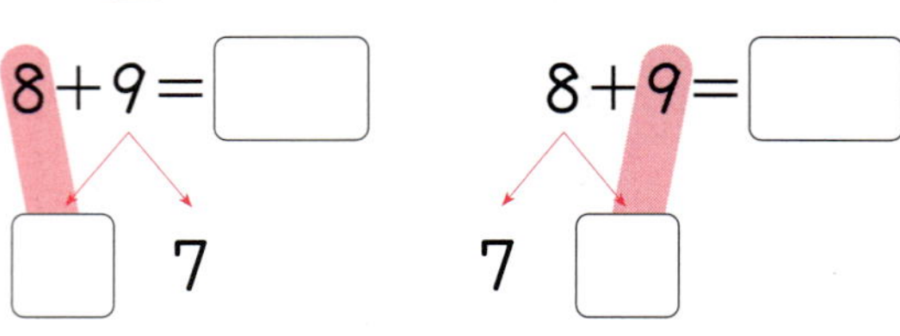

$8+9=$ □ □ 7 $8+9=$ □ 7 □

04 현기와 경아가 가지고 있는 구슬은 모두 몇 개입니까?

(   )

05 상자에 강아지 인형 6개, 고양이 인형 9개를 넣었습니다. 상자에 넣은 인형은 모두 몇 개입니까?

식 □ $+$ □ $=$ □   답 □ 개

4 덧셈과 뺄셈 (2)

06 덧셈을 하고 알맞은 말에 ○표 하시오.

(1)

$5+6=\square$

$6+6=\square$

$7+6=\square$

$8+6=\square$

더해지는 수가 ㅣ씩 커지면 합도 ㅣ씩
(커집니다 , 작아집니다).

(2)

$2+9=\square$

$9+2=\square$

두 수를 바꾸어 더해도 합이
(같습니다 , 다릅니다).

07 두 수의 합이 큰 것부터 순서대로 이으시오.

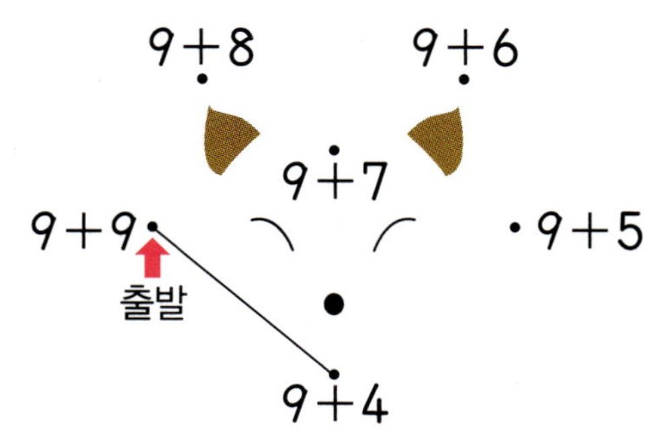

08 딸기우유는 초코우유보다 몇 개 더 많은
지 구하시오.

딸기우유가 $\square$개 더 많습니다.

09 밤 ㅣ3개 중 버리고 남은 밤은 몇 개인지
뺄셈식을 완성하고 답을 구하시오.

식 $13-\square=\square$　　답 $\square$개

10 ㅣ5−9를 두 가지 방법으로 계산하려고
합니다. $\square$ 안에 알맞은 수를 써넣으시오.

$15-9=\square$　　　$15-9=\square$

5 $\square$　　　10 $\square$

3단계 유형 단원 평가

11 계산 결과를 비교하여 ○ 안에 >, =, < 를 알맞게 써넣으시오.

$$16-8 \bigcirc 15-9$$

12 예지는 가지고 있는 사탕 14개 중 5개를 먹었습니다. 남은 사탕은 몇 개입니까?

식 ☐ − ☐ = ☐   답 ☐ 개

13 뺄셈을 하시오.

14−8=6	
13−8=☐	14−7=☐
12−8=☐	14−6=☐
11−8=☐	14−5=☐

14 차가 7이 되도록 ☐ 안에 알맞은 수를 써넣으시오.

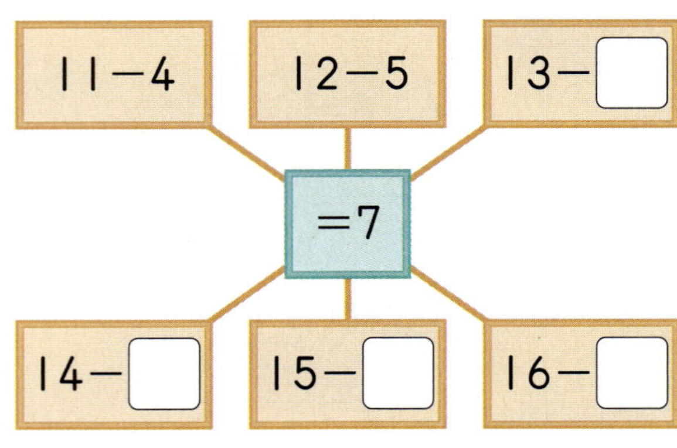

15 합이 같은 것끼리 이으시오.

9+2	•	•	5+7
7+8	•	•	6+9
6+6	•	•	3+8

16 뺄셈표를 보고 물음에 답하시오.

11-2	11-3	11-4	11-5	11-6
	12-3	12-4	12-5	12-6
		13-4	13-5	13-6
			14-5	14-6
				15-6

(1) 11-3과 차가 같은 뺄셈을 모두 찾아 빨간색으로 색칠하시오.

(2) 11-5와 차가 같은 뺄셈을 찾아 파란색으로 색칠하시오.

17 합이 나머지와 다른 덧셈을 찾아 기호를 쓰시오.

> ㉠ 9+6   ㉡ 8+5   ㉢ 7+8

( )

18 차가 같은 뺄셈을 가지고 있는 사람끼리 짝이 된다고 합니다. 진희의 짝은 누구입니까?

12-8	13-6	14-9	11-7
진희	루나	호준	은수

( )

19 덧셈을 하고 알게 된 점을 쓰시오.

$$7+4=\boxed{}$$
$$7+5=\boxed{}$$
$$7+6=\boxed{}$$
$$7+7=\boxed{}$$

알게 된 점

____

____

20 카드에 적힌 두 수의 차가 더 큰 사람이 이기는 놀이를 하였습니다. 이긴 사람은 누구인지 풀이 과정을 쓰고 답을 구하시오.

13	4		14	7
민기			수호	

풀이

____

____

____

답 ___________

QR 코드를 찍어 **단원 평가** 를 풀어 보세요.

잘 틀리는 실력 유형

유형 01 어떤 수 구하기

> 8과 어떤 수의 합이 13일 때 어떤 수 구하기
>
> ① 어떤 수를 ■라 하여 덧셈식 만들기
>
> $8 + ■ = \boxed{}$
>
> ② $8 + 5 = 13$이므로 $■ = \boxed{}$입니다.
>
> 따라서 어떤 수는 $\boxed{}$입니다.

01 6과 어떤 수의 합은 11입니다. 어떤 수는 얼마인지 구하시오.

(   )

02 어떤 수와 7의 합은 15입니다. 어떤 수는 얼마인지 구하시오.

(   )

03 어떤 수에서 6을 뺐더니 7이 되었습니다. 어떤 수는 얼마인지 구하시오.

(   )

유형 02 ☐ 안에 들어갈 수 있는 수 구하기

> 1부터 9까지의 수 중에서 ☐ 안에 들어갈 수 있는 수 구하기
>
> $$12 - \boxed{} < 5$$
>
> ① $12 - \boxed{} = 5$라고 하면 $12 - 7 = 5$이므로 $\boxed{} = \boxed{}$입니다.
>
> ② 따라서 $12 - \boxed{} < 5$가 되려면 ☐는 $\boxed{}$보다 커야 하므로 ☐ 안에 들어갈 수 있는 수는 $\boxed{}$, $\boxed{}$입니다.

[04~06] 1부터 9까지의 수 중에서 ☐ 안에 들어갈 수 있는 수를 모두 구하시오.

04
$$16 - \boxed{} < 9$$

(   )

05
$$11 - \boxed{} > 7$$

(   )

06
$$8 + \boxed{} > 14$$

(   )

유형 03 계산 결과를 가장 크게 만들기

수 카드 4장 중에서 2장을 골라 한 번씩 만 사용하여 합이 가장 큰 덧셈, 차가 가장 큰 뺄셈 만들기

$\boxed{5}\ \boxed{6}\ \boxed{7}\ \boxed{8}$

① 합이 가장 큰 덧셈 만들고 계산하기

⇨ (가장 큰 수)+(두 번째로 큰 수)

$=8+\boxed{}=\boxed{}$

② 차가 가장 큰 뺄셈 만들고 계산하기

⇨ (가장 큰 수)−(가장 작은 수)

$=8-\boxed{}=\boxed{}$

07 수 카드 4장 중에서 2장을 골라 한 번씩 만 사용하여 합이 가장 큰 덧셈을 만들고 계산하시오.

$\boxed{6}\ \boxed{7}\ \boxed{8}\ \boxed{9}$

$\boxed{}+\boxed{}=\boxed{}$

08 수 카드 4장 중에서 2장을 골라 한 번씩 만 사용하여 차가 가장 큰 뺄셈을 만들고 계산하시오.

$\boxed{5}\ \boxed{7}\ \boxed{11}\ \boxed{13}$

$\boxed{}-\boxed{}=\boxed{}$

유형 04 새 교과서에 나온 활동 유형

09 뺄셈을 하고 알게 된 점을 쓰시오.

$12-5=\boxed{}$

$13-6=\boxed{}$

$14-7=\boxed{}$

$15-8=\boxed{}$

알게 된 점

____

____

10 같은 색 구슬에서 수를 골라 덧셈식을 완성해 보시오.

$\boxed{3}+\boxed{8}=\boxed{11}$

$\boxed{}+\boxed{}=\boxed{}$

$\boxed{}+\boxed{}=\boxed{}$

$\boxed{}+\boxed{}=\boxed{}$

다르지만 같은 유형

유형 01 그림을 보고 덧셈식 또는 뺄셈식 만들기

01 물고기는 모두 몇 마리인지 덧셈식을 쓰고 답을 구하시오.

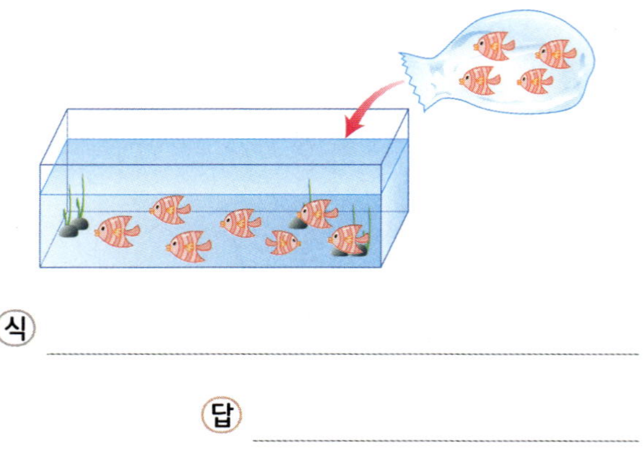

(식) ____________________

(답) ____________________

02 노란색 연결 모형은 파란색 연결 모형보다 몇 개 더 많은지 뺄셈식을 쓰고 답을 구하시오.

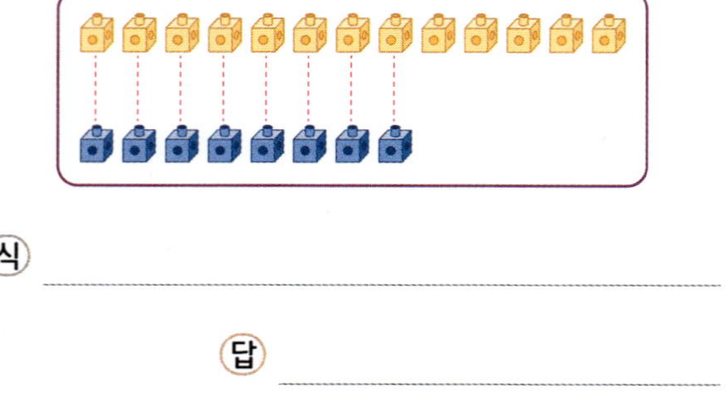

(식) ____________________

(답) ____________________

03 남은 귤은 몇 개인지 뺄셈식을 쓰고 답을 구하시오.

(식) ____________________

(답) ____________________

유형 02 덧셈 결과 비교하기

04 계산 결과를 비교하여 ◯ 안에 >, =, < 를 알맞게 써넣으시오.

$$6+6 \quad \bigcirc \quad 5+9$$

05 계산 결과가 가장 큰 덧셈을 찾아 기호를 쓰시오.

> ㉠ 6+7
> ㉡ 8+4
> ㉢ 9+5

(   )

06 방학 동안 책을 더 많이 읽은 사람의 이름을 쓰시오.

〈방학 동안 읽은 책 수〉

	동화책	만화책
미경	8권	8권
훈구	4권	9권

(   )

QR 코드를 찍어 **동영상 특강**을 보세요.

유형 03 뺄셈 결과 비교하기

07 계산 결과가 가장 큰 것에 ○표, 가장 작은 것에 △표 하시오.

14−6	11−2	13−9

(   )　(   )　(   )

08 오른쪽과 같은 점수판이 있습니다. 빨간색 부분은 점수를 얻고, 파란색 부분은 점수를 잃습니다. 민서와 지호 중 점수가 더 높은 사람은 누구입니까?

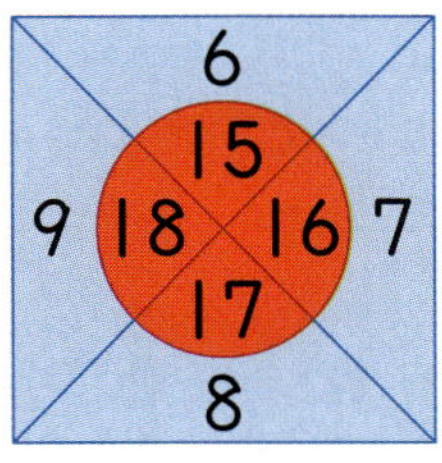

(   )

09 카드에 적힌 두 수의 차가 가장 큰 사람이 이기는 놀이를 하고 있습니다. 이긴 사람의 이름을 쓰시오.

(   )

유형 04 더하고 빼기

10 빈 곳에 알맞은 수를 써넣으시오.

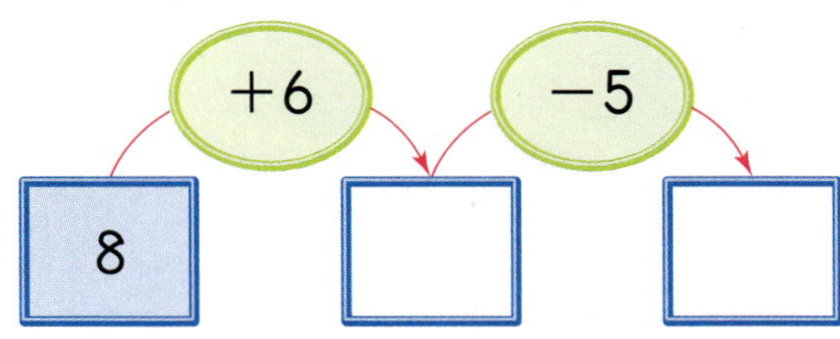

11 친구들의 대화를 보고 민주네 집은 몇 층인지 구하시오.

(   )

12 서연이는 공책을 6권 가지고 있습니다. 공책을 지호는 서연이보다 5권 더 많이 가지고 있고, 준우는 지호보다 3권 더 적게 가지고 있습니다. 준우는 공책을 몇 권 가지고 있습니까?

(   )

4
덧셈과 뺄셈 (2)

계산 결과와 같은 수 찾기

01 ❶덧셈을 하여 표를 완성하고 / ❷9+3의 계산 결과와 같은 수에 모두 ◯표 하시오.

+	4	5	6	7	8	9
6		11			14	15
7	11		13		15	
8		13	14	15		17

❶ 덧셈을 하여 표를 완성합니다.
❷ 9+3을 계산하여 표에서 9+3의 계산 결과와 같은 수를 모두 찾습니다.

수 카드로 덧셈식, 뺄셈식 만들기

02 ❶수 카드 5장 중에서 3장을 골라 한 번씩만 사용하여 만들 수 있는 덧셈식과 / ❷뺄셈식을 각각 2개씩 쓰시오.

| 6 | 7 | 9 | 14 | 15 |

덧셈식 ☐+☐=☐ , ☐+☐=☐

뺄셈식 ☐-☐=☐ , ☐-☐=☐

❶ 작은 두 수를 더하여 큰 수가 되는 수 카드를 찾아 덧셈식으로 나타냅니다.
❷ ❶에서 찾은 덧셈식을 이용하여 뺄셈식으로 나타냅니다.

모양에 알맞은 수 구하기

03 ❶▲=9일 때 / ❷★에 알맞은 수를 구하시오.
(단, 같은 모양은 같은 수를 나타냅니다.)

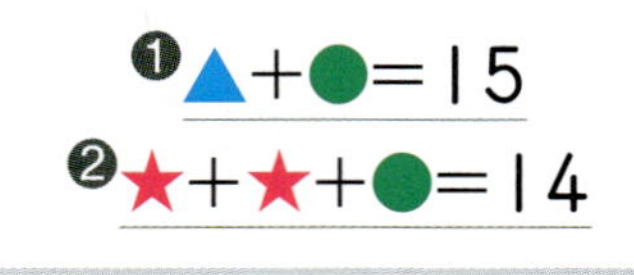

(   )

❶ ●에 알맞은 수를 구합니다.
❷ ★에 알맞은 수를 구합니다.

● 정답 및 풀이 **39**쪽

4
덧셈과 뺄셈 (2)

얻어야 할 점수 구하기

04 동훈이와 종현이는 과녁 맞히기 놀이를 하고 있습니다. ❶❷화살을 두 번씩 던져서 / ❸종현이가 이기려면 두 번째에 적어도 몇 점을 얻어야 합니까? (단, 점수의 합이 큰 사람이 이깁니다.)

	첫 번째	두 번째
❶ 동훈	7점	5점
❷ 종현	8점	

(　　　　　　　　)

❶ 동훈이의 점수를 구합니다.
❷ 두 사람의 점수가 같아지려면 종현이는 두 번째에 몇 점을 얻어야 하는지 구합니다.
❸ 종현이가 이기려면 두 번째에 적어도 몇 점을 얻어야 하는지 구합니다.

어떤 수를 구하여 바르게 계산한 값 구하기

05 ❶어떤 수에 4를 더해야 할 것을 잘못하여 뺐더니 5가 되었습니다. / ❷바르게 계산한 값을 구하시오.

(　　　　　　　　)

❶ 어떤 수를 ◯라 하여 뺄셈식을 만든 다음 ◯를 구합니다.
❷ ❶에서 구한 ◯를 이용하여 바르게 계산한 값을 구합니다.

◯ 안에 들어갈 수 있는 수 구하기

06 1부터 9까지의 수 중에서 ❷◯ 안에 들어갈 수 있는 가장 작은 수를 구하시오.

❶
$$16 - 7 - \square < 4$$

(　　　　　　　　)

❶ $16 - 7 - \square = 4$라고 할 때 ◯ 안에 들어갈 수 있는 수를 구합니다.
❷ ◯ 안에 들어갈 수 있는 수의 범위를 이용하여 ◯ 안에 들어갈 수 있는 가장 작은 수를 구합니다.

계산 결과와 같은 수 찾기

07 뺄셈을 하여 표를 완성하고 11−5의 계산 결과와 같은 수에 모두 ○표 하시오.

−	5	6	7	8
12	7			
13	8			
14	9		7	

08 가장 큰 수와 가장 작은 수의 합을 구하시오.

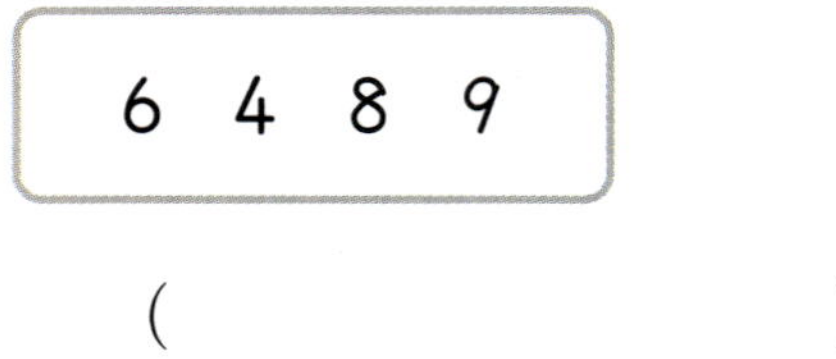

6 4 8 9

(   )

09 계산 결과가 같도록 ☐ 안에 알맞은 수를 구하시오.

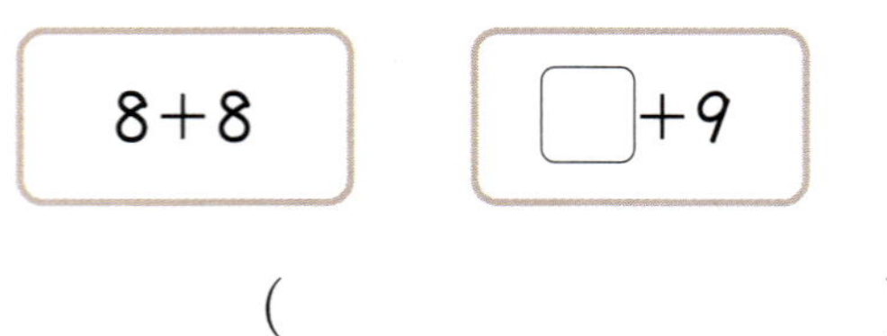

8+8   ☐+9

(   )

수 카드로 덧셈식, 뺄셈식 만들기

10 수 카드 5장 중에서 3장을 골라 한 번씩만 사용하여 만들 수 있는 덧셈식과 뺄셈식을 각각 2개씩 쓰시오.

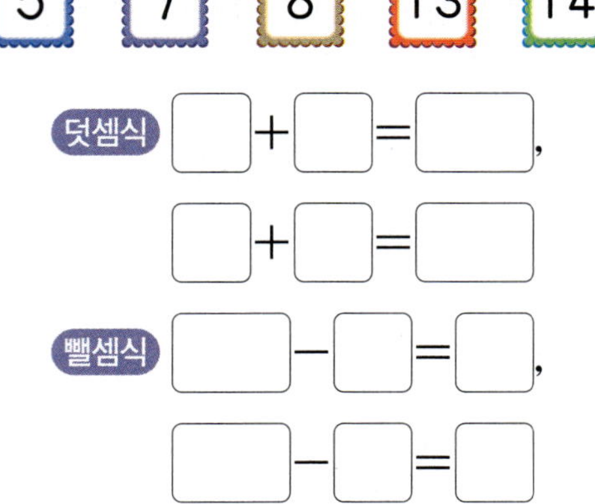

덧셈식 ☐＋☐＝☐ ,

☐＋☐＝☐

뺄셈식 ☐－☐＝☐ ,

☐－☐＝☐

11 수지는 사과를 8개 샀고, 복숭아는 사과보다 3개 더 적게 샀습니다. 수지가 산 사과와 복숭아는 모두 몇 개입니까?

(   )

모양에 알맞은 수 구하기

12 ■＝8일 때 ♥에 알맞은 수를 구하시오. (단, 같은 모양은 같은 수를 나타냅니다.)

▲＋■＝15
♥＋♥＋▲＝13

(   )

13

아라는 한 봉지에 6개씩 들어 있는 초콜릿 2봉지를 사서 7개를 먹었습니다. 남은 초콜릿은 몇 개입니까?

(   )

얻어야 할 점수 구하기

14
미호와 승기는 과녁 맞히기 놀이를 하고 있습니다. 화살을 두 번씩 던져서 승기가 이기려면 두 번째에 적어도 몇 점을 얻어야 합니까? (단, 점수의 합이 큰 사람이 이깁니다.)

	첫 번째	두 번째
미호	5점	8점
승기	7점	

(   )

어떤 수를 구하여 바르게 계산한 값 구하기

15

어떤 수에서 6을 빼야 할 것을 잘못하여 더했더니 15가 되었습니다. 바르게 계산한 값을 구하시오.

(   )

16

선생님께서 색종이를 지후와 수민이에게 각각 14장씩 주셨습니다. 두 사람이 사용한 색종이는 모두 몇 장입니까?

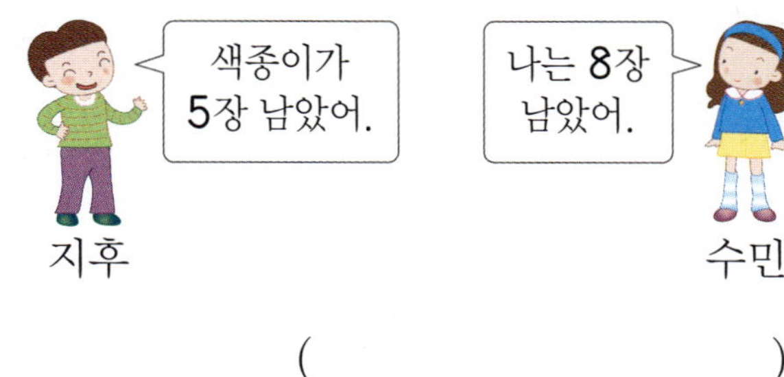

(   )

□ 안에 들어갈 수 있는 수 구하기

17
1부터 9까지의 수 중에서 □ 안에 들어갈 수 있는 가장 작은 수를 구하시오.

$$11-2-\boxed{}<3$$

(   )

18

민호와 태수가 가위바위보를 하여 딱지를 이기면 3장, 지면 2장 가집니다. 민호가 3번 이기고, 1번 졌다면 민호는 태수보다 딱지를 몇 장 더 많이 가지게 됩니까?
(단, 비기는 경우는 없습니다.)

(   )

# 사고력 유형

1 옆으로 덧셈식이 되는 세 수를 모두 찾아 □ + □ = □ 표 하시오.

1

10	5 + 9 = 14		7
8	3	11	4	16
19	2	6	7	13
1	12	7	8	15

2

9 + 7 = 16		2	3
5	1	8	8	16
13	4	7	11	6
6	8	14	3	15

2 보기 와 같이 덧셈과 뺄셈을 하여 빈 곳에 알맞은 수를 써넣으시오.

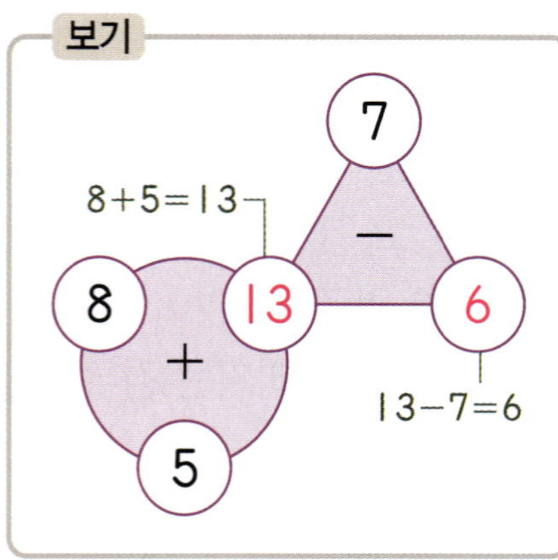

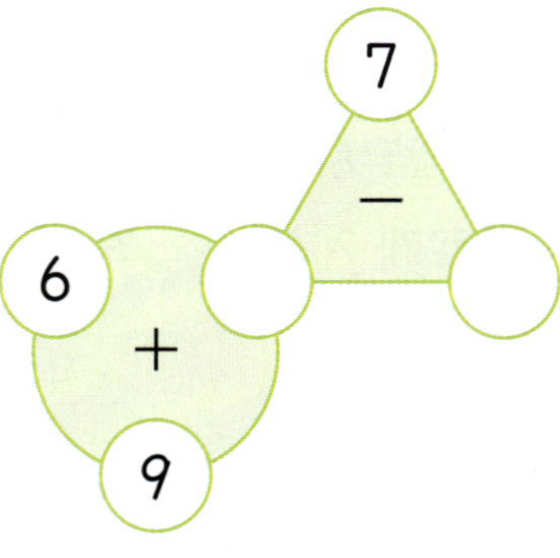

창의 · 융합

3 다음과 같은 규칙에 따라 뺄셈 놀이를 하려고 합니다. 먼저 '빙고'를 외친 사람의 이름을 쓰시오.

┌ **규칙** ┐

① 친구가 말한 뺄셈의 계산 결과를 찾아 각자의 놀이판에 ◯표 합니다.

② ◯표 한 수로 한 줄이 완성되면 '빙고'라고 외칩니다.

1 

$18-9, 15-8, 11-3$

└ 계산 결과가 9이므로 놀이판에서 9를 찾아 ◯표 합니다.

명수

5	1	4
9	7	8
3	2	6

하민

8	2	9
1	5	4
3	7	6

(   )

2 

$12-7, 17-8, 15-9$

민아

8	3	5
4	1	9
2	7	6

유라

5	1	3
7	2	6
4	9	8

(   )

도전! 최상위 유형

1 

| HME 19번 문제 수준 |

■와 ▲에 알맞은 수를 각각 구하시오. (단, 같은 모양은 같은 수를 나타냅니다.)

$$■ - ▲ = 5$$
$$■ + ▲ = 13$$

■ (　　　　　　　　), ▲ (　　　　　　　　)

2

| HME 20번 문제 수준 |

은우, 윤서, 민지가 사탕을 몇 개씩 가지고 있었습니다. 은우는 윤서에게 4개를 주고, 민지에게 3개를 주었습니다. 또, 민지가 윤서에게 5개를 주었더니 세 사람이 가진 사탕 수가 모두 같아졌습니다. 처음에 은우는 윤서보다 사탕을 몇 개 더 많이 가지고 있었습니까?

(　　　　　　　　)

은우는 처음보다 사탕이 몇 개 줄었고, 윤서는 사탕이 몇 개 늘었는지 알아봅니다.

3 

| HME 21번 문제 수준 |

효주, 은혜, 지훈, 다율이의 나이에 대한 설명입니다. 다율이는 은혜보다 몇 살 더 많습니까?

- 효주는 5살입니다.
- 효주, 은혜, 지훈이의 나이를 더하면 12살입니다.
- 지훈이와 다율이의 나이를 더하면 11살입니다.
- 다율이는 지훈이보다 3살 더 많습니다.

(　　　　　　　　　　)

4 

| HME 22번 문제 수준 |

보기 와 같이 어떤 몇십몇의 10개씩 묶음의 수와 낱개의 수를 더하여 새로운 한 자리 수를 만들었습니다. 만든 한 자리 수가 7이 되는 몇십몇은 모두 몇 개입니까?

보기
- 12 ⇨ 1+2=3
- 68 ⇨ 6+8=14 ⇨ 1+4=5

(　　　　　　　　　　)

합이 7이 되는 두 수를 모두 찾아 두 자리 수로 나타내고, 이 중에서 다시 한 자리 수끼리의 합으로 나타낼 수 있는 경우를 모두 찾아봅니다.

5

규칙 찾기

학습 계획표

계획표대로 공부했으면 ○표, 못했으면 △표 하세요.

내용	쪽수	날짜		확인
❶단계 핵심 개념+기초 문제	114~115쪽	월	일	
❷단계 기본 유형	116~121쪽	월	일	
❷단계 잘 틀리는 유형+서술형 유형	122~123쪽	월	일	
❸단계 유형(단원) 평가	124~127쪽	월	일	
잘 틀리는 실력 유형	128~129쪽	월	일	
다르지만 같은 유형	130~131쪽	월	일	
응용 유형	132~135쪽	월	일	
사고력 유형	136~137쪽	월	일	
최상위 유형	138~139쪽	월	일	

5. 규칙 찾기
핵심 개념

개념에 대한 **자세한 동영상 강의**를 시청하세요.

개념 ❶ 물건이나 무늬에서 규칙 찾기

• 물건에서 규칙 찾기

규칙 가방, 모자가 반복됩니다.

• 무늬에서 규칙 찾기

규칙 빨간색, 초록색이 반복됩니다.

핵심 **반복되는 것 찾기**

규칙을 찾을 때에는 ❶[　　　]되는 것이 무엇인지 알아봅니다.

[전에 배운 내용]
• 주변에서 반복되는 규칙 찾기

[앞으로 배울 내용]
• 무늬에서 규칙 찾기

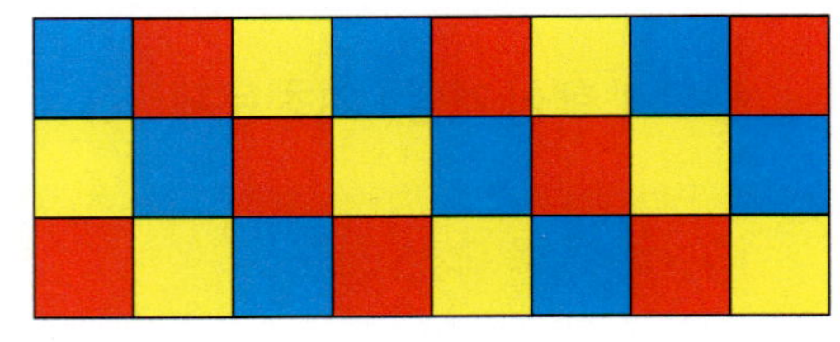

① 파란색, 빨간색, 노란색이 반복됩니다.
② ＼ 방향으로 같은 색이 반복됩니다.

• 돌아가는 모양에서 규칙 찾기

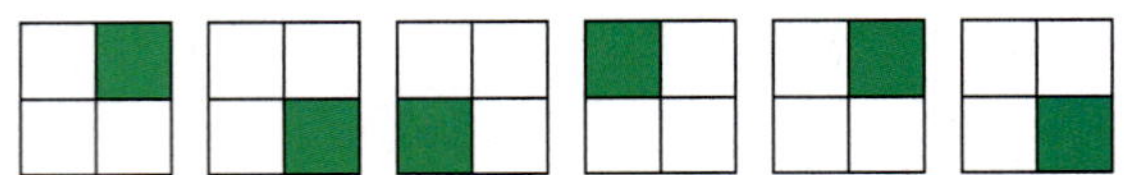

초록색으로 색칠되어 있는 부분이 시계 방향으로 돌아가고 있습니다.

개념 ❷ 수 배열에서 규칙 찾기

• 수 배열에서 규칙 찾기

10 - 5 - 10 - 5 - 10 - 5

규칙 10, 5가 반복됩니다.

1 - 3 - 5 - 7 - 9 - 11

규칙 1부터 시작하여 2씩 커집니다.

핵심 **수의 변화 찾기**

수 배열에서 수가 커지는지, 작아지는지, 반복되는 수가 있는지 알아보고 ❷[　　　]을 찾습니다.

[전에 배운 내용]
• 100까지 수의 순서

51	52	53	54	55	56	57	58	59	60
61	62	63	64	65	66	67	68	69	70
71	72	73	74	75	76	77	78	79	80
81	82	83	84	85	86	87	88	89	90
91	92	93	94	95	96	97	98	99	100

[앞으로 배울 내용]
• 덧셈표에서 규칙 찾기

+	1	2	3	4
1	2	3	4	5
2	3	4	5	6
3	4	5	6	7
4	5	6	7	8

① ▨으로 칠해진 수에는 오른쪽으로 갈수록 1씩 커지는 규칙이 있습니다.
② ＼ 방향으로 갈수록 2씩 커지는 규칙이 있습니다.

정답 ❶ 반복 ❷ 규칙

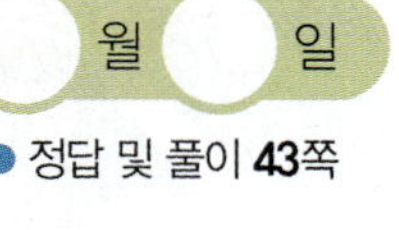

기초 문제

QR 코드를 찍어 보세요.
새로운 문제를 계속 풀 수 있어요.

체크

1-1 반복되는 부분에 ○표 하시오.

(1) 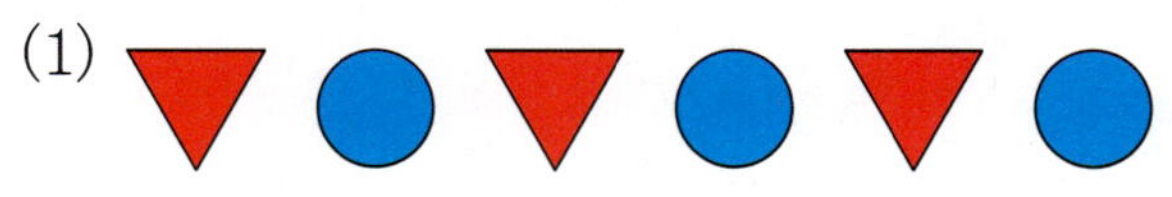

(2) 

(3) 

(4) 

1-2 규칙을 찾아 빈칸에 알맞은 모양을 그리고 색칠하시오.

(1) 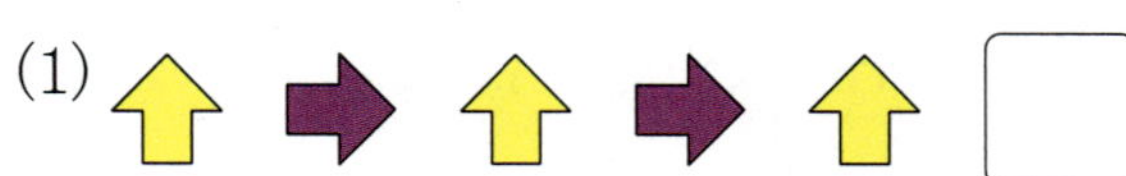

(2) 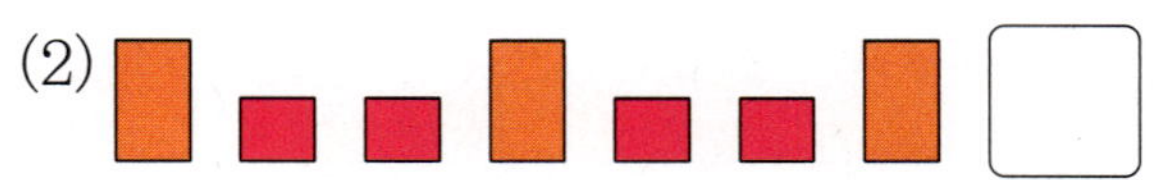

(3) 

(4) 

체크

2-1 다음 수 배열에서 규칙을 알아보려고 합니다. ☐ 안에 알맞은 수를 써넣으시오.

(1) 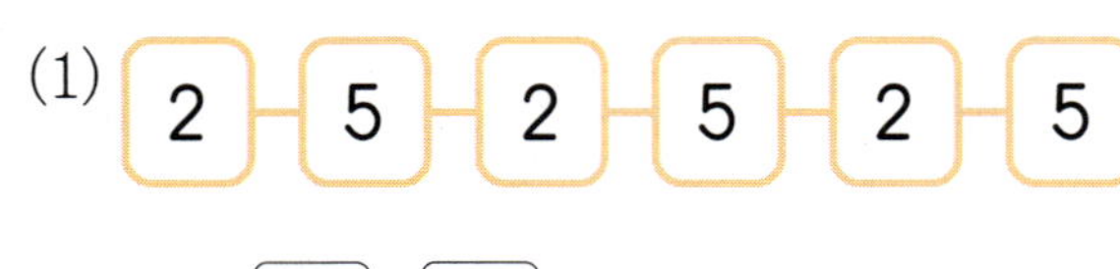

규칙 ☐ , ☐ 가 반복됩니다.

(2) 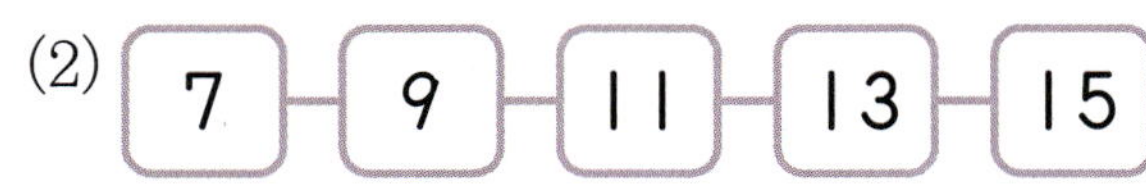

규칙 → 방향으로 ☐ 씩 커집니다.

(3) 

규칙 → 방향으로 ☐ 씩 작아집니다.

2-2 수 배열표를 보고 ☐ 안에 알맞은 수를 써넣으시오.

61	62	63	64	65	66	67	68	69	70
71	72	73	74	75	76	77	78	79	80
81	82	83	84	85	86	87	88	89	90
91	92	93	94	95	96	97	98	99	100

(1) ▬ 에 있는 수들은 **71** 부터 시작하여 → 방향으로 ☐ 씩 커집니다.

(2) ▬ 에 있는 수들은 **68** 부터 시작하여 ↓ 방향으로 ☐ 씩 커집니다.

2단계 5. 규칙 찾기
기본 유형

유형 01 규칙 찾기

01 규칙을 찾아 ☐ 안에 알맞은 말을 써넣으시오.

규칙 ☐, ☐가 반복됩니다.

02 물건을 늘어놓은 규칙을 바르게 말한 사람은 누구입니까?

( )

03 신호등이 켜지는 규칙을 쓰시오.

규칙

유형 02 규칙을 찾아 알맞은 모양 알아보기

04 규칙을 찾아 빈칸에 알맞은 모양을 그리고 색칠하시오.

(1) ▼ ▼ ● ▼ ▼ ● ▼ ☐ ☐

(2) ◆ ♥ ♥ ◆ ♥ ♥ ◆ ☐ ☐

05 규칙에 따라 구슬을 꿰어 팔찌를 만들려고 합니다. 다음에 꿰어야 할 구슬은 어느 것입니까? ······ ( )

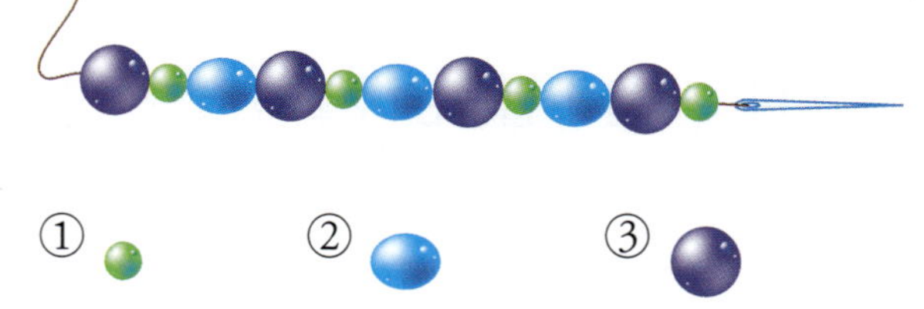

① ●   ② ●   ③ ●

06 📦, 🖇, ✏, ✏이 반복될 때 🖇를 놓아야 할 곳의 기호를 쓰시오.

📦 🖇 ✏ ✏ 📦 | ㉠ | ㉡ | ㉢ | ㉣ |

( )

→ 핵심 내용 여러 가지 물건으로 다양한 규칙을 만들 수 있다.

유형 03 규칙 만들기 (1)

07 민재와 시은이가 바둑돌로 규칙을 만들었습니다. 물음에 답하시오.

(1) 민재가 만든 규칙을 쓰시오.

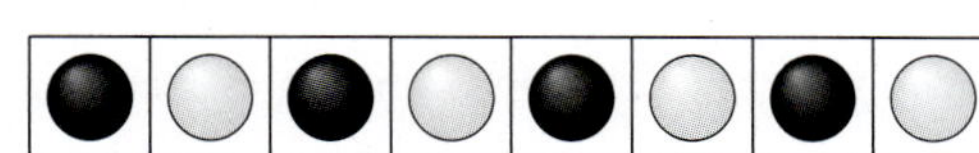

규칙 ______________________________

____

(2) 시은이가 만든 규칙을 쓰시오.

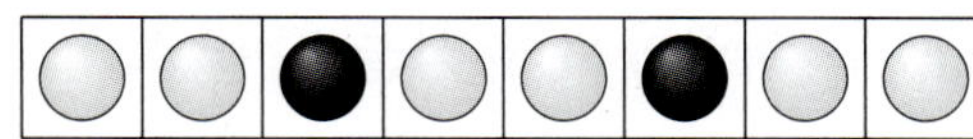

규칙 ______________________________

____

(3) 바둑돌(●○)로 나만의 규칙을 만들어 보시오.

08 사탕과 아이스크림으로 규칙을 만들었습니다. 규칙을 바르게 만들지 <u>않은</u> 것을 찾아 기호를 쓰시오.

(　　　　　　　　　)

→ 핵심 내용 모양과 색깔을 이용하여 규칙을 만들 수 있다.

유형 04 규칙 만들기 (2)

09 여러 가지 모양으로 규칙을 만들었습니다. 물음에 답하시오.

(1) 서영이는 ◆, ● 모양으로 규칙을 만들었습니다. 규칙에 따라 빈칸에 알맞은 모양을 그리고 색칠하시오.

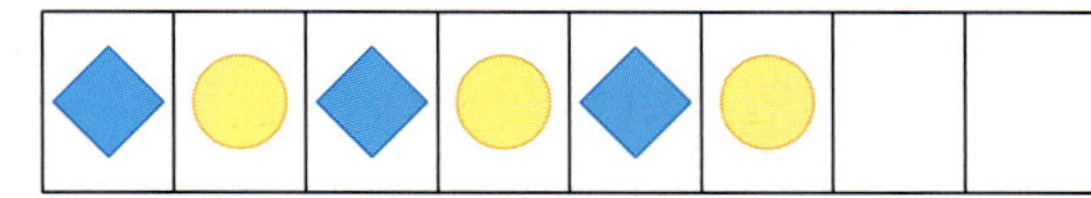

(2) 재훈이는 ♥, ▲ 모양으로 규칙을 만들었습니다. 규칙에 따라 빈칸에 알맞은 모양을 그리고 색칠하시오.

(3) 두 가지 모양을 골라 나만의 규칙을 만들어 보시오.

10 □, ☆ 모양으로 규칙을 만들어 구슬 팔찌를 꾸미려고 합니다. □, ☆ 모양을 알맞게 그려 넣으시오.

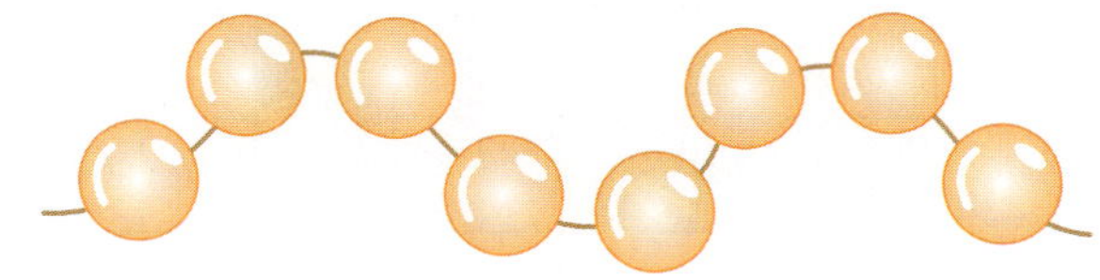

5 규칙 찾기

2단계 기본 유형

핵심 내용 규칙에 맞게 색깔이 반복되도록 색칠한다.

핵심 내용 수들이 커지는지, 작아지는지, 반복되는지 알아보면 규칙을 쉽게 찾을 수 있다.

유형 05 규칙에 따라 색칠하기

11 무늬를 보고 물음에 답하시오.

(1) 무늬에는 어떤 규칙이 있는지 ☐ 안에 알맞은 말을 써넣으시오.

주황색, [　　　　]이 반복되는 규칙입니다.

(2) (1)에서 찾은 규칙에 따라 위의 무늬에 색칠하시오.

12 규칙에 따라 색칠하시오.

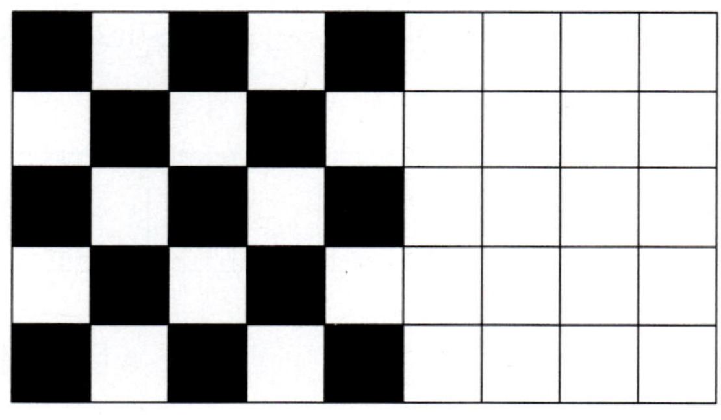

13 규칙에 따라 색칠할 때 분홍색을 칠해야 하는 곳을 모두 찾아 기호를 쓰시오.

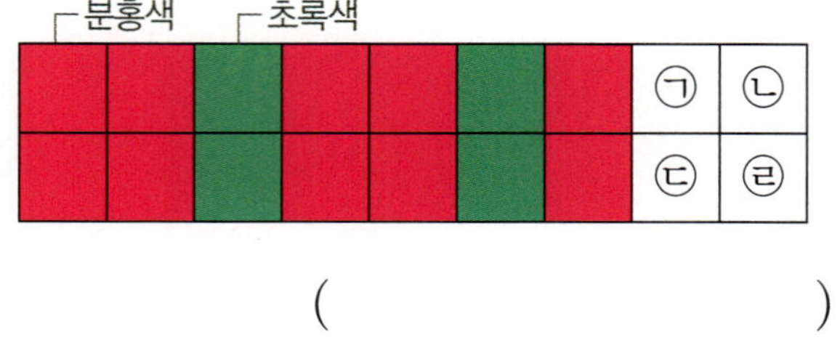

(　　　　　　　　　)

유형 06 수 배열에서 규칙 찾기

14 규칙에 따라 빈칸에 알맞은 수를 써넣으시오.

(1) 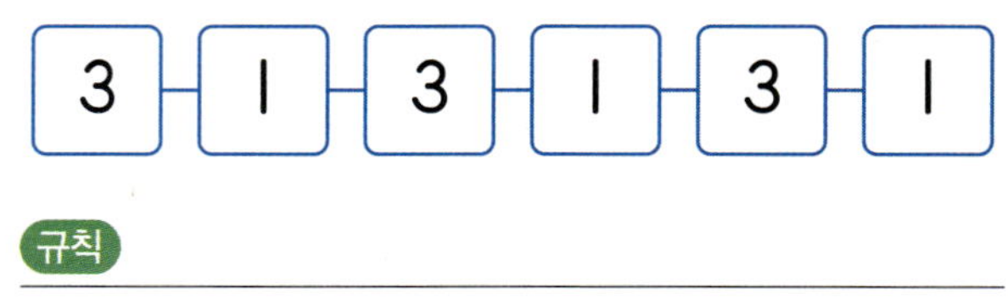

(2)

15 수 배열에서 규칙을 찾아 쓰시오.

규칙

____

____

16 ☐ 안에 알맞은 수를 써넣으시오.

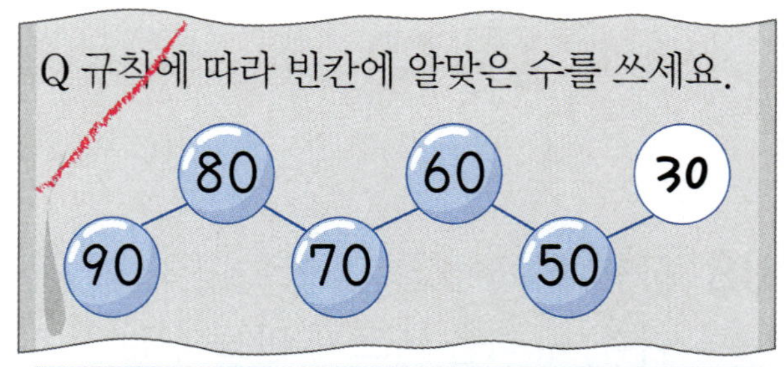

→ 핵심 내용 ▶ 수가 반복되는 규칙, ■씩 커지거나 작아지는 규칙에 맞게 수를 배열한다.

유형 07 규칙에 따라 수 배열하기

17 규칙에 따라 빈칸에 알맞은 수를 써넣으시오.

(1) \규칙/
> 2, 7, 7이 반복됩니다.

(2) \규칙/
> 5부터 시작하여 5씩 커집니다.

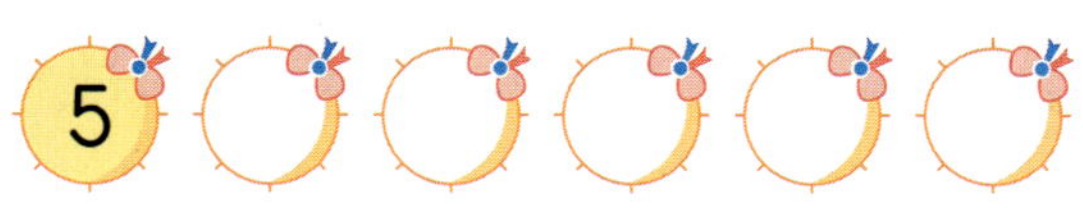

18 10부터 시작하여 20씩 커지는 규칙으로 수를 쓸 때, ㉠에 알맞은 수는 얼마입니까?

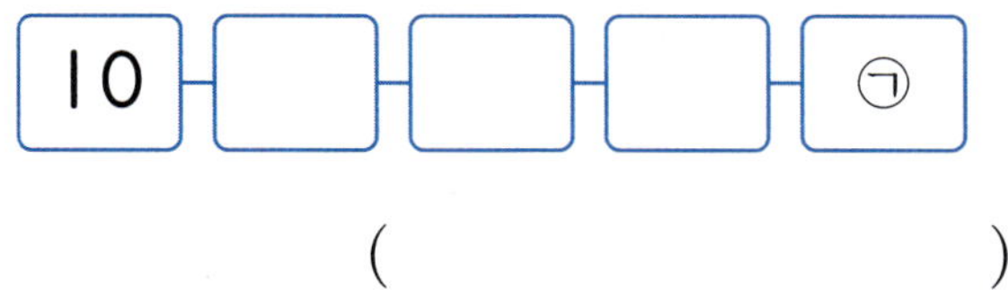

(   )

19 30부터 시작하여 내가 정한 규칙에 따라 수를 써넣고 어떤 규칙인지 쓰시오.

규칙 ________________________

→ 핵심 내용 ▶ →, ↓, ＼ 방향 등으로 수가 커지는 규칙을 찾는다.

유형 08 수 배열표에서 규칙 찾기

[20~23] 수 배열표를 보고 물음에 답하시오.

1	2	3	4	5	6	7	8	9	10
11	12	13	14	15	16	17	18	19	20
21	22	23	24	25	26	27	28	29	30
31	32					37	38	39	40
41	42	43	44	45	46	47	48	49	50
51	52	53	54	55	56	57		59	60
61	62	63	64	65	66	67		69	70
71	72	73	74	75	76	77		79	80
81	82	83	84	85	86	87		89	90
91	92	93	94	95	96	97	98	99	100

교과서 유형

20 ▭에 있는 수에는 어떤 규칙이 있습니까?

규칙 → 방향으로 ▢씩 커집니다.

교과서 유형

21 ▭에 있는 수에는 어떤 규칙이 있습니까?

규칙 ↓ 방향으로 ▢씩 커집니다.

22 1부터 ＼ 방향으로 몇씩 커집니까?

(   )

익힘책 유형

23 규칙에 따라 ▭에 알맞은 수를 써넣으시오.

2단계 기본유형

24 규칙에 따라 빈칸에 알맞은 수를 써넣으시오.

51	52	53	54	55	56	57	58	59	60
61	62	63	64	65	66				70
71	72	73							

교과서유형

25 규칙을 찾아 빈칸에 알맞은 수를 써넣으시오.

(1)

1	2	3	4		
7			10	11	12
	14	15			18
19			22	23	

(2)

31	35			47
32		40		48
		41	45	
34		42	46	

의힘책유형

26 규칙을 찾아 ●와 ▲에 알맞은 수를 각각 구하시오.

65	66	67	68	69		
72		74	75			
		81	82			
●						▲

● (   )

▲ (   )

유형 09 **수 배열표에서 규칙 찾아 색칠하기**

교과서유형

27 색칠한 규칙에 따라 나머지 부분에 색칠하시오.

1	2	3	4	5	6	7	8	9	10
11	12	13	14	15	16	17	18	19	20
21	22	23	24	25	26	27	28	29	30

28 62부터 시작하여 7씩 커지는 수를 파란색으로 색칠하시오.

61	62	63	64	65	66	67	68	69	70
71	72	73	74	75	76	77	78	79	80
81	82	83	84	85	86	87	88	89	90

29 색칠한 수의 규칙을 각각 찾아 쓰시오.

빨간색   파란색

21	22	23	24	25	26	27	28	29	30
31	32	33	34	35	36	37	38	39	40
41	42	43	44	45	46	47	48	49	50

(1) 빨간색으로 색칠한 수의 규칙을 쓰시오.

규칙 ___________________________

____

(2) 파란색으로 색칠한 수의 규칙을 쓰시오.

규칙 ___________________________

____

유형 10 규칙을 여러 가지 방법으로 나타내기

[30~31] 주사위로 만든 규칙을 여러 가지 방법으로 나타내려고 합니다. 물음에 답하시오.

30 규칙에 따라 빈칸에 알맞은 그림을 그려 넣으시오.

31 규칙에 따라 빈칸에 알맞은 수를 써넣으시오.

| 6 | 5 | 6 | 5 | | |

32 규칙에 따라 리듬 치기를 한 것입니다. 빈칸에 알맞은 그림을 그려 넣으시오.

33 다음을 보고 규칙을 여러 가지 방법으로 나타냈습니다. 잘못 나타낸 것의 기호를 쓰시오.

| ㉠ | 4 | 3 | 4 | 4 | 3 | 4 | 4 | 3 | 4 |
| ㉡ | □ | △ | △ | □ | △ | △ | □ | △ | △ |

(　　　　　　　)

34 규칙에 따라 △와 ○를 이용하여 나타내려고 합니다. △가 들어갈 곳을 모두 고르시오. ·····················(　　　)

| △ | △ | ○ | ○ | ① | ② | ③ | ④ |

35 규칙을 0, 2, 5로 나타내려고 합니다. 빈칸에 들어갈 수의 합을 구하시오.

| 5 | 2 | 0 | | 2 | 2 | |

(　　　　　　　)

 **2단계 기본 유형**

잘 틀리는 유형 11 다양한 수 배열에서 규칙 찾기

[36~37] 수 배열을 보고 물음에 답하시오.

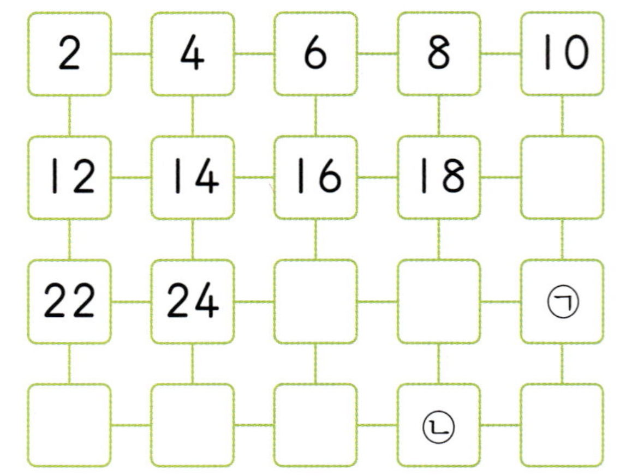

36 □ 안에 있는 수들의 규칙으로 맞으면 ○표, 틀리면 ×표 하시오.

(1) 오른쪽으로 1씩 커집니다. (　　　　)

(2) 아래쪽으로 10씩 커집니다. (　　　　)

37 ㉠와 ㉡에 알맞은 수를 각각 구하시오.

㉠ (　　　　　　), ㉡ (　　　　　　)

38 오른쪽 수 배열에서 여러 가지 규칙을 찾으려고 합니다. □ 안에 알맞은 수를 써넣으시오.

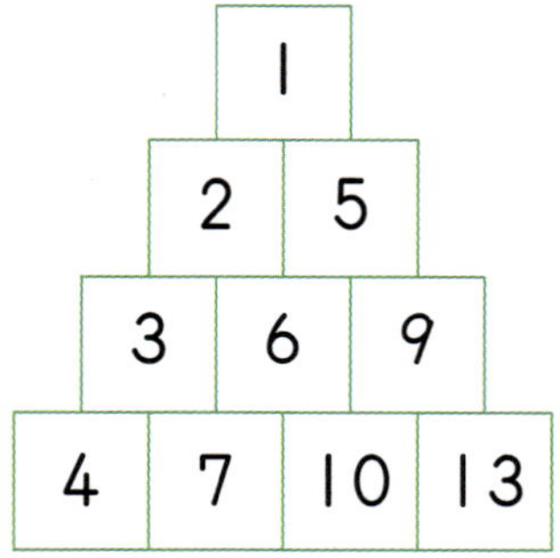

(1) 1부터 시작하여 ／ 방향으로 □씩, ＼ 방향으로 □씩 커집니다.

(2) 4부터 시작하여 → 방향으로 □씩 커집니다.

 각 방향에 맞게 수가 몇씩 커지는지 알아봅니다.

잘 틀리는 유형 12 규칙에 따라 몸으로 표현하기

[39~40] 규칙에 따라 몸으로 표현한 것입니다. 빈칸에 들어갈 동작을 찾아 기호를 쓰시오.

39

(　　　　　　　　　　)

40

(　　　　　　　　　　)

41 규칙에 따라 몸으로 표현한 것입니다. 잘못된 동작을 한 사람을 찾아 △표 하시오.

 반복되는 동작을 보고 규칙을 찾습니다.

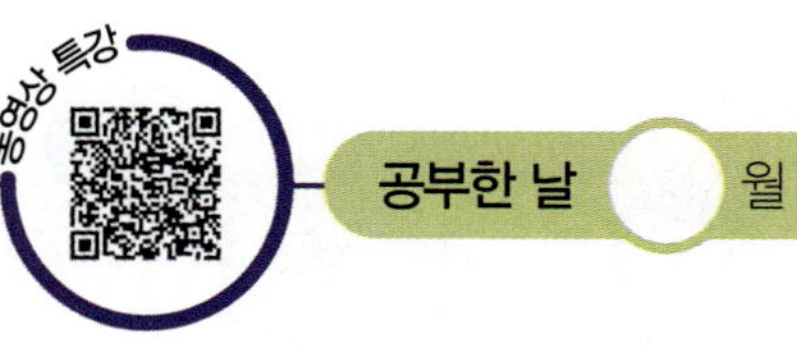

서술형 유형

5

규칙 찾기

1-1

규칙에 따라 사과 다음에 올 과일은 무엇인지 풀이 과정을 완성하고 답을 구하시오.

풀이 [   ], [   ]가 반복되는 규칙입니다.

따라서 사과 다음에 올 과일은 [   ]입니다.

답 [   ]

2-1

규칙에 따라 52 다음에 써야 할 수는 무엇인지 풀이 과정을 완성하고 답을 구하시오.

31					38	
			45			
	52					

풀이 31, 38, 45, 52이므로 31부터 시작하여 [   ]씩 커지는 규칙입니다.

따라서 52 다음에 써야 할 수는 [   ]입니다.

답 [   ]

1-2

규칙에 따라 참외 다음에 올 과일은 무엇인지 풀이 과정을 쓰고 답을 구하시오.

풀이

답 ____

2-2

규칙에 따라 42 다음에 써야 할 수는 무엇인지 풀이 과정을 쓰고 답을 구하시오.

	22			27		
	32			37		
	42					

풀이

답 ____

3단계 유형 단원 평가

01 규칙을 찾아 ☐ 안에 알맞은 말을 써넣으시오.

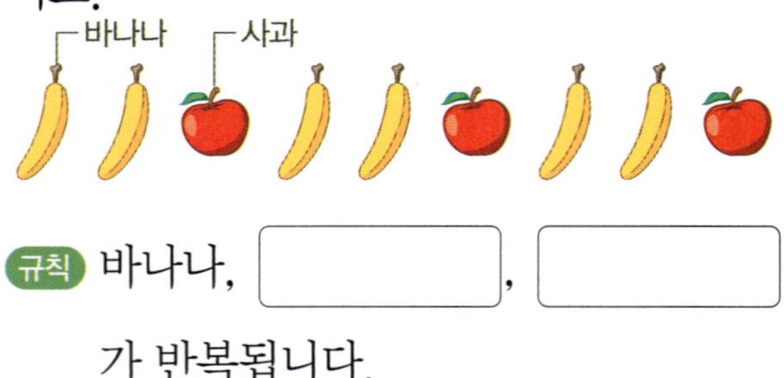

규칙　바나나, ☐, ☐
가 반복됩니다.

02 물건을 늘어놓은 규칙을 바르게 말한 사람은 누구입니까?

(　　　　　　　　　)

03 규칙을 찾아 빈칸에 알맞은 모양을 그리고 색칠하시오.

04 야구공과 농구공으로 규칙을 만들었습니다. 규칙을 바르게 만들지 <u>않은</u> 것을 찾아 기호를 쓰시오.

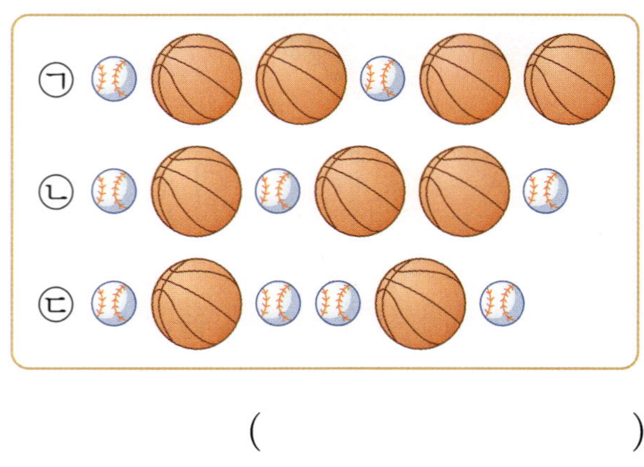

(　　　　　　　　　)

05 ○, ◇ 모양으로 규칙을 만들어 구슬 팔찌를 꾸미려고 합니다. ○, ◇ 모양을 알맞게 그려 넣으시오.

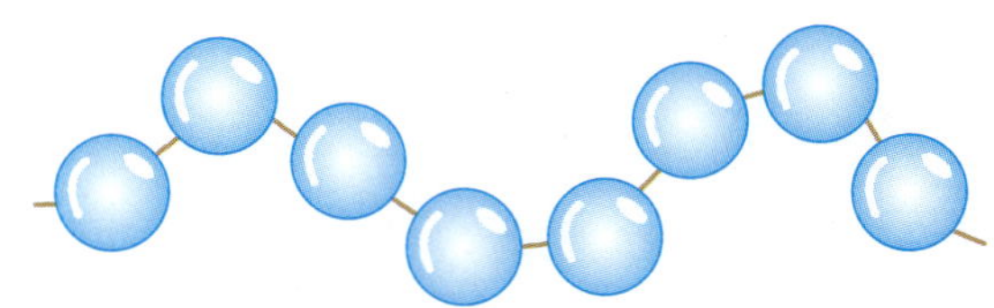

06 규칙에 따라 색칠하시오.

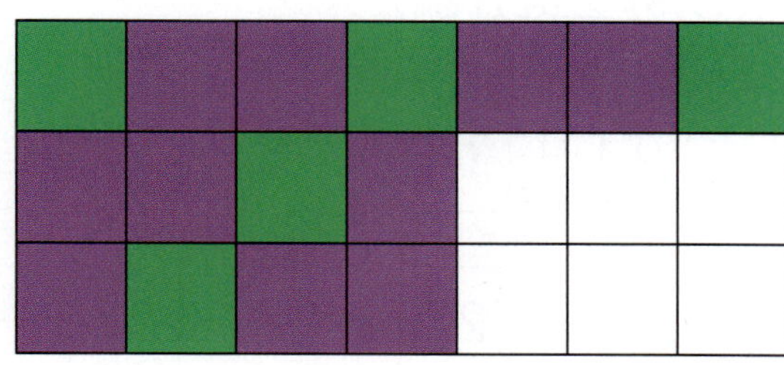

07 규칙에 따라 빈칸에 알맞은 수를 써넣으시오.

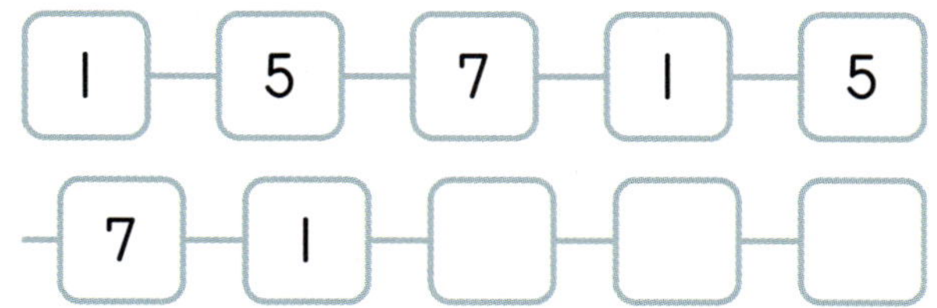

08 20부터 시작하여 5씩 커지는 규칙으로 수를 쓸 때, ㉠에 알맞은 수는 얼마입니까?

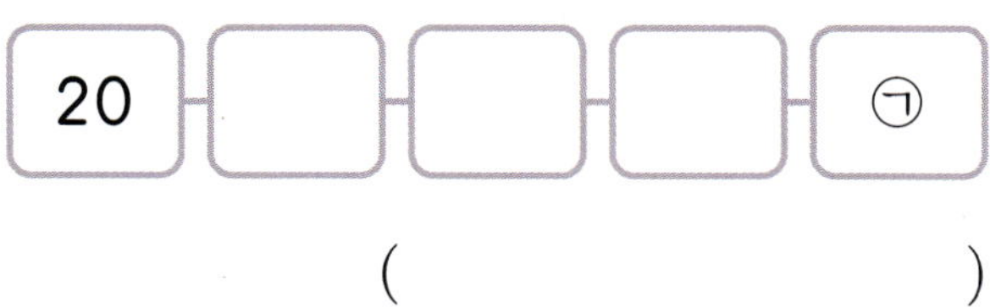

（　　　　　　）

[09~10] 수 배열표를 보고 물음에 답하시오.

1	2	3	4	5	6	7	8	9	10
11	12	13	14	15	16	17	18	19	20
21	22	23	24	25	26	27	28	29	30
31	32	33	34	35	36	37	38	39	40
41	42	43	44	45	46	47	48	49	50
51	52	53	54	55	56	57	58	59	60
61	62	63	64	65	66	67	68	69	70
71	72	73	74	75	76	77	78	79	80
81	82	83	84	85	86	87	88	89	90
91	92	93	94	95	96	97	98	99	100

09 ＿＿＿＿에 있는 수에는 어떤 규칙이 있습니까?

규칙

10 ＿＿＿＿에 있는 수에는 어떤 규칙이 있습니까?

규칙

11 규칙을 찾아 빈칸에 알맞은 수를 써넣으시오.

21	22	23	24			27
28	29	30		32	33	
35		37	38		40	
	43			46		48

12 53부터 시작하여 8씩 커지는 수를 파란색으로 색칠하시오.

51	52	53	54	55	56	57	58	59	60
61	62	63	64	65	66	67	68	69	70
71	72	73	74	75	76	77	78	79	80
81	82	83	84	85	86	87	88	89	90

13 규칙에 따라 빈칸에 알맞은 수를 써넣으시오.

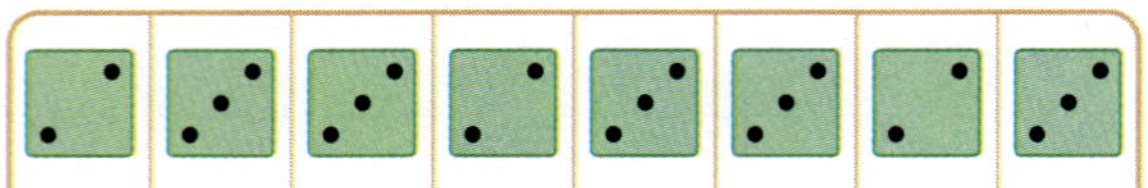

2	3	3	2	3	3		

14 규칙에 따라 □와 △를 이용하여 나타내려고 합니다. △가 들어갈 곳을 모두 고르시오. ························ (   )

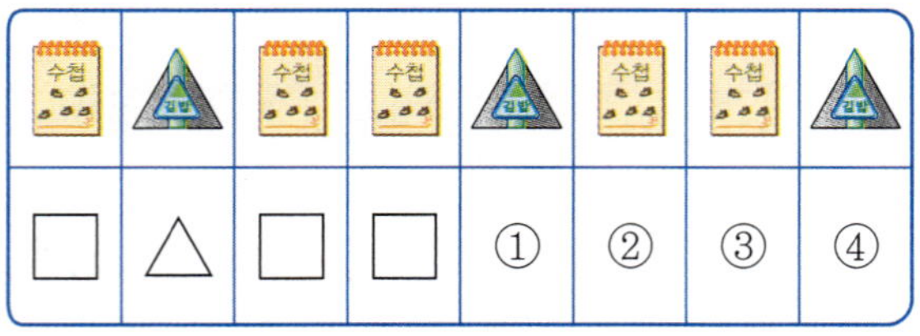

□	△	□	□	①	②	③	④

15 수 배열을 보고 ㉠와 ㉡에 알맞은 수를 각각 구하시오.

11	13	15	17	19
21	23	25	27	
31	33	35		㉠
			㉡	

㉠ (   )

㉡ (   )

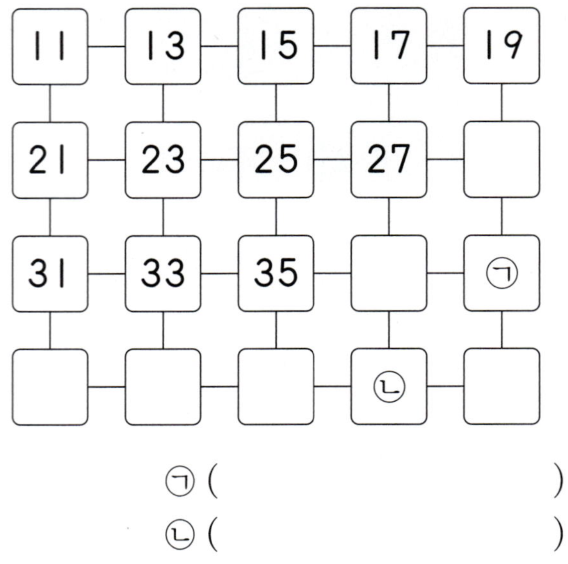

16 규칙에 따라 몸으로 표현한 것입니다. 빈칸에 들어갈 동작을 찾아 기호를 쓰시오.

(   )

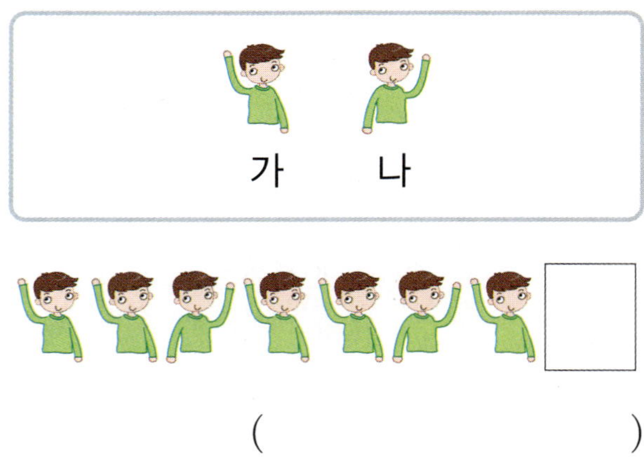

17 수 배열에서 여러 가지 규칙을 찾으려고 합니다. ☐ 안에 알맞은 수를 써넣으시오.

				1
			2	6
		3	7	11
	4	8	12	16
5	9	13	17	21

(1) 1부터 시작하여 ╱ 방향으로 ☐씩 커집니다.

(2) 1부터 시작하여 ↓ 방향으로 ☐씩 커집니다.

(3) 5부터 시작하여 → 방향으로 ☐씩 커집니다.

18 규칙에 따라 몸으로 표현한 것입니다. 잘못된 동작을 한 사람을 찾아 △표 하시오.

서술형

19 규칙에 따라 바나나 다음에 올 과일은 무엇인지 풀이 과정을 쓰고 답을 구하시오.

풀이 __________________

답 __________________

서술형

20 규칙에 따라 61 다음에 써야 할 수는 무엇인지 풀이 과정을 쓰고 답을 구하시오.

		43					49
				55			
61							

풀이 __________________

답 __________________

잘 틀리는 실력 유형

유형 01 손가락의 수 구하기

규칙에 따라 빈칸에 들어갈 그림에서 펼친 손가락은 모두 몇 개인지 구하기

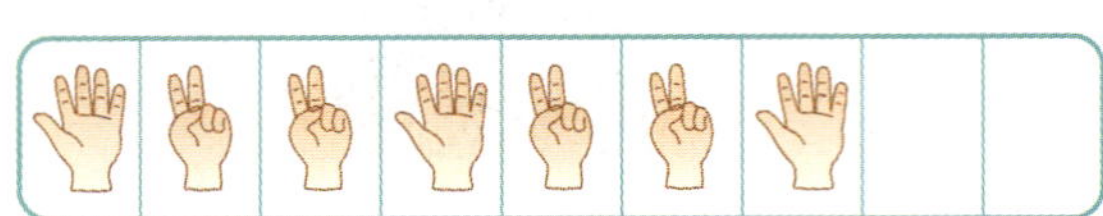

① 펼친 손가락이 □개, □개, □개가 반복되는 규칙입니다.

② 빈칸에 들어갈 그림에서 펼친 손가락은 차례로 □개, □개입니다.

③ 따라서 모두 □+□=□(개)입니다.

01 규칙에 따라 빈칸에 들어갈 그림에서 펼친 손가락은 모두 몇 개입니까?

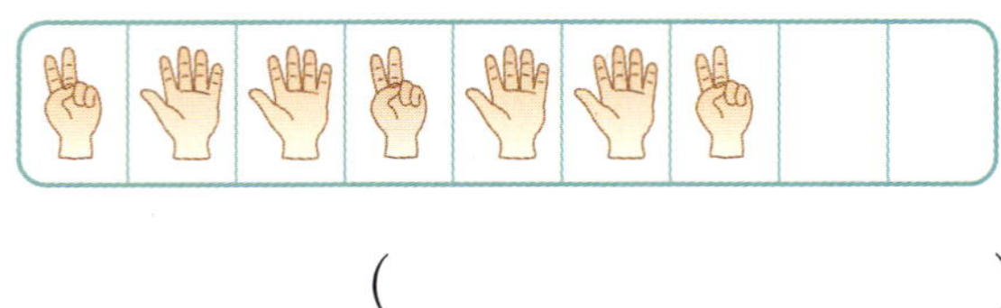

(   )

02 규칙에 따라 빈칸에 들어갈 그림에서 접은 손가락은 모두 몇 개입니까?

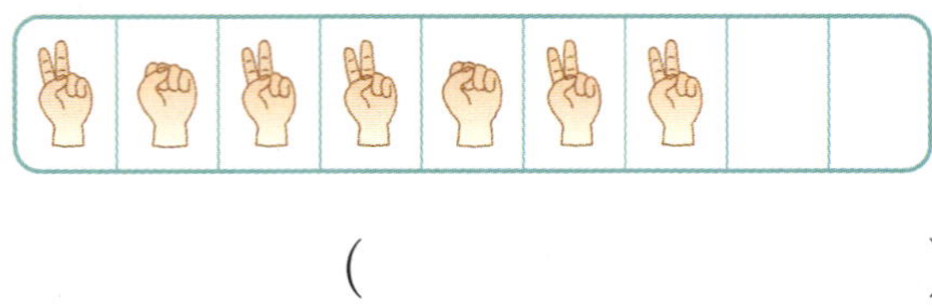

(   )

유형 02 필요한 모양의 수 구하기

규칙에 따라 무늬를 꾸밀 때 빈칸에 그려야 하는 ●의 수 구하기

●	●	★	●	●	★	●	●
★	●	●	★				

① ●, □, □이 반복되는 규칙입니다.

② 빈칸에 알맞은 모양을 그려 보면

입니다.

③ 따라서 빈칸에 그려야 하는 ●는 모두 □개입니다.

03 규칙에 따라 무늬를 꾸밀 때 빈칸에 그려야 하는 ▶는 모두 몇 개입니까?

◆	▶	▶	◆	▶	▶	◆
▶	▶	◆	▶			
▶	◆	▶	▶			

(   )

04 규칙에 따라 무늬를 꾸밀 때 빈칸에 그려야 하는 ♥는 모두 몇 개입니까?

▲	▲	♥	♥	▲	▲	♥	♥	▲
▲	♥	♥	▲					
♥	♥	▲	▲					

(   )

QR 코드를 찍어 **동영상 특강**을 보세요.

유형 **03** 같은 규칙으로 수 배열하기

보기 와 같은 규칙으로 수를 배열할 때 ㉠에 알맞은 수 구하기

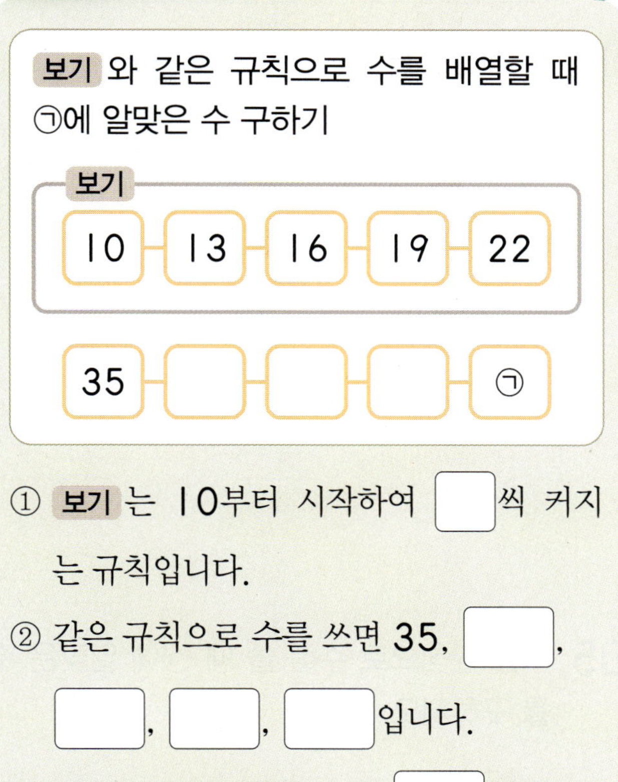

보기
| 10 | 13 | 16 | 19 | 22 |

| 35 | | | | ㉠ |

① 보기 는 10부터 시작하여 ☐씩 커지는 규칙입니다.

② 같은 규칙으로 수를 쓰면 35, ☐, ☐, ☐, ☐ 입니다.

③ 따라서 ㉠에 알맞은 수는 ☐ 입니다.

05 보기 와 같은 규칙으로 수를 배열할 때 ㉠에 알맞은 수를 구하시오.

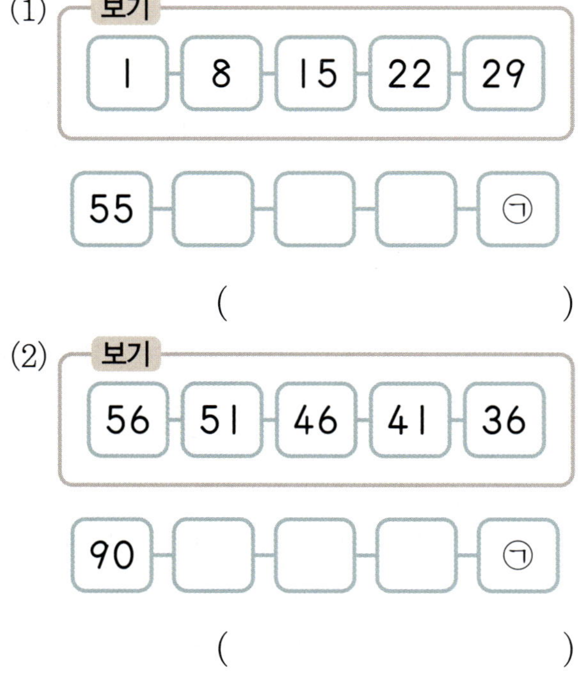

(1) 보기
| 1 | 8 | 15 | 22 | 29 |

| 55 | | | | ㉠ |

(　　　　　　　)

(2) 보기
| 56 | 51 | 46 | 41 | 36 |

| 90 | | | | ㉠ |

(　　　　　　　)

유형 **04** 새 교과서에 나온 활동 유형

06 민주네 집과 연서네 집 엘리베이터 버튼에서 찾을 수 있는 규칙을 1개씩 쓰시오.

민주네 집　　　　　　연서네 집

민주네 집
____

____

연서네 집
____

____

07 규칙을 찾아 여러 가지 방법으로 나타내 보시오.

수를 이용하여 나타내기

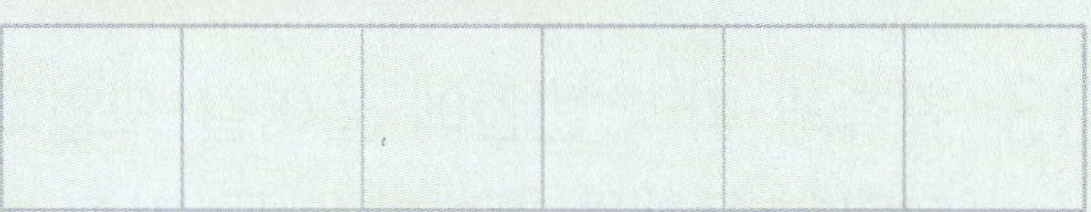

모양을 이용하여 나타내기

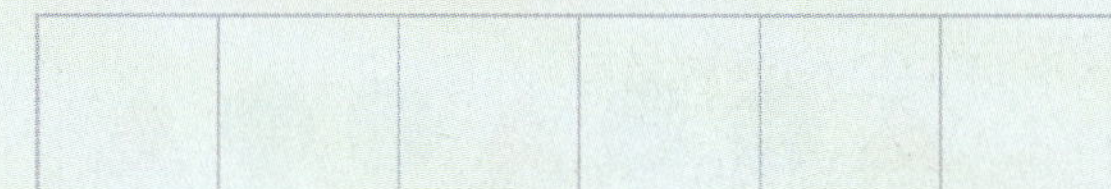

5

규칙 찾기

유형 01 빈칸에 들어갈 모양 알아보기

01 규칙에 따라 빈칸에 알맞은 모양을 그리고 색칠하시오.

(1) 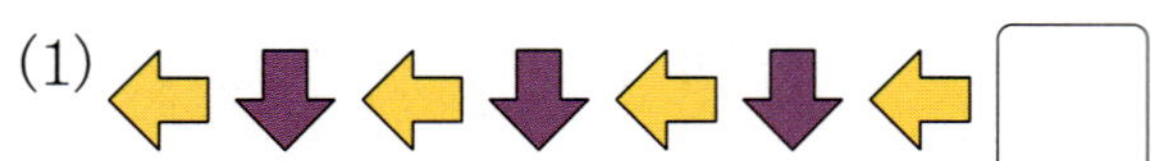

(2) 

02 규칙에 따라 빈칸에 들어갈 물건에서 찾을 수 있는 모양을 말한 사람은 누구입니까?

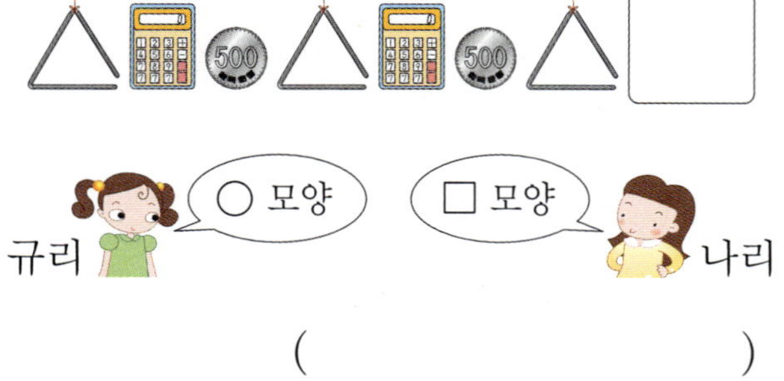

( )

03 규칙에 따라 빈칸에 들어갈 모양과 같은 모양의 물건을 주변에서 두 가지 찾아 쓰시오.

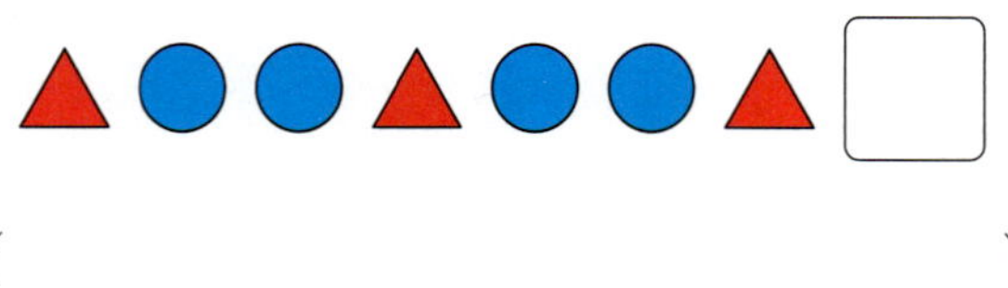

( )

유형 02 수 배열에서 규칙 찾기

04 수 배열에서 규칙을 찾아 쓰시오.

규칙

____

____

05 다음 규칙으로 수를 쓸 때 ㉠에 알맞은 수를 구하시오.

규칙
62부터 시작하여 7씩 작아집니다.

( )

06 다음과 같은 규칙으로 수를 늘어놓을 때 열째에 알맞은 수를 구하시오.

┌첫째
5 11 17 23 29 …

( )

QR 코드를 찍어 **동영상 특강**을 보세요.

유형 03 몸으로 표현한 규칙 알아보기

07 규칙에 따라 몸으로 표현한 것입니다. 규칙을 찾아 쓰시오.

규칙

____

____

08 규칙에 따라 빈칸에 들어갈 동작을 찾아 기호를 쓰시오.

(　　　　　)

09 서우네 반 학생들은 규칙에 따라 1번부터 차례로 동물 흉내를 내고 있습니다. 8번인 서우가 흉내 낼 동물은 무엇입니까?

(　　　　　)

유형 04 규칙에 맞게 수 배열표에 쓰기

10 규칙에 따라 수 배열표에 수를 쓴 것입니다. 빈칸에 알맞은 수를 써넣으시오.

50			53			56	
	59			62			65
		68			71		

11 수 배열표에 수를 쓴 규칙을 쓰시오.

	22						30
					38		
			46				

규칙

____

____

12 규칙에 따라 수 배열표에 수를 쓴 것입니다. 잘못 쓴 수 하나를 찾아 △표 하고 바르게 고치시오.

			55		
61				67	
		74			79
			85		

(　　　　　)

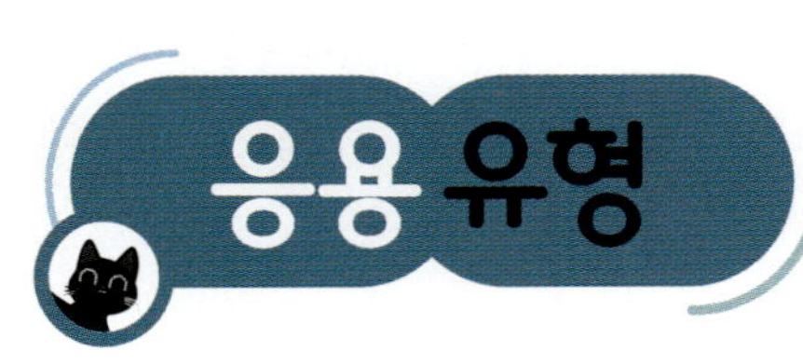

찢어진 수 배열표에서 알맞은 수 구하기

01 다음과 같이 수 배열표의 일부가 찢어졌습니다. ❷㉠에 알맞은 수를 구하시오.

❶

22	23	24			28
30	31				

㉠

(   )

❶ 수 배열표에서 수가 어떻게 변하는지 규칙을 찾아봅니다.
❷ ❶에서 찾은 규칙에 맞게 ㉠에 알맞은 수를 구합니다.

■째에 늘어놓아야 할 바둑돌 알아보기

02 ❶규칙에 따라 바둑돌을 늘어놓으려고 합니다. / ❷15째에 늘어놓아야 할 바둑돌은 무슨 색깔입니까?

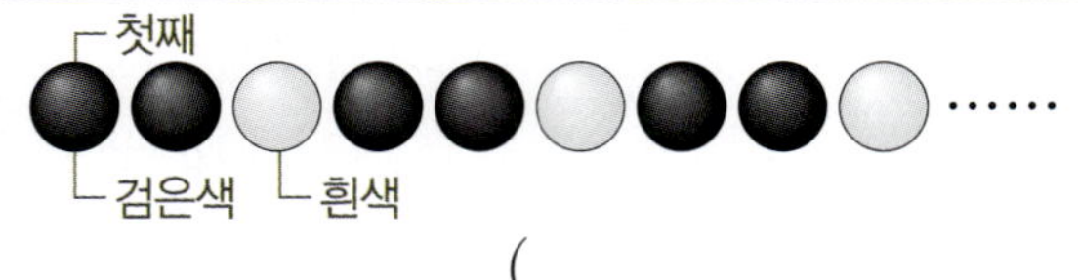

(   )

❶ 바둑돌을 늘어놓은 규칙을 찾아봅니다.
❷ ❶에서 찾은 규칙에 맞게 15째에 늘어 놓아야 할 바둑돌의 색깔을 알아봅니다.

규칙에 따라 색칠했을 때 칸수 구하기

03 ❶규칙에 따라 색칠하려고 합니다. / ❷분홍색과 파란색으로 칠해야 할 빈칸은 각각 몇 개입니까?

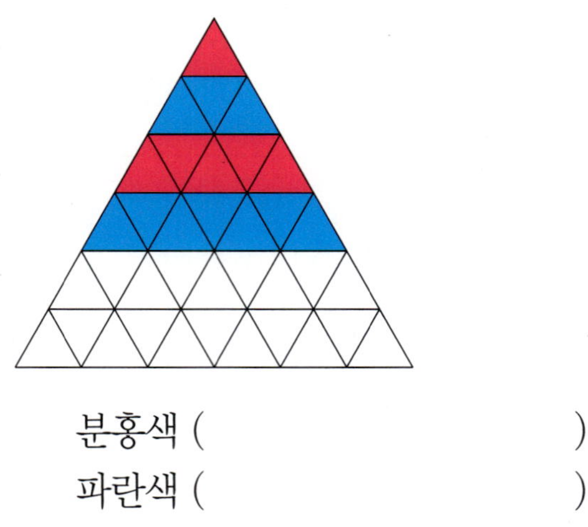

분홍색 (   )

파란색 (   )

❶ 색칠한 규칙을 찾아봅니다.
❷ 분홍색과 파란색으로 칠해야 할 빈칸의 수를 세어 봅니다.

규칙을 찾아 알맞은 수 구하기

04 ❶10부터 시작하여 ■씩 커지는 규칙에 따라 수를 쓸 때 / ❷㉠에 알맞은 수를 구하시오.

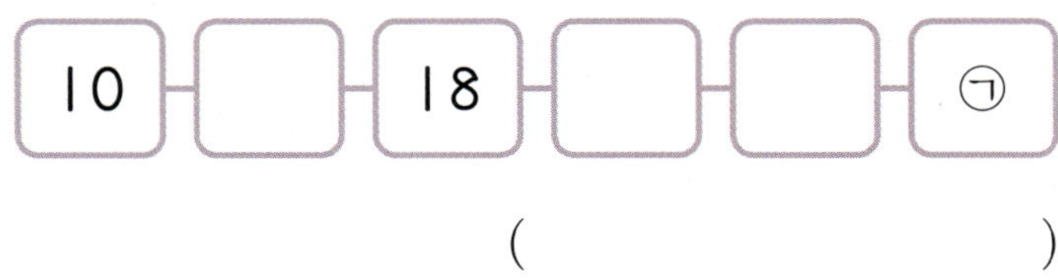

(　　　　　　　　　　)

❶ 수의 배열에서 수가 몇씩 커지는지 규칙을 찾아봅니다.
❷ ❶에서 찾은 규칙에 맞게 ㉠에 알맞은 수를 구합니다.

두 가지 규칙을 찾아 알맞은 모양 그리고 색칠하기

05 규칙에 따라 빈칸에 알맞은 ❶모양을 그리고 / ❷색칠하시오.

❶ 모양의 규칙을 찾아 빈칸에 알맞은 모양을 알아봅니다.
❷ 색깔의 규칙을 찾아 빈칸에 알맞은 색깔을 알아봅니다.

규칙에 따라 표시했을 때 공통으로 표시되는 수 찾기

06 ❶규칙에 따라 ○표, △표 했을 때 / ❷○표, △표가 모두 표시되는 수를 찾아 쓰시오.

41	42	43	44	45	46	47	48	49	50
51	52	53	54	55	56	57	58	59	60
61	62	63	64	65	66	67	68	69	70
71	72	73	74	75	76	77	78	79	80

(　　　　　　　　　　)

❶ ○표, △표 하는 규칙을 찾아 ○표, △표 해야 하는 수를 각각 찾습니다.
❷ ❶에서 공통으로 표시되는 수를 찾습니다.

07 \조건/에 맞게 규칙을 만들고 만든 규칙에 따라 빈칸에 알맞은 수를 써넣으시오.

\조건/
수가 반복되는 규칙을 만듭니다.

규칙

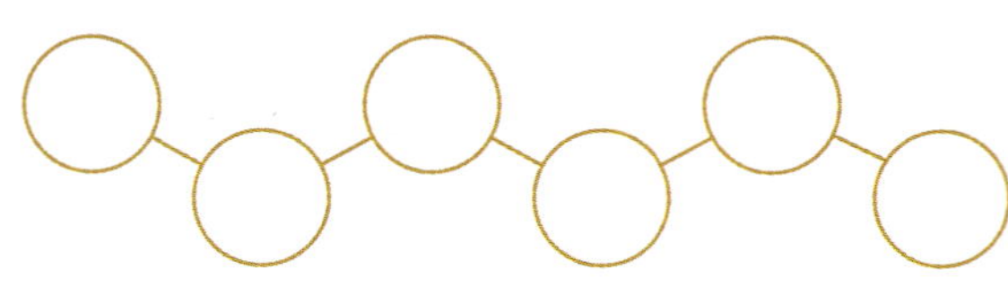

찢어진 수 배열표에서 알맞은 수 구하기

08 다음과 같이 수 배열표의 일부가 찢어졌습니다. ㉠에 알맞은 수를 구하시오.

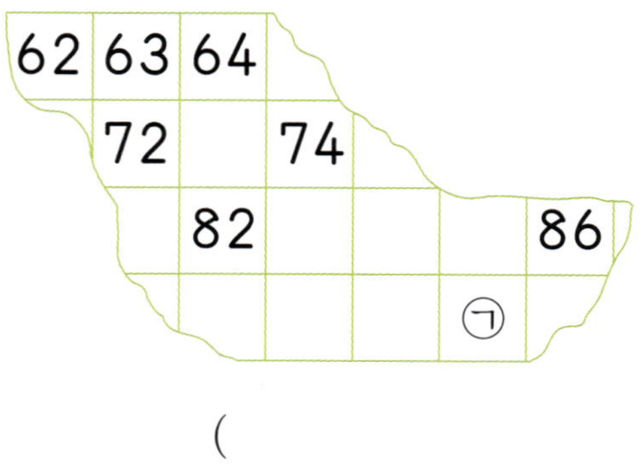

(　　　　　　　　　　)

■째에 늘어놓아야 할 바둑돌 알아보기

09 규칙에 따라 바둑돌을 늘어놓으려고 합니다. 14째에 늘어놓아야 할 바둑돌은 무슨 색깔입니까?

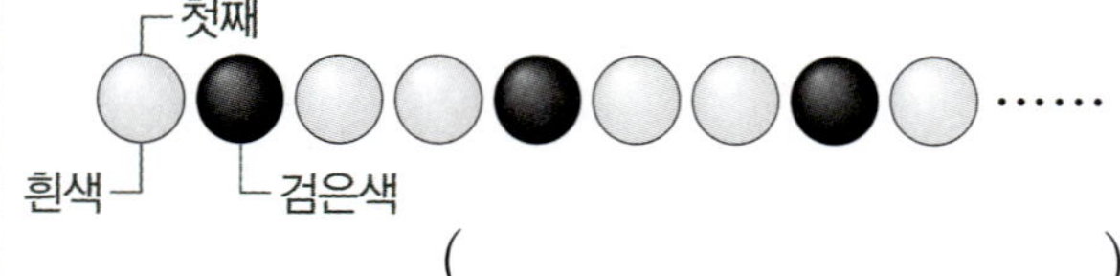

(　　　　　　　　　　)

10 규칙에 따라 수를 쓴 것입니다. 규칙을 쓰고 빈칸에 알맞은 수를 써넣으시오.

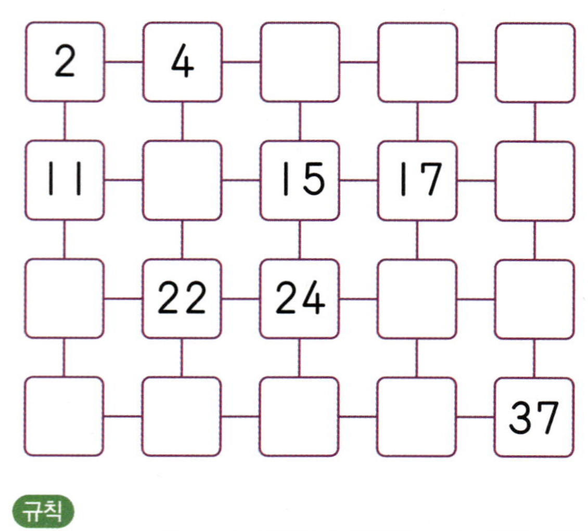

규칙
____

____

규칙에 따라 색칠했을 때 칸수 구하기

11 규칙에 따라 색칠하려고 합니다. 빨간색과 노란색으로 칠해야 할 빈칸은 각각 몇 개입니까?

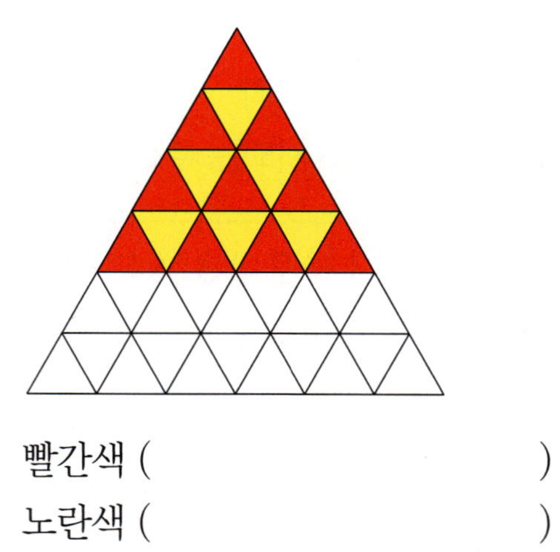

빨간색 (　　　　　　　　　　)

노란색 (　　　　　　　　　　)

규칙을 찾아 알맞은 수 구하기

12 10부터 시작하여 ■씩 커지는 규칙에 따라 수를 쓸 때 ㉠에 알맞은 수를 구하시오.

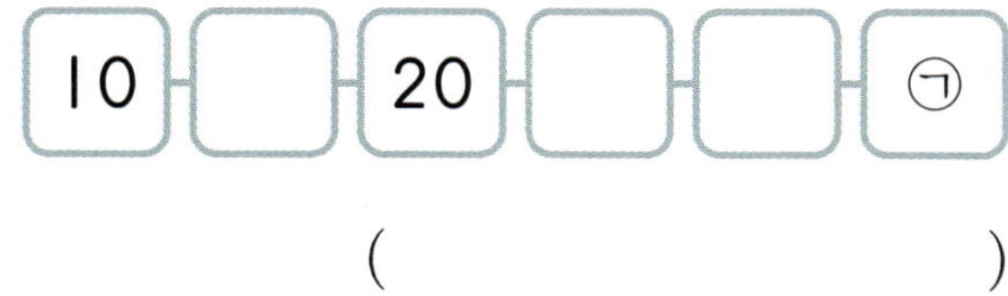

( )

두 가지 규칙을 찾아 알맞은 모양 그리고 색칠하기

13 규칙에 따라 빈칸에 알맞은 모양을 그리고 색칠하시오.

14 규칙에 따라 빈칸에 색종이를 한 장씩 붙이려고 합니다. 초록색 색종이를 몇 장 더 붙여야 합니까?

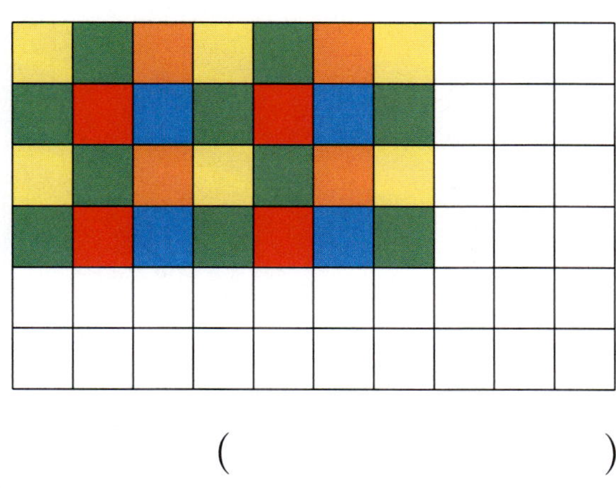

( )

규칙에 따라 표시했을 때 공통으로 표시되는 수 찾기

15 규칙에 따라 △표, ○표 했을 때 △표, ○표가 모두 표시되는 수를 찾아 쓰시오.

41	42	43	44	45	46	47	48	49	50
51	52	53	54	55	56	57	58	59	60
61	62	63	64	65	66	67	68	69	70
71	72	73	74	75	76	77	78	79	80

( )

16 규칙에 따라 수를 쓸 때 ㉠과 ㉡에 알맞은 수를 각각 구하시오.

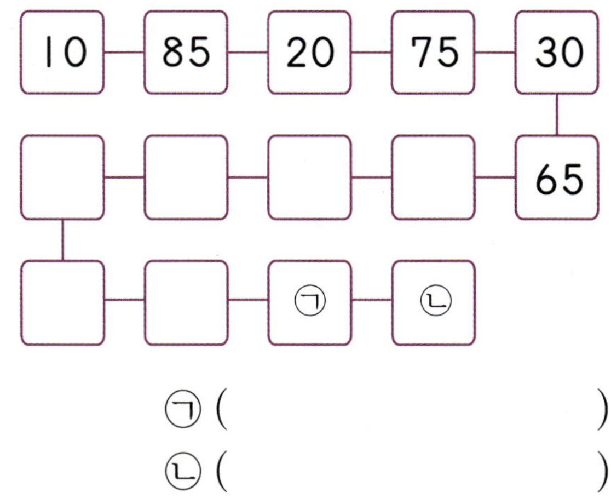

㉠ ( )

㉡ ( )

1 

위치, 방향, 순서, 색깔 등이 반대로 바뀌는 것을 반전이라고
합니다. 다음의 반전 규칙에 따라 오른쪽 그림에 색칠하시오.

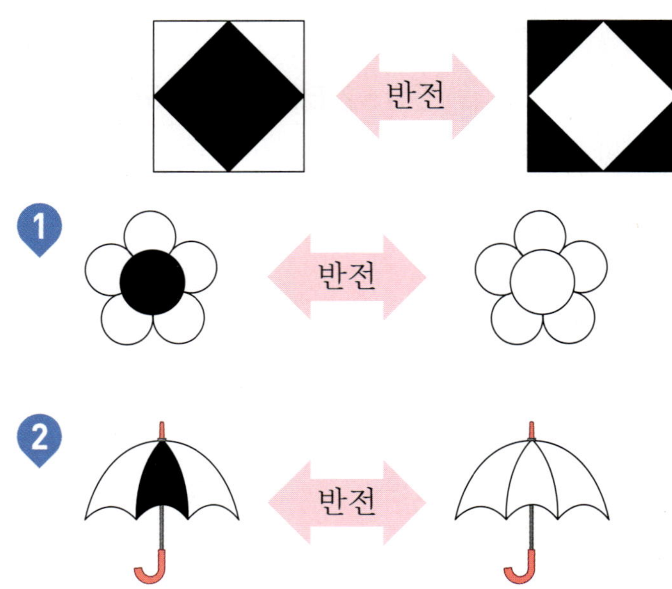

2 

다음의 반복되는 규칙에 따라 고양이가 집으로 가는 길을
나타내시오.

문제 해결

3

다음과 같은 수 배열표가 있습니다. 이 수 배열표를 잘라 수를 지웠습니다. 자른 수 배열표의 빈칸에 알맞은 수를 써넣으시오.

1	2	3	4	5	6	7	8	9	10
11	12	13	14	15	16	17	18	19	20
21	22	23	24	25	26	27	28	29	30
31	32	33	34	35	36	37	38	39	40
41	42	43	44	45	46	47	48	49	50
51	52	53	54	55	56	57	58	59	60
61	62	63	64	65	66	67	68	69	70
71	72	73	74	75	76	77	78	79	80
81	82	83	84	85	86	87	88	89	90
91	92	93	94	95	96	97	98	99	100

1

2

도전! 최상위 유형

1 

| HME 17번 문제 수준 |

옛날에 사용했던 숫자로 수를 배열한 것입니다. 규칙을 찾아 빈칸에 알맞은 수를 현재 숫자로 구하시오.

옛날 숫자	١	٢	٣	٤	٥	٦	٧	٨	٩	٠
현재 숫자	1	2	3	4	5	6	7	8	9	0

| ٤٦ | ٤٩ | ٥٢ | ٥٥ | ٥٨ | |

(   )

◇ 옛날 숫자를 현재 숫자로 나타낸 후 수가 어떻게 변하는지 규칙을 찾아봅니다.

2 

| HME 18번 문제 수준 |

로하가 수 배열표를 만들면서 다음과 같이 색칠하고 있습니다. 색칠한 부분에 들어갈 수의 규칙에 따라 나머지 부분에도 모두 색칠했을 때 색칠한 부분에 들어갈 수 중에서 가장 큰 수를 구하시오.

1	2	3	4						
12	13	14						21	22
									99

(   )

3 

| HME 19번 문제 수준 |

규칙에 따라 바둑돌을 늘어놓으려고 합니다. 바둑돌을 20개 늘어놓으면 흰색 바둑돌과 검은색 바둑돌 중 어느 것이 몇 개 더 많은지 구하시오.

검은색┐   └흰색

(   ), (   )

4 

| HME 20번 문제 수준 |

도영이와 혜린이가 각자의 규칙에 따라 가위바위보를 하였습니다. 도영이가 다음과 같은 규칙으로 가위바위보를 하여 혜린이가 모두 이겼습니다. 17째에 혜린이가 펼친 손가락은 몇 개입니까?

◇ 먼저 도영이가 가위바위보를 하는 규칙을 찾아 17째에 무엇을 냈는지 알아봅니다.

> **도영이의 규칙**
>
> ……

(   )

6

덧셈과 뺄셈 (3)

기본
핵심 개념
기초 문제
기본 유형

연습
잘 틀리는 유형
서술형 유형
유형(단원) 평가

완성
잘 틀리는 실력 유형
다르지만 같은 유형
응용 유형

도전
사고력 유형
최상위 유형

학습 계획표

계획표대로 공부했으면 ○표, 못했으면 △표 하세요.

내용	쪽수	날짜		확인
❶단계 핵심 개념+기초 문제	142~143쪽	월	일	
❷단계 기본 유형	144~149쪽	월	일	
❷단계 잘 틀리는 유형+서술형 유형	150~151쪽	월	일	
❸단계 유형(단원) 평가	152~155쪽	월	일	
잘 틀리는 실력 유형	156~157쪽	월	일	
다르지만 같은 유형	158~159쪽	월	일	
응용 유형	160~163쪽	월	일	
사고력 유형	164~165쪽	월	일	
최상위 유형	166~167쪽	월	일	

1단계 핵심 개념

개념에 대한 **자세한 동영상 강의를** 시청하세요.

개념 ❶ 덧셈하기

• (몇십)+(몇)

$$
\begin{array}{r}
2\,0 \\
+\ \ 7 \\
\hline
2\,7
\end{array}
$$

• (몇십몇)+(몇)

$$
\begin{array}{r}
5\,2 \\
+\ \ 6 \\
\hline
5\,8
\end{array}
$$
└ 2+6=8

• (몇십)+(몇십)

$$
\begin{array}{r}
3\,0 \\
+\,4\,0 \\
\hline
7\,0
\end{array}
$$
└ 3+4=7

• (몇십몇)+(몇십몇)

$$
\begin{array}{r}
5\,4 \\
+\,3\,1 \\
\hline
8\,5
\end{array}
$$
5+3=8 ┘ └ 4+1=5

핵심 받아올림이 없는 두 자리 수의 덧셈

십 모형은 ❶ ☐ 모형끼리, 일 모형은 ❷ ☐ 모형끼리 더합니다.

[전에 배운 내용]

• 8+5 계산하기

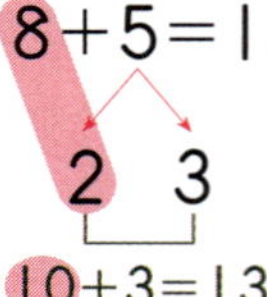

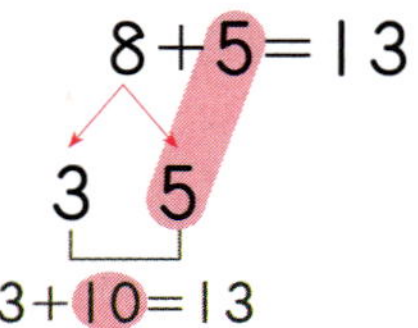

[앞으로 배울 내용]

• 일의 자리에서 받아올림이 있는
(두 자리 수)+(두 자리 수)

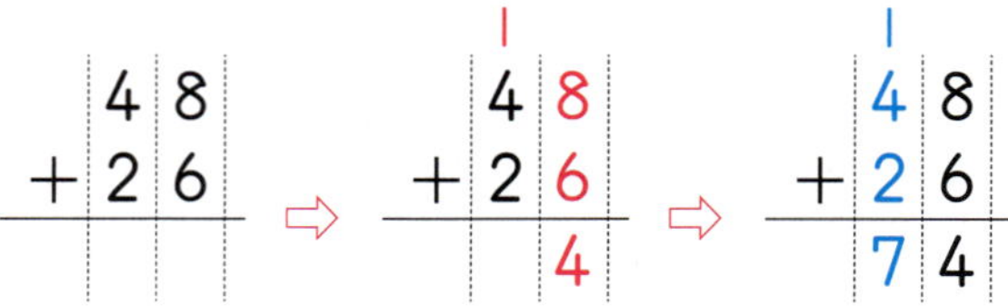

일의 자리 수끼리의 합이 10이거나 10보다 크면 10을 십의 자리로 받아올림합니다.

개념 ❷ 뺄셈하기

• (몇십몇)-(몇)

$$
\begin{array}{r}
5\,8 \\
-\ \ 5 \\
\hline
5\,3
\end{array}
$$
└ 8-5=3

• (몇십)-(몇십)

$$
\begin{array}{r}
7\,0 \\
-\,2\,0 \\
\hline
5\,0
\end{array}
$$
└ 7-2=5

• (몇십몇)-(몇십몇)

$$
\begin{array}{r}
7\,6 \\
-\,4\,2 \\
\hline
3\,4
\end{array}
$$
7-4=3 ┘ └ 6-2=4

핵심 받아내림이 없는 두 자리 수의 뺄셈

십 모형은 ❸ ☐ 모형끼리, 일 모형은 ❹ ☐ 모형끼리 뺍니다.

[전에 배운 내용]

• 13-6 계산하기

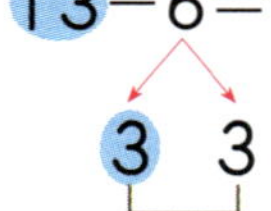

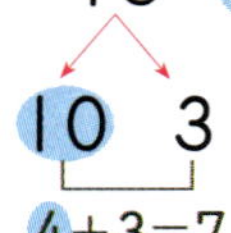

[앞으로 배울 내용]

• 십의 자리에서 받아내림이 있는
(두 자리 수)-(두 자리 수)

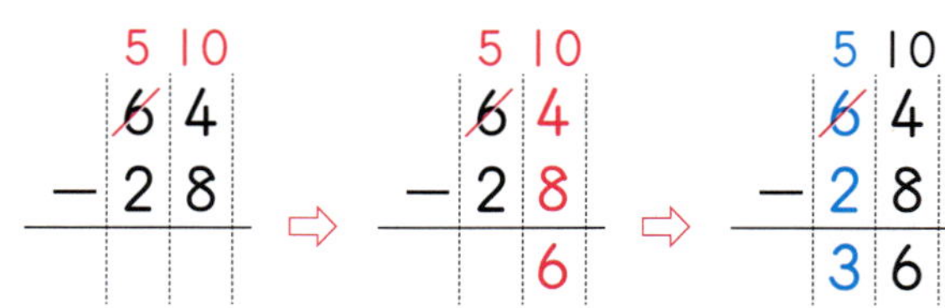

일의 자리 수끼리 뺄 수 없으면 십의 자리에서 10을 일의 자리로 받아내림합니다.

정답 ❶ 십 ❷ 일 ❸ 십 ❹ 일

 **체크**

1-1 덧셈을 하시오.

(1)
```
   3 0
 +   8
```

(2)
```
   4 3
 +   2
```

(3)
```
   5 0
 + 2 0
```

(4)
```
   2 3
 + 4 1
```

(5)
```
   3 4
 + 3 5
```

(6)
```
   6 4
 + 2 3
```

1-2 덧셈을 하시오.

(1) $40+5=$ ☐

(2) $24+5=$ ☐

(3) $40+50=$ ☐

(4) $31+36=$ ☐

(5) $54+24=$ ☐

 **체크**

2-1 뺄셈을 하시오.

(1)
```
   4 7
 -   3
```

(2)
```
   6 0
 - 3 0
```

(3)
```
   5 8
 - 1 6
```

(4)
```
   7 9
 - 4 8
```

(5)
```
   4 7
 - 2 4
```

(6)
```
   8 6
 - 5 1
```

2-2 뺄셈을 하시오.

(1) $76-5=$ ☐

(2) $84-4=$ ☐

(3) $80-60=$ ☐

(4) $67-25=$ ☐

(5) $98-47=$ ☐

6

덧셈과 뺄셈 (3)

2단계 기본 유형

유형 01 (몇십)+(몇)

01 이어 세기로 20+4를 계산하려고 합니다. ☐ 안에 알맞은 수를 써넣으시오.

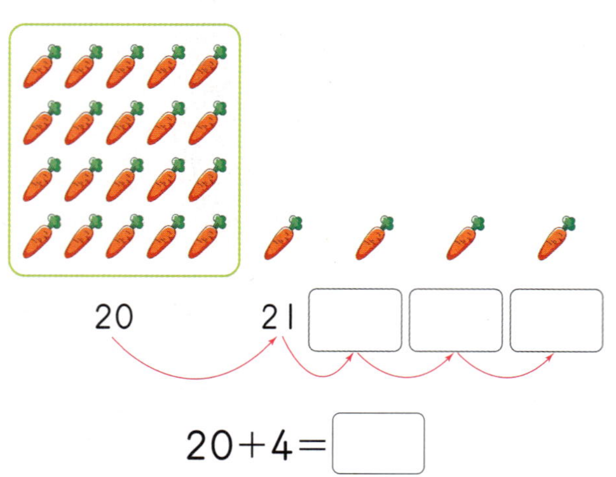

20   21 ☐ ☐ ☐

20+4= ☐

02 빈 곳에 알맞은 수를 써넣으시오.

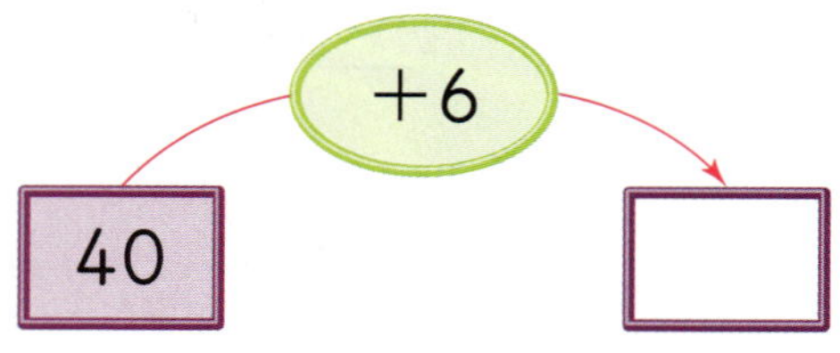

03 마당에 개미가 30마리 있습니다. 잠시 후 개미 8마리가 더 왔습니다. 마당에 있는 개미는 모두 몇 마리입니까?

(   )

유형 02 (몇십몇)+(몇)

04 계산 결과를 찾아 이어 보시오.

63+2 ·

54+3 ·

· 57

· 65

· 72

05 바르게 계산한 친구를 찾아 ○표 하시오.

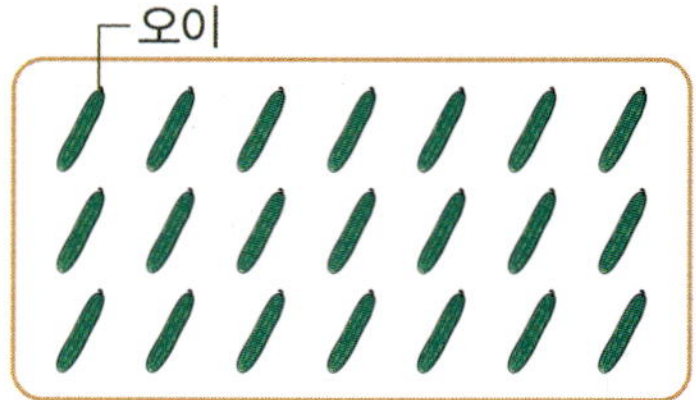

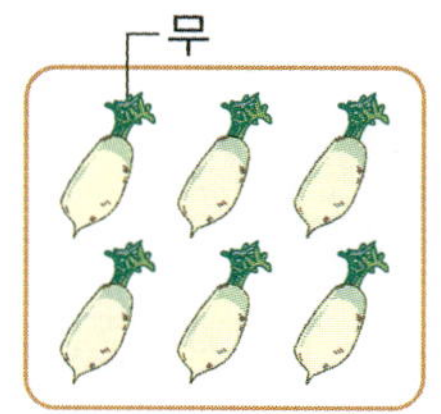

$\begin{array}{r} 2\,1 \\ +\ 6 \\ \hline \end{array}$ $\begin{array}{r} 2\,1 \\ +\ 6 \\ \hline \end{array}$

(   )   (   )

06 민우는 빨간색 색종이 42장, 파란색 색종이 5장을 가지고 있습니다. 민우가 가지고 있는 색종이는 모두 몇 장입니까?

(   )

→ 핵심 내용 일 모형은 0을 그대로 쓰고, 십 모형은 십 모형끼리 더한다.

→ 핵심 내용 일 모형은 일 모형끼리, 십 모형은 십 모형끼리 더한다.

유형 03 (몇십)+(몇십)

07 달걀은 모두 몇 개인지 ☐ 안에 알맞은 수를 써넣으시오.

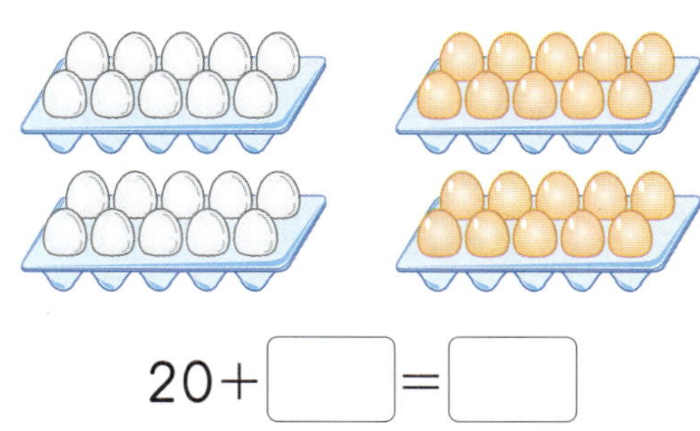

$$20+\boxed{}=\boxed{}$$

08 튤립은 70송이, 장미는 10송이 있습니다. 튤립과 장미는 모두 몇 송이입니까?

( )

09 운동회가 끝난 후 지아의 손등에 찍힌 도장입니다. 지아는 연필을 모두 몇 자루 받겠습니까?

1등	연필 30자루
2등	연필 20자루
3등	연필 10자루

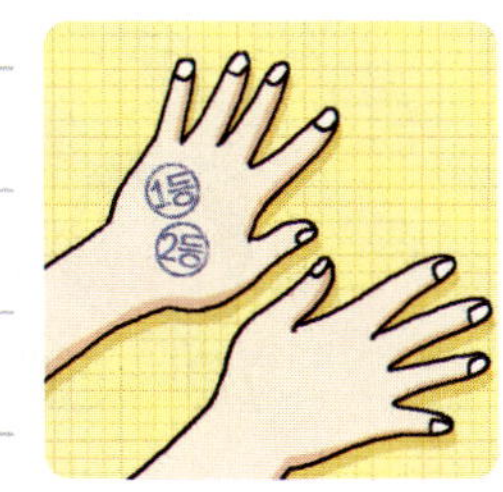

( )

유형 04 (몇십몇)+(몇십몇)

10 두 수의 합을 구하시오.

26	42

( )

11 빈 곳에 알맞은 수를 써넣으시오.

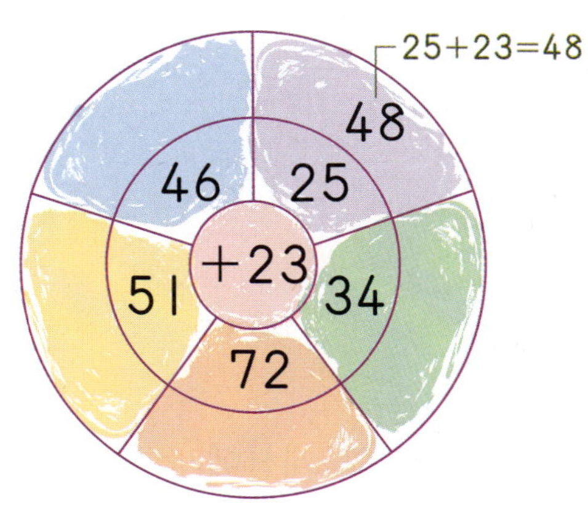

12 두 가지 종류의 우유를 골라 합을 구하려고 합니다. 물음에 답하시오.

(1) 초코우유와 딸기우유는 모두 몇 개입니까?

식 ☐ + ☐ = ☐

답 ☐ 개

(2) 딸기우유와 바나나우유는 모두 몇 개입니까?

식 ☐ + ☐ = ☐

답 ☐ 개

6 덧셈과 뺄셈 (3)

2단계 기본 유형

> 핵심 내용 · 일 모형은 일 모형끼리 빼고, 십 모형은 그대로 쓴다.

> 핵심 내용 · 일 모형은 0을 그대로 쓰고, 십 모형은 십 모형끼리 뺀다.

유형 05 (몇십몇)−(몇)

13 29−7을 계산하려고 합니다. ◯를 /으로 지워 구해 보시오.

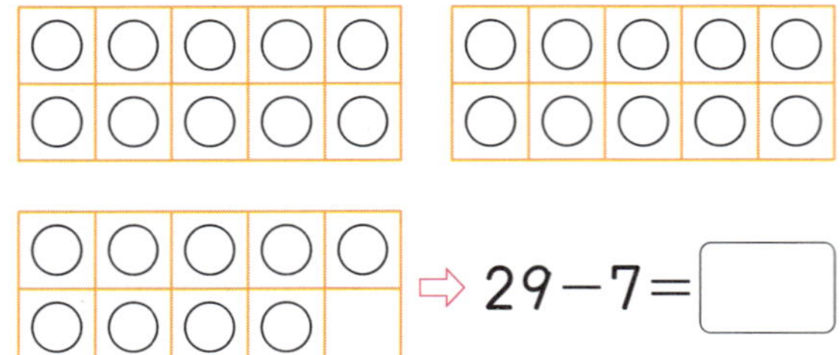

$$29-7=\boxed{}$$

14 76−5의 계산에서 잘못된 부분을 찾아 바르게 계산하시오.

$$\begin{array}{r} 7\,6 \\ -5 \\ \hline 2\,6 \end{array}$$ ⇨

15 민우는 가지고 있던 색종이 47장 중 미술 시간에 3장을 사용했습니다. 사용하고 남은 색종이는 몇 장입니까?

( )

유형 06 (몇십)−(몇십)

16 그림을 보고 ☐ 안에 알맞은 수를 써넣으시오.

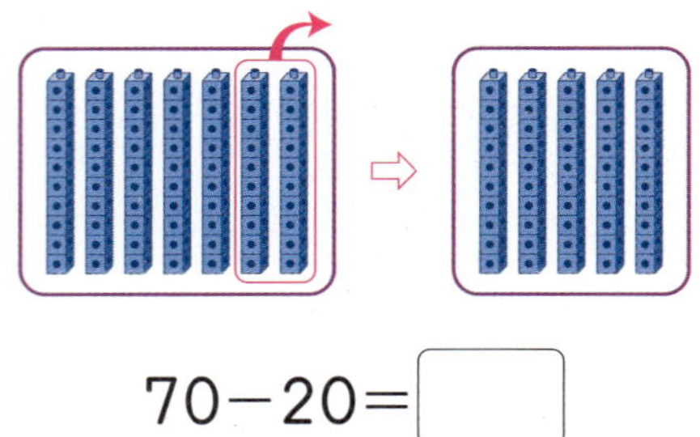

$$70-20=\boxed{}$$

17 빈 곳에 알맞은 수를 써넣으시오.

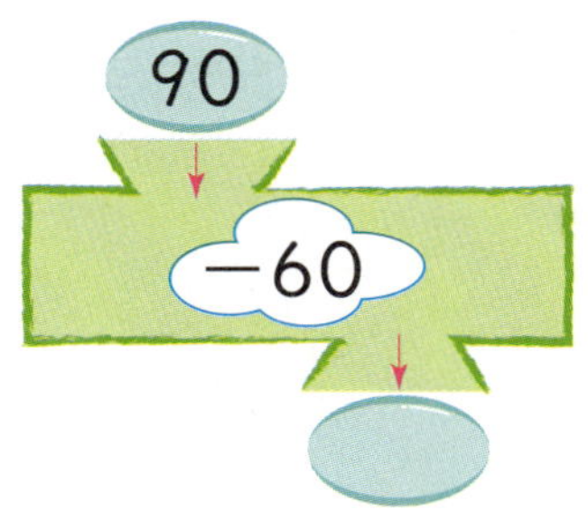

18 계산 결과가 20보다 작은 카드를 가지고 있는 친구의 이름을 쓰시오.

( )

핵심 내용 | 일 모형은 일 모형끼리, 십 모형은 십 모형끼리 뺀다.

유형 **07** (몇십몇)−(몇십몇)

교과서유형
19 그림을 보고 ▢ 안에 알맞은 수를 써넣으시오.

십 모형	일 모형

$$55-21=\boxed{}$$

20 계산을 바르게 한 것을 찾아 기호를 쓰시오.

> ㉠ $86-56=20$
> ㉡ $69-14=45$
> ㉢ $45-32=13$

(   )

익힘책유형
21 차가 같은 것끼리 이어 보시오.

$58-13$ •	• $84-73$
$67-34$ •	• $76-31$
$37-26$ •	• $45-12$

22 두 가지 종류의 구슬을 골라 차를 구하려고 합니다. 물음에 답하시오.

빨간색 구슬　　노란색 구슬　　파란색 구슬
　15개　　　　11개　　　　28개

(1) 파란색 구슬은 빨간색 구슬보다 몇 개 더 많습니까?

식 ▢ − ▢ = ▢

답 ▢ 개

(2) 빨간색 구슬은 노란색 구슬보다 몇 개 더 많습니까?

식 ▢ − ▢ = ▢

답 ▢ 개

23 내용을 읽고 힘센 팀이 승리 팀을 몇 점 차로 이겼는지 구하시오.

(   )

6

덧셈과 뺄셈 (3)

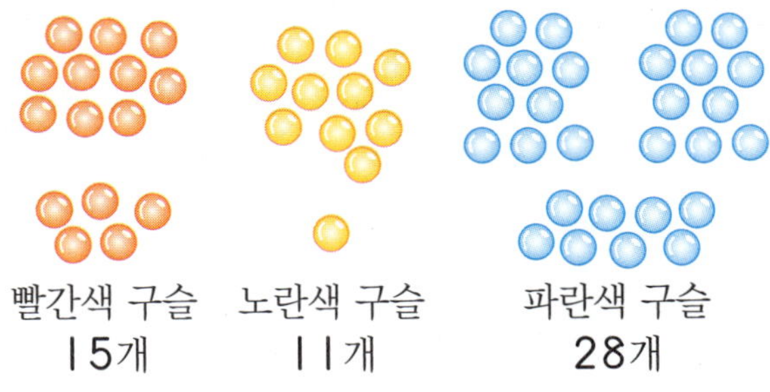

2단계 기본 유형

> **핵심 내용** 상황에 맞는 덧셈식 또는 뺄셈식을 만들어 문제를 해결할 수 있다.

유형 08 덧셈과 뺄셈하기

24 계산 결과가 같은 것끼리 이어 보시오.

25 그림을 보고 물음에 답하시오.

(1) 나비와 잠자리는 모두 몇 마리입니까?

식 ☐ + ☐ = ☐

답 ☐ 마리

(2) 벌은 잠자리보다 몇 마리 더 많습니까?

식 ☐ − ☐ = ☐

답 ☐ 마리

26 설명하는 수를 구하시오.

(1)

| 40보다 26만큼 더 큰 수 |

(　　　　　　　　　　)

(2)

| 76보다 42만큼 더 작은 수 |

(　　　　　　　　　　)

27 야구공이 57개, 농구공이 21개 있습니다. 물음에 답하시오.

(1) 야구공과 농구공은 모두 몇 개입니까?

(　　　　　　　　　　)

(2) 야구공은 농구공보다 몇 개 더 많습니까?

(　　　　　　　　　　)

28 두 주머니에서 수를 하나씩 골라 덧셈과 뺄셈을 각각 만들고 계산하시오.

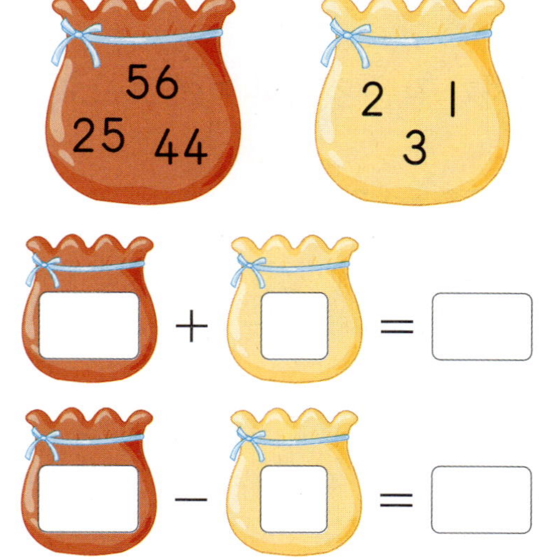

핵심 내용 ▶ 더하는 수가 10씩 커지면 합도 10씩 커진다. 덧셈에서는 두 수를 바꾸어 더해도 합이 같다.

유형 09 규칙을 찾아 덧셈하기

핵심 내용 ▶ 빼는 수가 10씩 또는 1씩 커지면 차는 10씩 또는 1씩 작아진다.

유형 10 규칙을 찾아 뺄셈하기

[29~30] 덧셈을 하고 알맞은 말에 ◯표 하시오.

29

$25+10=\boxed{}$

$25+20=\boxed{}$

$25+30=\boxed{}$

$25+40=\boxed{}$

더하는 수가 10씩 커지면 합도 10씩
(커집니다 , 작아집니다).

30

$32+41=\boxed{}$

$41+32=\boxed{}$

두 수를 바꾸어 더해도 합이
(같습니다 , 다릅니다).

[32~33] 뺄셈을 하고 알맞은 말에 ◯표 하시오.

32

$63-10=\boxed{}$

$63-20=\boxed{}$

$63-30=\boxed{}$

$63-40=\boxed{}$

빼는 수가 10씩 커지면 차는 10씩
(커집니다 , 작아집니다).

33

$56-12=\boxed{}$

$56-13=\boxed{}$

$56-14=\boxed{}$

$56-15=\boxed{}$

빼는 수가 1씩 커지면 차는 1씩
(커집니다 , 작아집니다).

31 빈 곳에 알맞은 수를 써넣으시오.

34 빈 곳에 알맞은 수를 써넣으시오.

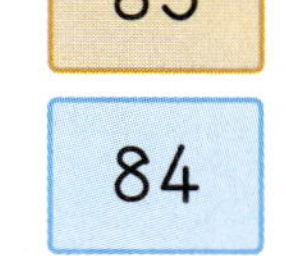

덧셈과 뺄셈 (3)

2단계 기본 유형

잘 틀리는 유형 11 계산 결과 비교하기

35 계산 결과를 비교하여 ○ 안에 >, =, < 를 알맞게 써넣으시오.

$$40+10 \bigcirc 94-54$$

36 합이 가장 큰 학생은 누구입니까?

( )

심화유형 37 계산 결과가 가장 작은 것을 찾아 기호를 쓰시오.

$$\text{㉠ } 25+42 \qquad \text{㉡ } 60+16$$
$$\text{㉢ } 79-24 \qquad \text{㉣ } 95-42$$

( )

 **KEY** 덧셈과 뺄셈을 각각 계산한 다음 계산 결과가 가장 작은 것을 찾습니다.

잘 틀리는 유형 12 ☐ 안에 들어갈 수 있는 수 구하기

[38~39] ☐ 안에 알맞은 수를 써넣으시오.

38
$$\begin{array}{r} \square\,7 \\ +\ 1\,\square \\ \hline 5\,8 \end{array}$$

39
$$\begin{array}{r} 6\,\square \\ -\ \square\,2 \\ \hline 1\,3 \end{array}$$

심화유형 40 다음 덧셈식에서 ㉠과 ㉡에 알맞은 수를 각각 구하시오.

$$3\boxed{㉠}+\boxed{㉡}2=78$$

㉠ ( )

㉡ ( )

KEY 세로셈으로 나타낸 다음 일 모형의 수끼리, 십 모형의 수 끼리 계산하여 ㉠과 ㉡에 알맞은 수를 각각 구합니다.

1-1

가장 큰 수와 가장 작은 수의 합은 얼마인지 풀이 과정을 완성하고 답을 구하시오.

> 36　61　30

풀이　가장 큰 수는 ☐이고 가장 작은 수는 ☐입니다.

따라서 가장 큰 수와 가장 작은 수의 합은 ☐＋☐＝☐입니다.

답　☐

2-1

설명하는 수보다 4만큼 더 작은 수는 얼마인지 풀이 과정을 완성하고 답을 구하시오.

> 10개씩 묶음 4개와 낱개 5개인 수

풀이　10개씩 묶음 4개와 낱개 5개인 수는 ☐입니다.

따라서 설명하는 수보다 4만큼 더 작은 수는 ☐－4＝☐입니다.

답　☐

1-2

가장 큰 수와 가장 작은 수의 차는 얼마인지 풀이 과정을 쓰고 답을 구하시오.

> 32　79　53

풀이

답 ＿＿＿＿＿＿＿＿＿＿

2-2

설명하는 수보다 6만큼 더 큰 수는 얼마인지 풀이 과정을 쓰고 답을 구하시오.

> 10개씩 묶음 7개와 낱개 2개인 수

풀이

답 ＿＿＿＿＿＿＿＿＿＿

점수

01 빈 곳에 알맞은 수를 써넣으시오.

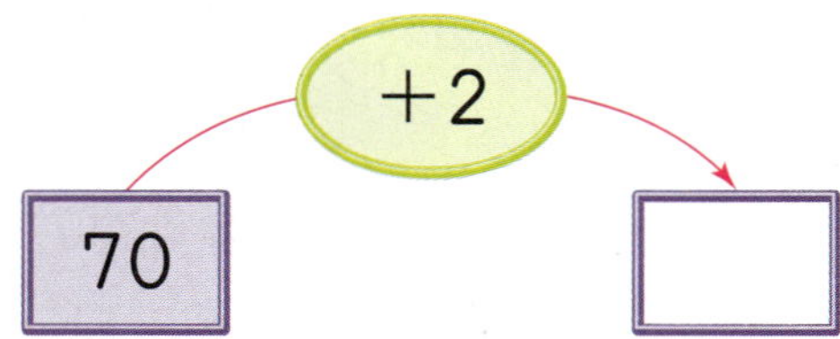

02 계산 결과를 찾아 이어 보시오.

52+5 ·	· 55
50+6 ·	· 56
51+4 ·	· 57

03 여학생 30명, 남학생 40명이 드론 비행 체험관에 갔습니다. 드론 비행 체험관에 간 학생은 모두 몇 명입니까?

(   )

04 두 수의 합을 구하시오.

| 45 | | 51 |

(   )

05 두 가지 종류의 과일을 골라 합을 구하려고 합니다. 물음에 답하시오.

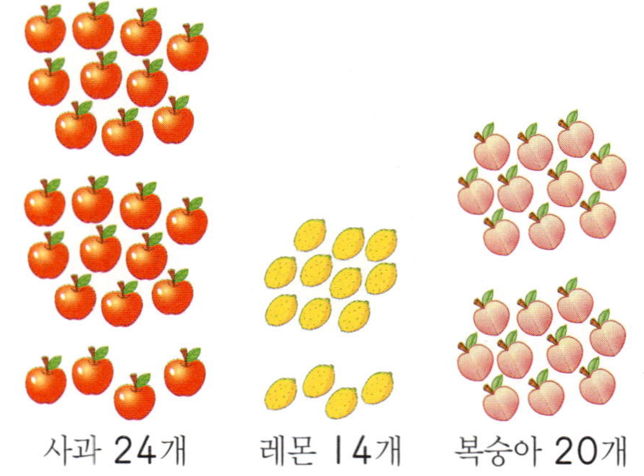

(1) 사과와 레몬은 모두 몇 개입니까?

식 [   ] + [   ] = [   ]

답 [   ] 개

(2) 레몬과 복숭아는 모두 몇 개입니까?

식 [   ] + [   ] = [   ]

답 [   ] 개

06 86−3의 계산에서 <u>잘못된</u> 부분을 찾아 바르게 계산하시오.

07 빈 곳에 알맞은 수를 써넣으시오.

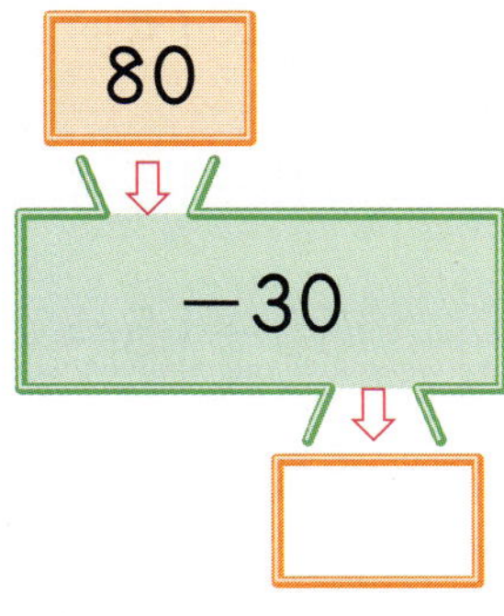

08 계산을 바르게 한 것을 찾아 기호를 쓰시오.

┌─────────────────┐
⊙ 64−12=52
ⓛ 75−34=31
ⓒ 96−71=35
└─────────────────┘

(   )

09 콩 주머니 모으기 시합에서 시후가 48개, 미소가 36개 모아서 시후가 이겼습니다. 시후는 미소보다 콩 주머니를 몇 개 더 많이 모았습니까?

(   )

10 계산 결과가 같은 것을 찾아 색칠하시오.

| 53+12 | 67−12 |
| 34+41 | 89−24 |

11 그림을 보고 물음에 답하시오.

(1) 준호 책상에 있는 빨간색 색종이와 초록색 색종이는 모두 몇 장입니까?

식 ☐ + ☐ = ☐

답 ☐ 장

(2) 유진이 책상에 있는 파란색 색종이는 노란색 색종이보다 몇 장 더 많습니까?

식 ☐ − ☐ = ☐

답 ☐ 장

12 설명하는 수를 구하시오.

(1)
32보다 46만큼 더 큰 수

(   )

(2)
89보다 62만큼 더 작은 수

(   )

13 빈 곳에 알맞은 수를 써넣으시오.

14 뺄셈을 하고 알맞은 말에 ◯표하시오.

38−15=☐
48−15=☐
58−15=☐
68−15=☐

빼지는 수가 10씩 커지면 차도 10씩 (커집니다 , 작아집니다).

15 계산 결과를 비교하여 ◯ 안에 >, =, < 를 알맞게 써넣으시오.

41+3 ◯ 70−20

16 ☐ 안에 알맞은 수를 써넣으시오.

$$\begin{array}{r} \square\,6 \\ +\ 2\,\square \\ \hline 7\ 9 \end{array}$$

17 계산 결과가 가장 큰 것을 찾아 기호를 쓰시오.

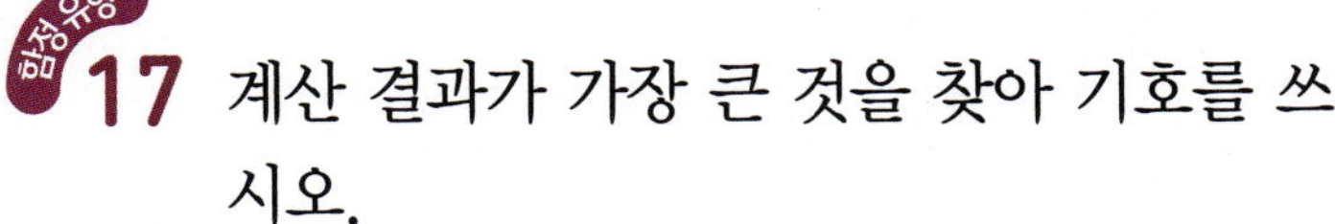

㉠ 24+25　　㉡ 32+16
㉢ 74−21　　㉣ 88−45

(　　　　　　)

18 다음 뺄셈식에서 ㉠과 ㉡에 알맞은 수를 각각 구하시오.

$$8\,\boxed{㉠}-\boxed{㉡}\,4=23$$

㉠ (　　　　　　)

㉡ (　　　　　　)

19 가장 큰 수와 가장 작은 수의 합은 얼마인지 풀이 과정을 쓰고 답을 구하시오.

57	26	22

풀이

답

20 설명하는 수보다 7만큼 더 작은 수는 얼마인지 풀이 과정을 쓰고 답을 구하시오.

10개씩 묶음 8개와 낱개 9개인 수

풀이

답

QR 코드를 찍어 단원 평가 를 풀어 보세요.

6 덧셈과 뺄셈 (3)

유형 01 모양에 알맞은 수 구하기

같은 모양은 같은 수를 나타낼 때 ●에 알맞은 수 구하기

$$65+4=★$$
$$★-17=●$$

① $65+4=\boxed{}$ 이므로 ★에 알맞은 수는 $\boxed{}$ 입니다.

② $★-17=\boxed{}-17=\boxed{}$ 입니다.

③ 따라서 ●에 알맞은 수는 $\boxed{}$ 입니다.

01 같은 모양은 같은 수를 나타낼 때 ▲에 알맞은 수를 구하시오.

$$41+56=■$$
$$■-37=▲$$

(   )

02 같은 모양은 같은 수를 나타낼 때 ◆에 알맞은 수를 구하시오.

$$23+35=♥$$
$$♥-44=●$$
$$●+●=◆$$

(   )

유형 02 합 또는 차가 ■인 두 수 찾기

합이 75인 두 수 찾기

| 13 | 31 | 52 | 44 |

① 일 모형의 수끼리의 합이 5인 두 수를 찾으면 13과 $\boxed{}$, 31과 $\boxed{}$ 입니다.

② ①에서 찾은 두 수의 합을 구하면
$$13+\boxed{}=\boxed{},$$
$$31+\boxed{}=\boxed{}$$ 입니다.

③ 따라서 합이 75인 두 수는
$\boxed{}$, $\boxed{}$ 입니다.

03 합이 87인 두 수를 찾아 쓰시오.

| 65 | 43 | 22 | 54 |

(   )

04 차가 23인 두 수를 찾아 쓰시오.

| 77 | 69 | 36 | 54 |

(   )

QR 코드를 찍어 **동영상 특강**을 보세요.

유형 **03** 덧셈과 뺄셈 활용하기

상미는 수학 문제를 어제는 35문제 풀었고, 오늘은 어제보다 3문제 더 적게 풀었습니다. 상미가 어제와 오늘 푼 수학 문제는 모두 몇 문제인지 구하기

① (오늘 푼 문제 수)

= (어제 푼 문제 수) − ☐

= 35 − ☐ = ☐ (문제)

② (어제와 오늘 푼 문제 수)

= (어제 푼 문제 수) + (오늘 푼 문제 수)

= 35 + ☐ = ☐ (문제)

05 지아는 종이배를 어제는 44개 만들었고, 오늘은 어제보다 2개 더 적게 만들었습니다. 지아가 어제와 오늘 만든 종이배는 모두 몇 개입니까?

( )

06 문구점에 지우개는 56개 있고, 가위는 지우개보다 25개 더 적게 있습니다. 문구점에 있는 지우개와 가위는 모두 몇 개입니까?

( )

유형 **04** 새 교과서에 나온 활동 유형

07 같은 모양에 적힌 수의 합을 구하시오.

13	31	45
26	52	66

■ ( ) ▲ ( ) ● ( )

08 규칙에 따라 빈칸에 수를 써넣었을 때 ㉡−㉠을 구하시오.

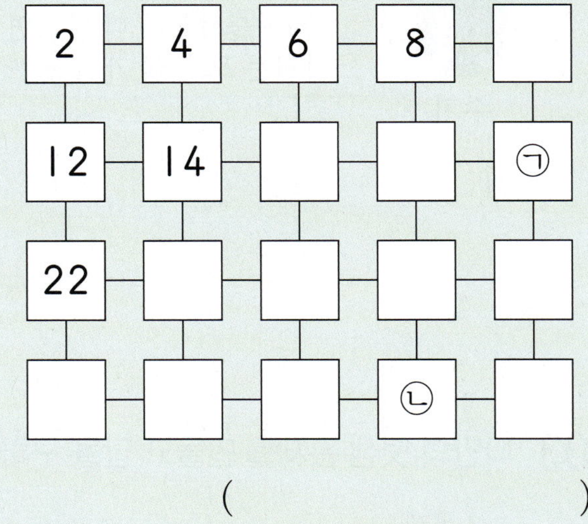

( )

다르지만 같은 유형

유형 01 덧셈 이야기를 만들고 계산하기

[01~03] 그림을 보고 덧셈 이야기를 만들어 해결하려고 합니다. 물음에 답하시오.

01 민수가 덧셈 문제를 만들었습니다. 덧셈식을 쓰시오.

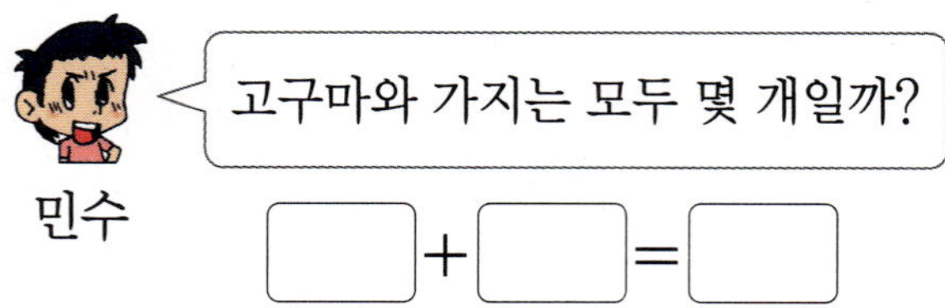

☐ + ☐ = ☐

02 수지가 덧셈 문제를 만들었습니다. 덧셈식을 쓰고 답을 구하시오.

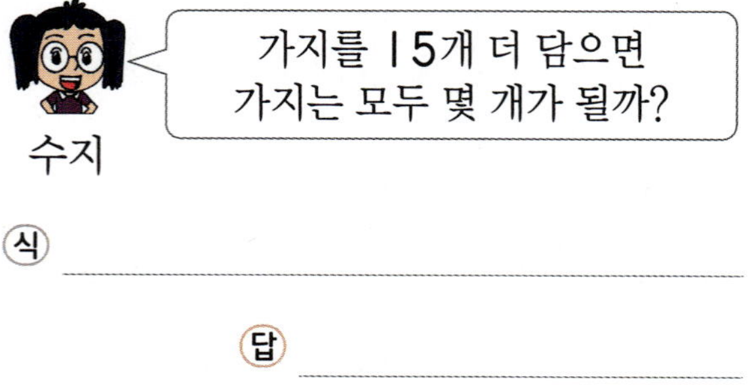

㉮ 식 ________________________

답 ________________________

03 나만의 덧셈 문제를 만들고 답을 구하시오.

┌─ 문제 ─────────────────┐
│   │
│   │
│   │
└──────────────────────────┘

(   )

유형 02 뺄셈 이야기를 만들고 계산하기

[04~06] 그림을 보고 뺄셈 이야기를 만들어 해결하려고 합니다. 물음에 답하시오.

04 윤호가 뺄셈 문제를 만들었습니다. 뺄셈식을 쓰시오.

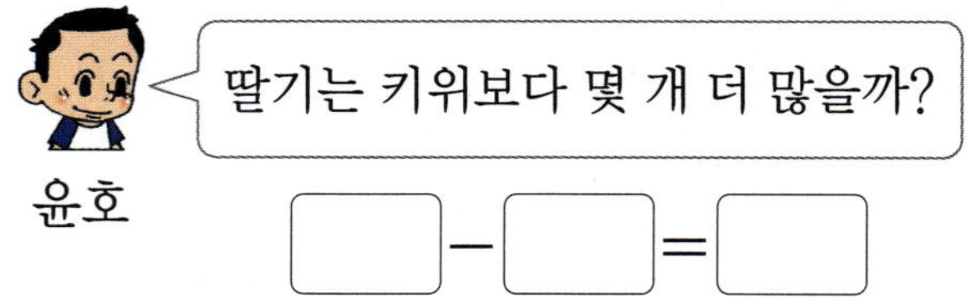

☐ − ☐ = ☐

05 다혜가 뺄셈 문제를 만들었습니다. 뺄셈식을 쓰고 답을 구하시오.

㉮ 식 ________________________

답 ________________________

06 나만의 뺄셈 문제를 만들고 답을 구하시오.

┌─ 문제 ─────────────────┐
│   │
│   │
│   │
└──────────────────────────┘

(   )

QR 코드를 찍어 **동영상 특강**을 보세요.

유형 03 규칙에 따라 계산하기

07 덧셈을 하고 규칙을 바르게 설명한 친구의 이름을 쓰시오.

$$23+63=\boxed{}$$
$$23+53=\boxed{}$$
$$23+43=\boxed{}$$
$$23+33=\boxed{}$$

시혁: 10씩 작아지는 수를 더하면 합은 10씩 커집니다.
이안: 10씩 작아지는 수를 더하면 합도 10씩 작아집니다.

(   )

08 뺄셈을 하고 다음에 올 식을 쓰시오.

$$96-12=\boxed{}$$
$$96-22=\boxed{}$$
$$96-32=\boxed{}$$
$$96-42=\boxed{}$$

다음에 올 식

유형 04 조건에 알맞은 덧셈과 뺄셈 찾기

09 강현이는 계산 결과가 20보다 작은 뺄셈을 지나 왔습니다. 강현이를 찾아 기호를 쓰시오.

(   )

10 민우가 찾을 카드에 색칠하시오.

| 50+7 | 20+20 |
| 46+2 | 14+35 |

덧셈과 뺄셈 활용하기

01 ❶퀴즈를 동주는 45개 맞혔고, 현우는 동주보다 10개 더 적게 맞혔습니다. / ❷민호는 현우보다 12개 더 많이 맞혔다면 민호가 맞힌 퀴즈는 몇 개입니까?

(   )

❶ 현우가 맞힌 퀴즈의 수를 구합니다.
❷ 민호가 맞힌 퀴즈의 수를 구합니다.

(몇십)+(몇십) 활용하기

02 ❶빨간색 구슬 60개와 노란색 구슬 20개가 있습니다. / ❷목걸이를 한 개 만드는 데 구슬이 10개 필요하다면 목걸이를 몇 개까지 만들 수 있습니까?

(   )

❶ 구슬은 모두 몇 개인지 구합니다.
❷ 목걸이를 몇 개까지 만들 수 있는지 구합니다.

수 카드로 수를 만들어 합 구하기

03 수 카드 4장 중에서 2장을 골라 한 번씩만 사용하여 몇십몇을 만들려고 합니다. ❶만들 수 있는 수 중에서 가장 큰 수와 가장 작은 수의 / ❷합을 구하시오.

3 2 5 4

(   )

❶ 만들 수 있는 가장 큰 수와 가장 작은 수를 각각 구합니다.
❷ ❶에서 구한 두 수의 합을 구합니다.

모양에 알맞은 수 구하기

04 같은 모양은 같은 수를 나타낼 때
❷★과 / ❶●에 알맞은 수를 각
각 구하시오.

★ (　　　　　　　　)
● (　　　　　　　　)

❶ 일 모형의 수끼리의 계산에서 ●에 알
맞은 수를 구합니다.
❷ 십 모형의 수끼리의 계산에서 ★에 알
맞은 수를 구합니다.

☐ 안에 들어갈 수 있는 수 구하기

05 1부터 9까지의 수 중에서 ❷☐ 안에 들어갈 수 있
는 가장 큰 수를 구하시오.

❶
$$75 - \boxed{}1 > 34$$

(　　　　　　　　)

❶ ☐ 안에 1부터 차례로 넣어 계산하여
34와 크기를 비교해 봅니다.
❷ ☐ 안에 들어갈 수 있는 수를 모두 구
하여 그중 가장 큰 수를 구합니다.

어떤 수를 구하여 바르게 계산한 값 구하기

06 ❶어떤 수에서 24를 빼야 할 것을 잘못하여 더했더
니 79가 되었습니다. / ❷바르게 계산한 값을 구하
시오.

(　　　　　　　　)

❶ 어떤 수를 ☐라 하여 덧셈식을 만든
다음 ☐를 구합니다.
❷ ❶에서 구한 ☐를 이용하여 바르게 계
산한 값을 구합니다.

덧셈과 뺄셈 (3)　**6**

07 가장 큰 수와 가장 작은 수의 차를 구하시오.

(   )

덧셈과 뺄셈 활용하기

08 성재는 우표를 68장 모았고, 은희는 성재보다 25장 더 적게 모았습니다. 준서는 은희보다 20장 더 많이 모았다면 준서가 모은 우표는 몇 장입니까?

(   )

09 세 수를 골라 한 번씩만 사용하여 만들 수 있는 덧셈식과 뺄셈식을 각각 1개씩 쓰시오.

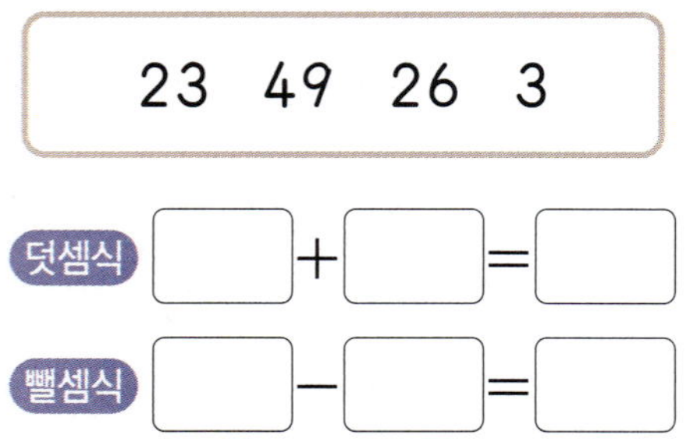

덧셈식 [ ] + [ ] = [ ]

뺄셈식 [ ] − [ ] = [ ]

(몇십)+(몇십) 활용하기

10 빨간색 색종이 30장과 노란색 색종이 60장이 있습니다. 꽃을 한 송이 만드는데 색종이가 10장 필요하다면 꽃은 몇 송이까지 만들 수 있습니까?

(   )

11 선미가 사야 할 달걀은 몇 개입니까?
(단, 달걀은 한 판에 30개입니다.)

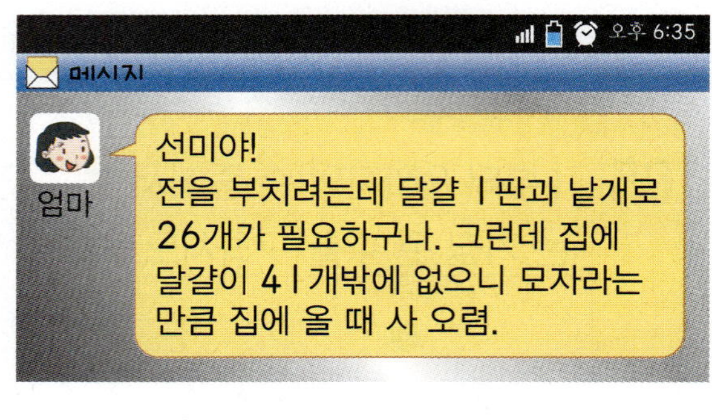

(   )

수 카드로 수를 만들어 합 구하기

12 수 카드 4장 중에서 2장을 골라 한 번씩만 사용하여 몇십몇을 만들려고 합니다. 만들 수 있는 수 중에서 가장 큰 수와 가장 작은 수의 합을 구하시오.

(   )

13 세령이가 찾아야 하는 2장의 수 카드를 찾아 쓰시오.

(   )

14 수 카드 4장을 한 번씩만 사용하여 합이 가장 큰 (몇십몇)+(몇십몇)을 만들고 계산 결과를 구하시오.

☐+☐

(   )

모양에 알맞은 수 구하기

15 같은 모양은 같은 수를 나타낼 때 ■와 ▲에 알맞은 수를 각각 구하시오.

■ (   )

▲ (   )

☐ 안에 들어갈 수 있는 수 구하기

16 1부터 9까지의 수 중에서 ☐ 안에 들어갈 수 있는 가장 큰 수를 구하시오.

$$32+\boxed{}6<85$$

(   )

어떤 수를 구하여 바르게 계산한 값 구하기

17 어떤 수에서 12를 빼야 할 것을 잘못하여 더했더니 57이 되었습니다. 바르게 계산한 값을 구하시오.

(   )

18 사탕을 경수는 35개, 윤지는 13개 가지고 있습니다. 두 사람이 가진 사탕의 수가 같아지려면 경수는 윤지에게 사탕을 몇 개 주어야 합니까?

(   )

 사고력 유형

1 고대 마야인들은 •, —,  모양으로 다음과 같이 수를 나타내었습니다. 마야의 수로 나타낸 다음 식의 계산 결과를 마야의 수로 나타내시오.

1

$$\text{—} + \text{(조개)} = \boxed{}$$

2

$$\text{(점)} - \text{(점)} = \boxed{}$$

2 같은 그림은 같은 수를 나타냅니다. 식을 보고 각 그림이 나타내는 수를 구하시오.

$$\text{꽃} = \boxed{}$$
$$\text{튤립} = \boxed{}$$
$$\text{해바라기} = \boxed{}$$

3 화살표의 약속에 따라 빈칸
에 알맞은 수를 써넣으시오.

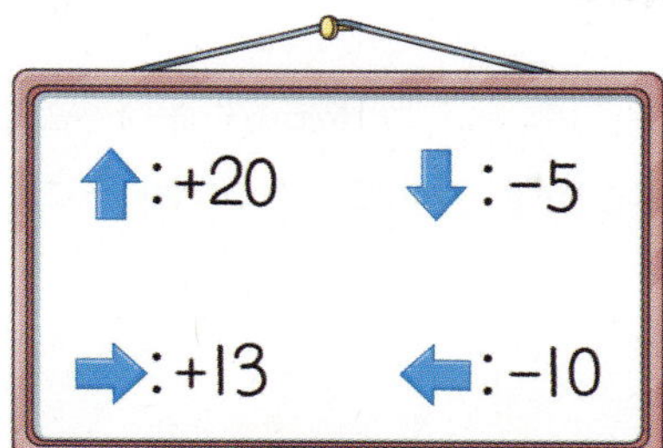

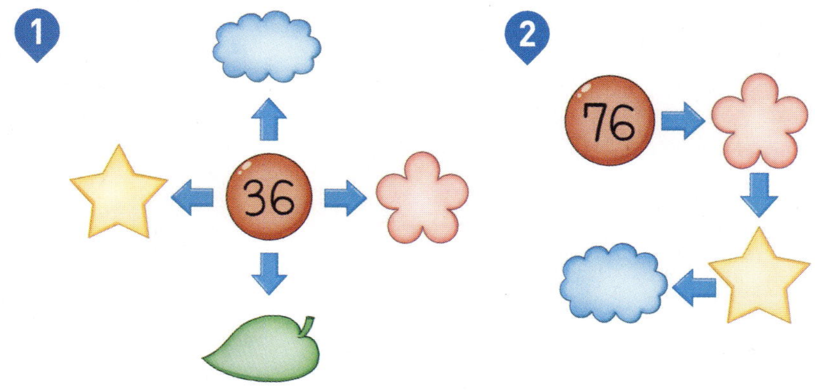

4 성냥개비를 사용하여 만든 식입니다. 잘못 만든 왼쪽 식에서
성냥개비를 한 개 지우면 오른쪽과 같은 바른 식이 됩니다.

$$20+3\cancel{8}=50 \Rightarrow 20+30=50$$

위와 같이 잘못된 다음 식이 바른 식이 되도록 성냥개비를
한 개 지워 보시오.

①
$$30+19=45$$

②
$$28-12=14$$

6

덧셈과 뺄셈 (3)

도전! 최상위 유형

1 

| HME 17번 문제 수준 |

다음 두 수의 합은 97입니다. ㉠과 ㉡에 알맞은 수의 합을 구하시오.

$$4㉠ \qquad ㉡5$$

(   )

◇ 두 수의 합을 세로셈으로 나타낸 다음 일 모형끼리, 십 모형끼리 계산하여 ㉠과 ㉡에 알맞은 수를 각각 구합니다.

2

| HME 19번 문제 수준 |

다음 중 차가 42인 두 수를 찾았을 때 찾은 두 수 중에서 더 작은 수를 쓰시오.

$$44 \quad 23 \quad 8 \quad 75 \quad 86$$

(   )

3 

| HME 21번 문제 수준 |

그림과 같이 **1**부터 **24**까지의 수가 적힌 띠를 \규칙/에 따라 순서대로 접었을 때 가장 위에 보이는 수들의 합을 구하시오. (단, 띠의 앞면과 뒷면에는 같은 수가 적혀 있습니다.)

(왼쪽) | 1 | 2 | 3 | …… | 22 | 23 | 24 | (오른쪽)

\규칙/

① 오른쪽 끝을 고정하고 왼쪽 부분이 위로 오도록 똑같이 반으로 접습니다.
② 한 번 더 오른쪽 끝을 고정하고 왼쪽 부분이 위로 오도록 똑같이 반으로 접습니다.
③ 왼쪽 끝을 고정하고 오른쪽 부분이 위로 오도록 똑같이 반으로 접습니다.

(   )

규칙에 따라 접었을 때 위에 적힌 수와 아래에 적힌 수는 어떻게 줄어드는지 알아봅니다.

4 

| HME 22번 문제 수준 |

㉠, ㉡, ㉢은 **1**부터 **9**까지의 수 중 서로 다른 수입니다. 다음 식을 만족하는 뺄셈식을 모두 쓰시오. (단, ㉠이 가장 크고 ㉢이 가장 작은 수입니다.)

㉠㉡ − ㉡㉢ = ㉡㉢

(   )

쉬어가기

도미노에서 규칙을 찾아볼까요?

크기가 같은 ▢ 모양 2개를 붙인 모양을 도미노라고 합니다.
도미노는 한 칸에 들어가는 점이 0개~6개인 '6점 도미노'와 0개~9개인 '9점 도미노'가 있습니다.

〈6점 도미노〉

예

(3, 6)

〈9점 도미노〉

예

(9, 7)

참고
0은 ▢처럼 점 없이 빈칸으로 나타냅니다.

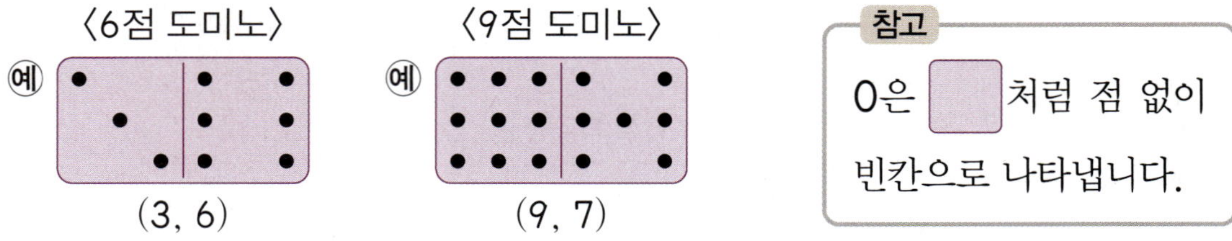

에디슨과 마리가 도미노가 놓인 규칙을 찾고 있습니다.

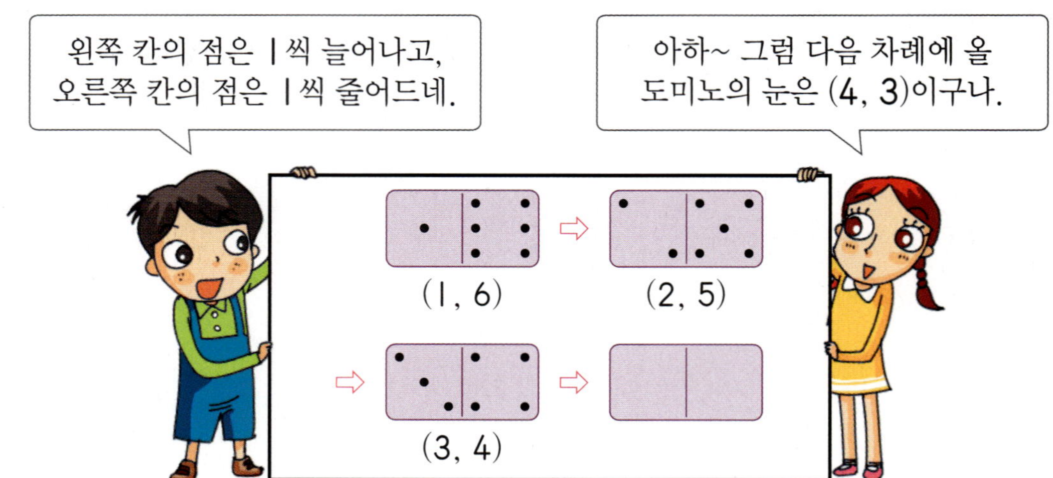

아래 도미노가 놓인 규칙을 찾아 다음 차례에 올 도미노를 그려 보세요.

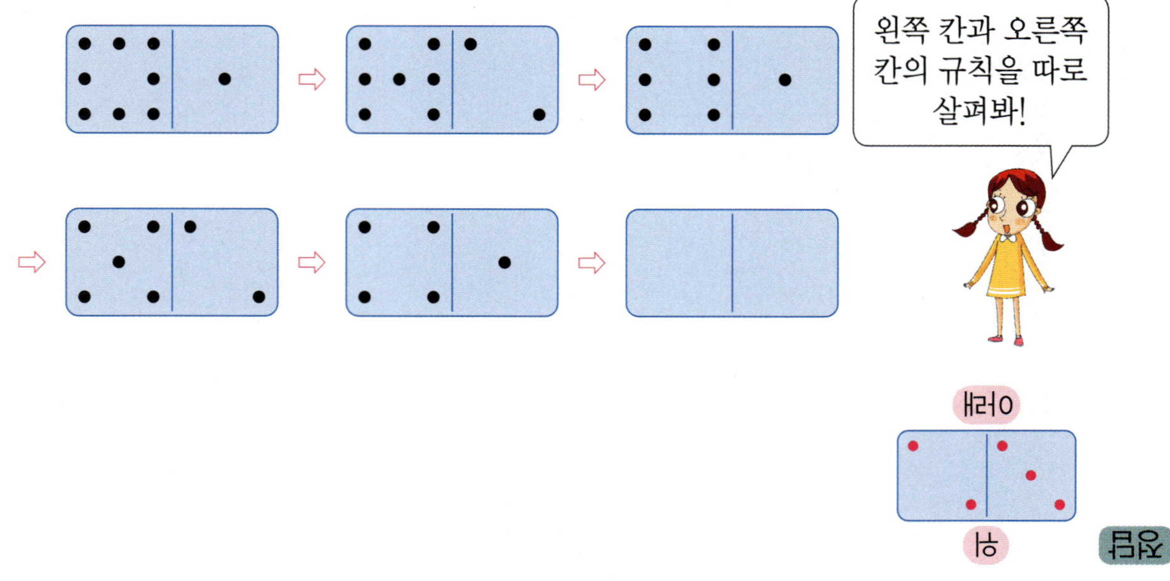

뭘 좋아할지 몰라 다 준비했어♥
전과목 교재

전과목 시리즈 교재

● **무등생 해법시리즈**
- 국어/수학　　　　　　　　　　　1~6학년, 학기용
- 사회/과학　　　　　　　　　　　3~6학년, 학기용
- SET(전과목/국수, 국사과)　　　　1~6학년, 학기용

● **똑똑한 하루 시리즈**
- 똑똑한 하루 독해　　　　　　　　예비초~6학년, 총 14권
- 똑똑한 하루 글쓰기　　　　　　　예비초~6학년, 총 14권
- 똑똑한 하루 어휘　　　　　　　　예비초~6학년, 총 14권
- 똑똑한 하루 한자　　　　　　　　예비초~6학년, 총 14권
- 똑똑한 하루 수학　　　　　　　　1~6학년, 총 12권
- 똑똑한 하루 계산　　　　　　　　예비초~6학년, 총 14권
- 똑똑한 하루 도형　　　　　　　　예비초~6학년, 총 8권
- 똑똑한 하루 사고력　　　　　　　1~6학년, 총 12권
- 똑똑한 하루 사회/과학　　　　　　3~6학년, 학기용
- 똑똑한 하루 봄/여름/가을/겨울　　1~2학년, 총 8권
- 똑똑한 하루 안전　　　　　　　　1~2학년, 총 2권
- 똑똑한 하루 Voca　　　　　　　　3~6학년, 학기용
- 똑똑한 하루 Reading　　　　　　 초3~초6, 학기용
- 똑똑한 하루 Grammar　　　　　　초3~초6, 학기용
- 똑똑한 하루 Phonics　　　　　　 예비초~초등, 총 8권

● **독해가 힘이다 시리즈**
- 초등 수학도 독해가 힘이다　　　　　　　　1~6학년, 학기용
- 초등 문해력 독해가 힘이다 문장제수학편　　1~6학년, 총 12권
- 초등 문해력 독해가 힘이다 비문학편　　　　3~6학년

영어 교재

● **초등영어 교과서 시리즈**
　파닉스(1~4단계)　　　　　　　　3~6학년, 학년용
　영단어(1~4단계)　　　　　　　　3~6학년, 학년용
● **LOOK BOOK 영단어**　　　　　　3~6학년, 단행본
● **원서 읽는 LOOK BOOK 영단어**　 3~6학년, 단행본

국가수준 시험 대비 교재

● **해법 기초학력 진단평가 문제집**　　2~6학년·중1 신입생, 총 6권

모든 유형을 다 담은 해결의 법칙

정답 및 풀이

수학

1·2

천재교육

정답 및 풀이 포인트 3가지

▶ 혼자서도 이해할 수 있는 친절한 문제 풀이

▶ 문제 해결에 필요한 핵심 내용 또는
  틀리기 쉬운 내용을 담은 왜 틀렸을까

▶ 문제 분석으로 어려운 응용 유형 완벽 대비

정답 및 풀이

1-2

1 l00까지의 수 ·········· 2쪽
2 덧셈과 뺄셈 (1) ·········· 13쪽
3 모양과 시각 ·········· 22쪽
4 덧셈과 뺄셈 (2) ·········· 33쪽
5 규칙 찾기 ·········· 43쪽
6 덧셈과 뺄셈 (3) ·········· 54쪽

정답 및 풀이

1 100까지의 수

1-1 (1) 60, 예순 (2) 70, 일흔 (3) 80, 여든
　　　 (4) 90, 아흔
1-2 (1) 62 (2) 78 (3) 85 (4) 91
2-1 (1) 작습니다에 ○표 ; <
　　　 (2) 큽니다에 ○표 ; >
2-2 (1) 짝수 (2) 홀수 (3) 짝수

01 9, 0, 90 ; 구십, 아흔
02 
03 90그루　　　　　　　　**04** 89
05 64, 육십사 또는 예순넷 ;
　　　 74, 칠십사 또는 일흔넷 ;
　　　 84, 팔십사 또는 여든넷
06 현우
07 예

; 5, 9, 59
08 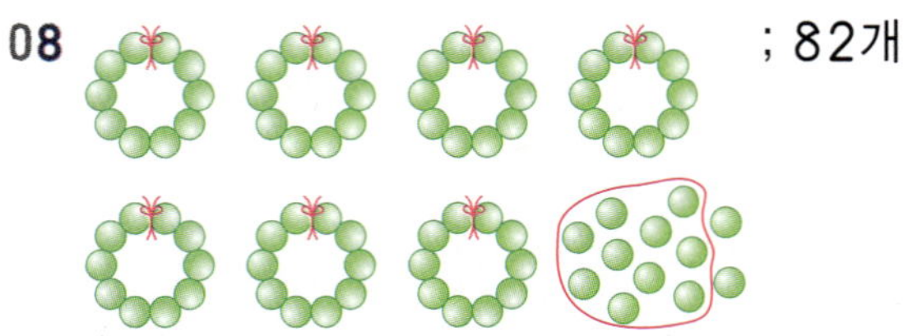　　　; 82개

09 은진
10 (1) 52, 55, 56 (2) 90, 91, 92
11 59, 61

12 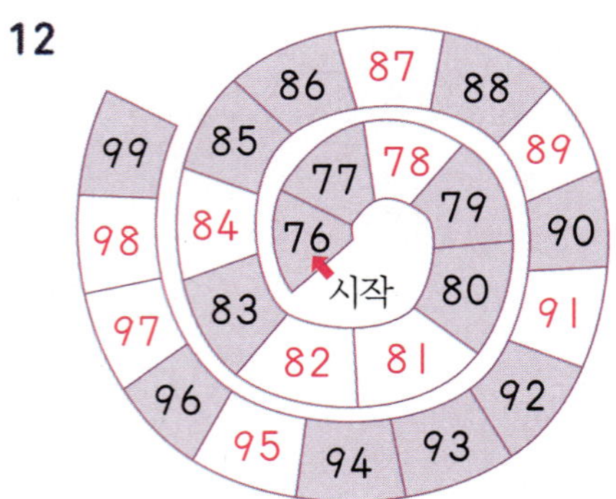

13 88 ; 팔십팔, 여든여덟　　　**14** 100, 백
15

51	52	53	54	55	56	57	58	59	60
61	62	63	64	65	66	67	68	69	70
71	72	73	74	75	76	77	78	79	80
81	82	83	84	85	86	87	88	89	90
91	92	93	94	95	96	97	98	99	100

16 ㉡　　　　　　　　**17** <
18 예 69는 70보다 작습니다. ;
　　　 예 70은 69보다 큽니다.
19 (1) < (2) >　　　**20** 상훈
21 (1) 58 ; 작습니다에 ○표
　　　 (2) 54 ; 큽니다에 ○표
22 71에 △표　　　**23** (1) < (2) >
24 71, 78　　　**25** 7 ; 홀수에 ○표
26 (　　) (○)
27 

28 

29 60　　　　　　**30** 56, 57, 58, 59
31 5개　　　　　　**32** 91에 ○표
33 캥거루　　　　　**34** 빨간색 풍선

서술형 유형

1-1 6, 66, 예순여섯 ; 육십육, 예순여섯
1-2 예 공깃돌이 10개씩 묶음 7개와 낱개 8개이
　　　 므로 78개입니다. 공깃돌의 수를 읽으면 칠십
　　　 팔 또는 일흔여덟입니다. ; 칠십팔, 일흔여덟

2-1 39, 40, 41, 42, 40, 42, 4 ; 4

2-2 (예) 56보다 크고 66보다 작은 수는 57, 58, 59, 60, 61, 62, 63, 64, 65입니다. 이 중에서 짝수는 58, 60, 62, 64이므로 모두 4개입니다. ; 4개

10쪽

01 10개씩 묶음 9개를 90이라 쓰고, 구십 또는 아흔이라고 읽습니다.

02 60은 육십 또는 예순, 70은 칠십 또는 일흔, 80은 팔십 또는 여든이라고 읽습니다.

03 10그루씩 9줄이므로 모두 90그루입니다.

04 10개씩 묶음 8개와 낱개 9개는 89입니다.

05 10개씩 묶음이 한 개씩 늘어나는 수를 쓰고 읽어 봅니다.

06 10개씩 묶음 8개와 낱개 5개를 85라 쓰고, 팔십오 또는 여든다섯이라고 읽습니다.

11쪽

07 딸기를 10개씩 묶어 보면 10개씩 묶음 5개와 낱개 9개이므로 59입니다.

08 낱개를 10개씩 묶어 보면 10개씩 묶음 1개와 낱개 2개입니다.
따라서 구슬은 모두 10개씩 묶음 8개와 낱개 2개이므로 82개입니다.

09 낱개를 10개씩 묶어 보면 달걀은 10개씩 묶음 7개와 낱개 8개이므로 모두 78개이고, 78은 칠십팔 또는 일흔여덟이라고 읽습니다.

10 (1) 52−53−54−55−56
(2) 89−90−91−92−93

11 60보다 1만큼 더 작은 수는 59이고, 1만큼 더 큰 수는 61입니다.

12 76부터 수를 순서대로 써 봅니다.

13 87−88이므로 87보다 1만큼 더 큰 수는 88입니다.
88은 팔십팔 또는 여든여덟이라고 읽습니다.

12쪽

14 99보다 1만큼 더 큰 수는 100이고 백이라고 읽습니다.

15 51부터 순서대로 수를 세어 봅니다.
99 다음의 수는 100입니다.

16 ㉠ 100원 ㉡ 50원 ㉢ 100원

17 62와 89의 10개씩 묶음의 수를 비교하면 62는 6, 89는 8이므로 62<89입니다.

18 ●<▲ ⇨ ●는 ▲보다 작습니다.
▲는 ●보다 큽니다.

19 10개씩 묶음의 수를 비교합니다.
(1) 5<8이므로 54<85입니다.
(2) 9>7이므로 91>76입니다.

20 10개씩 묶음의 수를 비교하면 5<6이므로 59<64입니다. 따라서 더 큰 수를 들고 있는 사람은 상훈입니다.

13쪽

21 10개씩 묶음의 수가 같고 낱개의 수가 54는 4, 58은 8입니다.
(1) 54는 58보다 작습니다.
(2) 58은 54보다 큽니다.

22 10개씩 묶음의 수가 같고 낱개의 수가 6>1이므로 76>71입니다.

23 10개씩 묶음의 수가 같으므로 낱개의 수를 비교합니다.
⑴ 0<2이므로 80<82입니다.
⑵ 5>1이므로 95>91입니다.

24 10개씩 묶음의 수가 같은 수는 71과 78입니다.
➾ 71<78

25 7은 둘씩 짝을 지으면 하나가 남으므로 홀수입니다.

26 7, 15, 32 중에서 32는 짝수입니다.

27 낱개의 수가 2, 4, 6, 8, 0인 수에 빨간색, 낱개의 수가 1, 3, 5, 7, 9인 수에 파란색을 색칠합니다.

28 21부터 30까지의 수를 홀수와 짝수를 구분하여 수를 씁니다.

14쪽

29 59와 61 사이의 수는 60입니다.

30 쉰다섯은 55이고 예순은 60이므로 두 수 사이의 수는 56, 57, 58, 59입니다.

31 87과 93 사이의 수는 88, 89, 90, 91, 92이므로 모두 5개입니다.
왜 틀렸을까? 87과 93 사이의 수에 87과 93은 들어가지 않습니다.

32 10개씩 묶음의 수가 58은 5, 91은 9, 52는 5이므로 가장 큰 수는 91입니다.

33 10개씩 묶음의 수가 90은 9, 75와 79는 7이므로 90이 가장 큽니다. 남은 두 수 75와 79의 낱개의 수가 75는 5, 79는 9이므로 75가 가장 작습니다.

34 10개씩 묶음의 수가 같고 낱개의 수를 비교하면 77이 가장 큰 수이므로 가장 많이 판 풍선은 빨간색 풍선입니다.
왜 틀렸을까? 10개씩 묶음의 수가 같으므로 낱개의 수만 보면 가장 큰 수를 찾을 수 있습니다.

15쪽

1-2 10개씩 묶음 몇 개와 낱개 몇 개인지 알아봅니다.

서술형 가이드 10개씩 묶음의 수와 낱개의 수를 이용하여 공깃돌의 수를 알아보는 풀이 과정이 들어 있어야 합니다.

채점 기준

상	10개씩 묶음의 수와 낱개의 수를 알고 몇십몇으로 나타내고 두 가지 방법으로 읽었음.
중	10개씩 묶음의 수와 낱개의 수를 알고 몇십몇으로 나타내었지만 두 가지 방법으로 읽지 못함.
하	10개씩 묶음의 수와 낱개의 수를 이용하여 몇십몇으로 나타내지 못함.

2-2 짝수는 낱개의 수가 2, 4, 6, 8, 0인 수입니다.

서술형 가이드 56보다 크고 66보다 작은 수를 모두 쓰고 그중에서 짝수를 찾는 풀이 과정이 들어 있어야 합니다.

채점 기준

상	56보다 크고 66보다 작은 수를 모두 쓴 뒤 짝수를 찾아 답을 구했음.
중	56보다 크고 66보다 작은 수를 모두 썼지만 짝수를 찾지 못함.
하	56보다 크고 66보다 작은 수를 쓰지 못함.

3단계 유형 단원 평가 16~19쪽

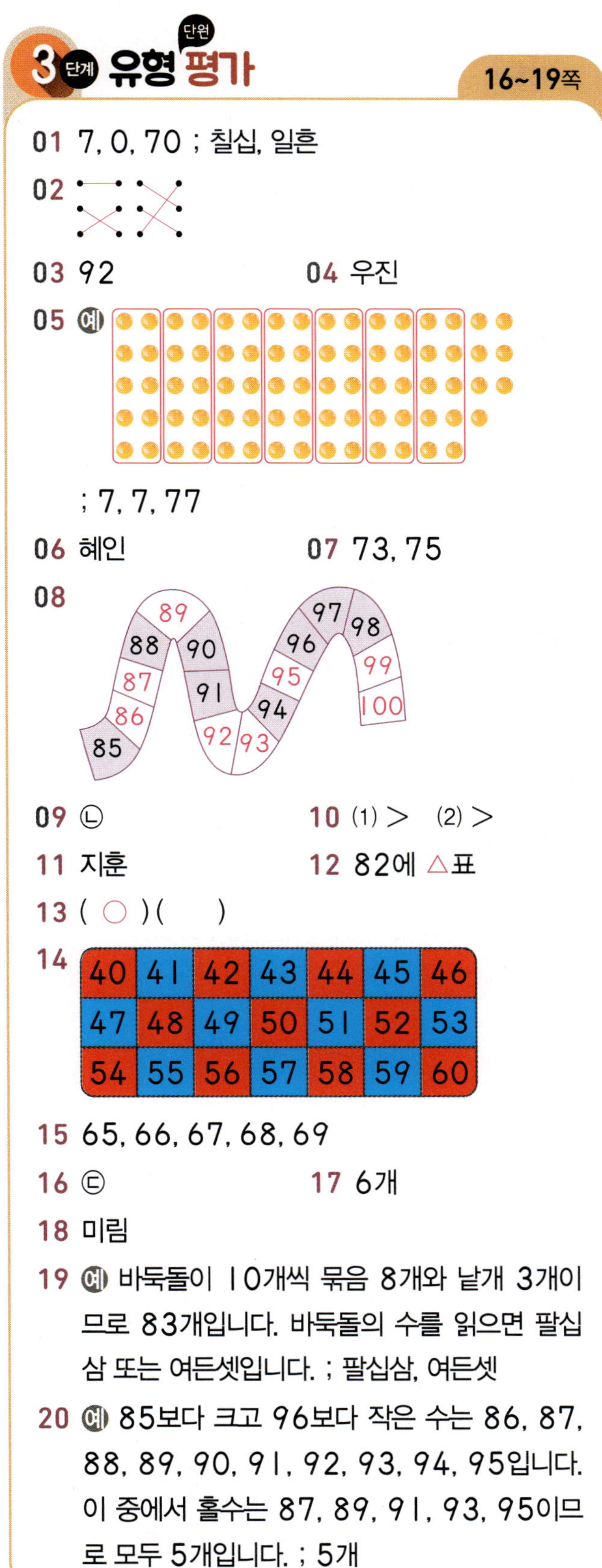

01 7, 0, 70 ; 칠십, 일흔

02

03 92 **04** 우진

05 (예)
; 7, 7, 77

06 혜인 **07** 73, 75

08
89 88 90 97 98 96 99 87 91 95 100 86 94 85 92 93

09 ㉡ **10** (1) > (2) >

11 지훈 **12** 82에 △표

13 (○)( )

14
40	41	42	43	44	45	46
47	48	49	50	51	52	53
54	55	56	57	58	59	60

15 65, 66, 67, 68, 69

16 ㉢ **17** 6개

18 미림

19 (예) 바둑돌이 10개씩 묶음 8개와 낱개 3개이므로 83개입니다. 바둑돌의 수를 읽으면 팔십삼 또는 여든셋입니다. ; 팔십삼, 여든셋

20 (예) 85보다 크고 96보다 작은 수는 86, 87, 88, 89, 90, 91, 92, 93, 94, 95입니다. 이 중에서 홀수는 87, 89, 91, 93, 95이므로 모두 5개입니다. ; 5개

16쪽

01 10개씩 묶음 7개를 70이라 쓰고, 칠십 또는 일흔이라고 읽습니다.

02 60은 육십 또는 예순, 80은 팔십 또는 여든, 90은 구십 또는 아흔이라고 읽습니다.

03 10개씩 묶음 9개와 낱개 2개는 92입니다.

04 10개씩 묶음 9개와 낱개 7개를 97이라 쓰고, 구십칠 또는 아흔일곱이라고 읽습니다.

05 구슬을 10개씩 묶어 보면 10개씩 7묶음과 낱개 7개이므로 77입니다.

17쪽

06 낱개를 10개씩 묶어 보면 곶감은 10개씩 묶음 6개와 낱개 5개이므로 모두 65개이고, 65는 육십오 또는 예순다섯이라고 읽습니다.

07 74 바로 앞에 있는 수는 73이므로 74보다 1만큼 더 작은 수는 73이고, 74 바로 다음에 오는 수는 75이므로 74보다 1만큼 더 큰 수는 75입니다.

08 85부터 수를 순서대로 써 봅니다.
85-86-87-88-89-90-91-92-93-94-95-96-97-98-99-100

09 ㉠ 100원 ㉡ 50원 ㉢ 100원

10 10개씩 묶음의 수를 비교합니다.
(1) 6>5이므로 66>56입니다.
(2) 8>7이므로 80>79입니다.

18쪽

11 10개씩 묶음의 수를 비교하면 8<9이므로 89<92입니다.
따라서 더 작은 수를 말한 사람은 지훈입니다.

12 10개씩 묶음의 수가 같고 낱개의 수가 2<4
이므로 82<84입니다.

13 4, 16, 30은 모두 짝수입니다.
8, 20, 35 중에서 35는 홀수입니다.

14 낱개의 수가 2, 4, 6, 8, 0인 수에 빨간색,
낱개의 수가 1, 3, 5, 7, 9인 수에 파란색을
색칠합니다.

15 예순넷은 64이고 일흔은 70이므로 두 수 사
이의 수는 65, 66, 67, 68, 69입니다.

16 ㉠ 일흔둘 ➡ 72
㉡ 육십구 ➡ 69
10개씩 묶음의 수를 비교하면 69가 가장 작
은 수입니다.
72와 75는 10개씩 묶음의 수가 같으므로
낱개의 수를 비교하면 2<5이므로 72<75
입니다.
따라서 가장 큰 수는 ㉢입니다.

19쪽

17 68과 75 사이의 수는 69, 70, 71, 72,
73, 74이므로 모두 6개입니다.

왜 틀렸을까? 68과 75 사이의 수에 68과 75는
들어가지 않습니다.

18 10개씩 묶음의 수가 같고 낱개의 수를 비교하
면 68이 가장 큰 수이므로 감자를 가장 많이
캔 사람은 미림입니다.

왜 틀렸을까? 10개씩 묶음의 수가 같으므로 낱개의
수만 보면 가장 큰 수를 찾을 수 있습니다.

19 10개씩 묶음 몇 개와 낱개 몇 개인지 알아봅
니다.

서술형 가이드 10개씩 묶음의 수와 낱개의 수를 이
용하여 바둑돌의 수를 알아보는 풀이 과정이 들어 있
어야 합니다.

채점 기준

상	10개씩 묶음의 수와 낱개의 수를 알고 몇십몇으로 나타내고 두 가지 방법으로 읽었음.
중	10개씩 묶음의 수와 낱개의 수를 알고 몇십몇으로 나타내었지만 두 가지 방법으로 읽지 못함.
하	10개씩 묶음의 수와 낱개의 수를 이용하여 몇십몇으로 나타내지 못함.

20 짝수가 아닌 수가 홀수이므로 홀수는 낱개의
수가 1, 3, 5, 7, 9인 수입니다.

서술형 가이드 85보다 크고 96보다 작은 수를 모
두 쓰고 그중에서 홀수를 찾는 풀이 과정이 들어 있어
야 합니다.

채점 기준

상	85보다 크고 96보다 작은 수를 구한 다음 홀수를 찾아 답을 구했음.
중	85보다 크고 96보다 작은 수를 구했지만 홀수를 찾지 못함.
하	85보다 크고 96보다 작은 수를 구하지 못함.

잘 틀리는 실력 유형 · 20~21쪽

유형 **01** 2, 3
01 2에 ○표   02 7, 8, 9
03 4개
유형 **02** 8, 7, 87 ; 6, 7, 67
04 85   05 37
유형 **03** 80, 81 ; 80, 81
06 65   07 89
08 지한   09 71, 83
10 (1) 홀수에 ○표   (2) 짝수에 ○표

20쪽

01 53과 5□의 10개씩 묶음의 수가 같으므로
낱개의 수는 3>□이어야 합니다.
따라서 □ 안에는 0, 1, 2가 들어갈 수 있습니다.

왜 틀렸을까? 10개씩 묶음의 수가 같으므로 낱개의 수를 비교합니다.

02 □=6인 경우: 64<68(×)
□>6인 경우: 74>68(○)
            84>68(○)
            94>68(○)

왜 틀렸을까? 10개씩 묶음의 수가 6인 경우와 6보다 큰 경우로 나누어 생각해 봅니다.

03 85와 8□의 10개씩 묶음의 수가 같으므로
낱개의 수는 5<□이어야 합니다.
따라서 □ 안에는 6, 7, 8, 9가 들어갈 수 있으므로 모두 4개입니다.

왜 틀렸을까? 10개씩 묶음의 수가 같으므로 낱개의 수를 비교합니다.

04 큰 수부터 차례로 쓰면 8, 5, 4입니다.
10개씩 묶음의 수는 가장 큰 수인 8, 낱개의 수는 두 번째로 큰 수인 5를 놓아야 합니다.
⇨ 85

왜 틀렸을까? 가장 큰 몇십몇은 10개씩 묶음의 수에 가장 큰 수를, 낱개의 수에 두 번째로 큰 수를 놓아야 합니다.

05 작은 수부터 차례로 쓰면 3, 7, 9입니다.
10개씩 묶음의 수는 가장 작은 수인 3, 낱개의 수는 두 번째로 작은 수인 7을 놓아야 합니다. ⇨ 37

왜 틀렸을까? 가장 작은 몇십몇은 10개씩 묶음의 수에 가장 작은 수를, 낱개의 수에 두 번째로 작은 수를 놓아야 합니다.

21쪽

06 62보다 크고 68보다 작은 수는
63, 64, 65, 66, 67입니다.
이 중에서 낱개의 수가 5인 수는 65입니다.

왜 틀렸을까? 낱개의 수가 5인 수는 □5입니다.

07 87보다 크고 93보다 작은 수는
88, 89, 90, 91, 92입니다.
이 중에서 10개씩 묶음의 수가 8인 수는 88, 89입니다.
따라서 88, 89 중 홀수는 89이므로 조건을 모두 만족하는 수는 89입니다.

왜 틀렸을까? 10개씩 묶음의 수가 8인 수는 8□입니다.

08 일흔은 70, 여든은 80이므로 같은 수를 찾은 친구는 지한입니다.

참고
모두 수로 나타내 같은 수를 찾습니다.

09 75와 놓여져 있는 수의 크기를 각각 비교합니다. 75는 71보다 크고 83보다 작으므로 75 수 카드는 71과 83 수 카드 사이에 놓아야 합니다.

참고
75와 놓여져 있는 수의 크기를 각각 비교하여 어떤 두 수 카드 사이에 놓을 수 있는지 알아봅니다.

10 (1) 풍선의 수는 둘씩 짝을 지으면 하나가 남으므로 홀수입니다.

(2) 풍선을 1개 더 불면 둘씩 짝을 지을 때 남는 것이 없으므로 짝수입니다.

참고

짝수: 2, 4, 6, 8, 10과 같이 둘씩 짝을 지을 때 남는 것이 없는 수

홀수: 1, 3, 5, 9와 같이 둘씩 짝을 지을 때 하나가 남는 수

다르지만 같은 유형 22~23쪽

01 7상자	02 80개
03 60장	04 72
05 76개	06 토마토
07 ㉢	08 ③
09 ㉡, ㉠, ㉢	10 (1) 76 (2) 72
11 69, 68, 71, 66	12 88개

22쪽

01~03 핵심

10개씩 묶음의 수를 구한 뒤 더하거나 빼면 쉽게 구할 수 있습니다.

01 70은 10개씩 묶음이 7개이므로 7상자가 됩니다.

02 감자와 고구마는 10개씩 3+5=8(봉지)가 있습니다.
따라서 10개씩 8봉지는 80개이므로 감자와 고구마는 모두 80개 있습니다.

03 10장씩 묶음 9개 중에서 10장씩 묶음 3개를 썼으므로 남은 색종이는 10장씩 묶음 9−3=6(개)입니다.
⇨ 60장

04~06 핵심

낱개의 수가 10보다 큰 경우 10개씩 묶음 몇 개와 낱개 몇 개로 바꾸어 구하면 더 쉽습니다.

04 낱개 12개는 10개씩 묶음 1개와 낱개 2개입니다.
따라서 10개씩 묶음 6개와 낱개 12개인 수는 10개씩 묶음 7개와 낱개 2개인 수와 같으므로 72입니다.

05 낱개 28개는 10개씩 묶음 2개와 낱개 6개입니다.
따라서 10개씩 묶음 5개와 낱개 26개인 수는 10개씩 묶음 7개와 낱개 6개인 수와 같으므로 수수깡은 모두 76개입니다.

06 토마토는 10개씩 묶음 9개와 낱개 7개이므로 97개입니다.
바나나는 10개씩 묶음 8개와 낱개 12개이므로 10개씩 묶음 9개와 낱개 2개와 같습니다.
⇨ 92개
따라서 97>92이므로 토마토가 더 많습니다.

23쪽

07~09 핵심

나타내는 수를 숫자로 모두 바꾼 뒤 비교합니다.

07 ㉠, ㉡, ㉣ 84
㉢ 48

08 ① 67
② 68보다 1만큼 더 작은 수 ⇨ 67
③ 65보다 1만큼 더 큰 수 ⇨ 66
④ 67

09 ㉠ 10개씩 묶음 7개와 낱개 4개인 수 ⇨ 74
㉡ 76보다 1만큼 더 작은 수 ⇨ 75
㉢ 69보다 1만큼 더 큰 수 ⇨ 70
따라서 10개씩 묶음의 수가 같으므로 낱개의 수를 비교하면 가장 큰 수는 75이고, 가장 작은 수는 70입니다.

10~12 핵심

■만큼 더 큰 수는 1만큼 더 큰 수를 ■번 구하면 되고
■만큼 더 작은 수를 1만큼 더 작은 수를 ■번 구하면 됩니다.

10 (1) 74−75−76이므로 74보다 2만큼 더 큰 수는 76입니다.

(2) 74−73−72이므로 74보다 2만큼 더 작은 수는 72입니다.

11 • 67보다 2만큼 더 큰 수는
67−68−69이므로 69입니다.
• 69보다 1만큼 더 작은 수는
69−68이므로 68입니다.
• 68보다 3만큼 더 큰 수는
68−69−70−71이므로 71입니다.
• 71보다 5만큼 더 작은 수는
71−70−69−68−67−66이므로
66입니다.

12 10개씩 묶음 8개와 낱개 5개는 85이므로
재희가 가지고 있는 빨대는 85개입니다.
85보다 3만큼 더 큰 수는
85−86−87−88이므로 88입니다.
따라서 다솔이가 가지고 있는 빨대는 88개입니다.

응용 유형   24~27쪽

01 (위부터) 16, 3   **02** ㉢
03 53개   **04** 89권
05 9개   **06** 97
07 10개   **08** (위부터) 25, 6
09 ㉡   **10** 84, 68 ; 65, 59
11 67개   **12** ✕
13 3개   **14** 규찬
15 90개, 93개   **16** 2개
17 83 또는 87   **18** 6

24쪽

01 96: 10개씩 묶음 9개와 낱개 6개
⇨ 10개씩 묶음 8개와 낱개 16개
59: 10개씩 묶음 5개와 낱개 9개
⇨ 10개씩 묶음 4개와 낱개 19개
⇨ 10개씩 묶음 3개와 낱개 29개

02 ㉠ 78, ㉡ 79, ㉢ 76
76과 81 사이의 수: 77, 78, 79, 80
⇨ 76과 81 사이의 수가 아닌 것은 76이므로 ㉢입니다.

03 사과 10개씩 6봉지와 낱개 13개에서 10개씩 2봉지를 상자에 담으면 10개씩 4봉지와 낱개 13개가 남습니다.
낱개 13개는 10개씩 1봉지와 낱개 3개이므로 남은 사과는 10개씩 5봉지와 낱개 3개입니다. ⇨ 53개

25쪽

04 동화책은 위인전과 과학책보다 많으므로 91권이고, 과학책은 위인전보다 많고 동화책보다 적으므로 89권입니다.

05 50과 80 사이의 수 중 짝수는 ⑤2, ⑤4, 56, 58, ⑥0, ⑥2, ⑥4, 66, 68, ⑦0, ⑦2, ⑦4, ⑦6, 78입니다.
이 중에서 10개씩 묶음의 수가 낱개의 수보다 큰 수는 ○표 한 수이므로 모두 **9개**입니다.

06 만들 수 있는 몇십몇은 25, 27, 29, 52, 57, 59, 72, 75, 79, 92, 95, 97입니다. 이 중에서 95보다 큰 수는 97입니다.
따라서 지호가 만든 수는 **97**입니다.

26쪽

07 ❷十을 나타내는 수가 몇 개 있어야 / ❶百이 나타내는 수와 같아지겠습니까?

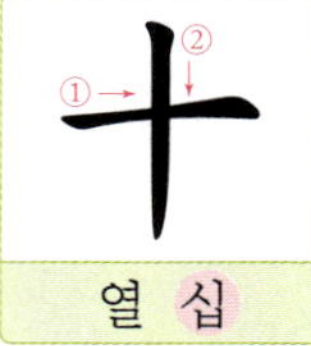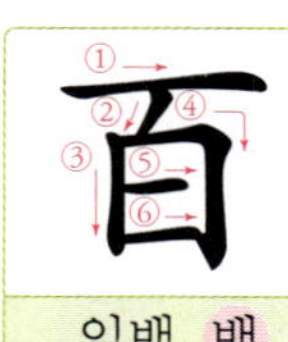

❶ 100이 10개씩 묶음 몇 개인지 알아봅니다.
❷ 10이 몇 개 있어야 100이 되는지 구합니다.

❶100은 10개씩 묶음 10개이므로
❷十을 나타내는 수가 **10개** 있어야 합니다.

08 55: 10개씩 묶음 5개와 낱개 5개
　　　⇨ 10개씩 묶음 4개와 낱개 **15**개
　　　⇨ 10개씩 묶음 **3**개와 낱개 25개
　　72: 10개씩 묶음 7개와 낱개 2개
　　　⇨ 10개씩 묶음 6개와 낱개 **12**개

09 ㉠ 87, ㉡ 91, ㉢ 89
86과 91 사이의 수: 87, 88, 89, 90
따라서 ㉠과 ㉢은 86과 91 사이의 수이고 ㉡은 86과 91 사이의 수가 아닙니다.

10 ❶짝수와 홀수를 구분하여 ❷☐ 안에 알맞은 수를 써넣으시오.

❶
| 84 | 65 | 68 | 59 |

짝수　　　　　　　홀수
☐ > ☐　　　　☐ > ☐

❶ 주어진 수를 짝수와 홀수로 나눕니다.
❷ ❶에서 나눈 짝수와 홀수의 크기를 각각 비교하여 ☐ 안에 써넣습니다.

❶짝수는 84, 68이고, 홀수는 65, 59입니다.
❷10개씩 묶음의 수를 비교하면
84>68, 65>59입니다.

11 초콜릿 10개씩 7봉지와 낱개 17개에서 10개씩 2봉지를 동생에게 주면 10개씩 5봉지와 낱개 17개가 남습니다.
낱개 17개는 10개씩 1봉지와 낱개 7개이므로 남는 초콜릿은 10개씩 6봉지와 낱개 7개입니다. ⇨ **67개**

12 ❶주머니에 든 금액이 ❷같은 것끼리 이어 보시오.

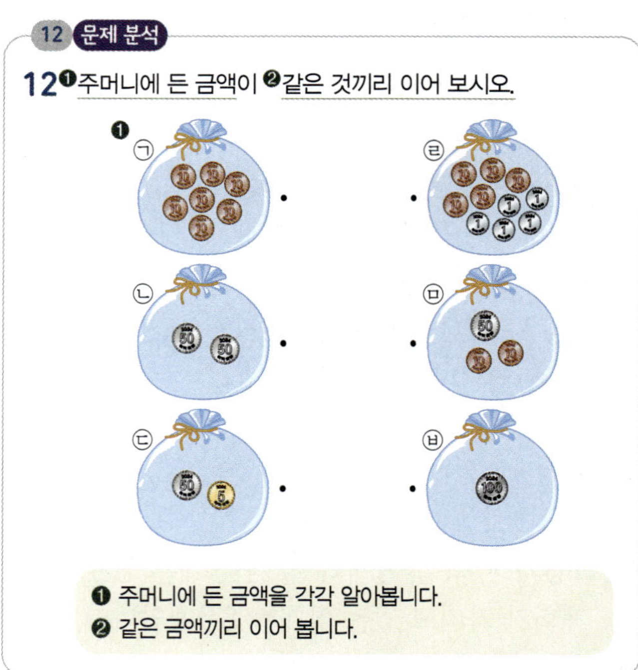

❶ 주머니에 든 금액을 각각 알아봅니다.
❷ 같은 금액끼리 이어 봅니다.

❶㉠ 70원, ㉡ 100원, ㉢ 55원, ㉣ 55원, ㉤ 70원, ㉥ 100원
❷㉠과 ㉤, ㉡과 ㉥, ㉢과 ㉣을 이으면 됩니다.

27쪽

13 문제 분석

13❷야구공을 10개씩 담을 수 있는 상자가 5개 있습니다. / ❶야구공 80개를 모두 담으려면 / ❷10개씩 담을 수 있는 상자는 몇 개 더 있어야 합니까?

❶ 80이 10개씩 묶음 몇 개인지 알아봅니다.
❷ 10개씩 담을 수 있는 상자가 몇 개 더 있어야 하는지 구합니다.

❶80은 10개씩 묶음 8개이므로 야구공 80개를 모두 담으려면 10개씩 담을 수 있는 상자가 8개 있어야 합니다.
❷따라서 상자는 8−5=3(개) 더 있어야 합니다.

14 문제 분석

14 대화를 읽고 ❷딱지를 가장 많이 가지고 있는 사람의 이름을 쓰시오.

❶
규찬: 나는 예순다섯 장보다 한 장 더 많이 가지고 있어.
윤성: 나는 10장씩 묶음 5개와 낱장 12장을 가지고 있지.
초희: 나는 한 장만 더 있으면 60장인데…….

❶ 세 사람이 가지고 있는 딱지의 수를 구합니다.
❷ ❶에서 구한 딱지의 수의 크기를 비교합니다.

❶규찬: 66장, 윤성: 62장, 초희: 59장
❷세 수의 10개씩 묶음의 수를 비교하면 59가 가장 작은 수입니다.
66과 62의 10개씩 묶음의 수가 같고 낱개의 수를 비교하면 66>62이므로 가장 큰 수는 66입니다.

15 귤은 바나나와 사과보다 많으므로 93개이고, 바나나는 사과보다 많고 귤보다 적으므로 90개입니다.

16 오십오 ⇨ 55, 구십 ⇨ 90
55와 90 사이의 수 중 짝수는 56, 58, 60, 62, 64, ⑥⑥, 68, 70, 72, 74, 76, 78, 80, 82, 84, 86, ⑧⑧입니다.
이 중에서 10개씩 묶음의 수와 낱개의 수가 같은 수는 66, 88이므로 모두 2개입니다.

17 만들 수 있는 몇십과 몇십몇은 30, 37, 38, 70, 73, 78, 80, 83, 87입니다.
이 중에서 80보다 큰 수는 83, 87입니다.
따라서 은빈이가 만든 수는 83 또는 87입니다.

18 문제 분석

18❶□9보다 크고 8□보다 작은 수가 ❷16개일 때 □ 안에 공통으로 들어가는 수를 구하시오.

❶ □ 안에 들어갈 수 있는 수를 알아봅니다.
❷ 조건에 맞는 □ 안에 공통으로 들어갈 수를 구합니다.

❶□9<8□이므로 □는 8보다 작은 수입니다.
❷□=7일 때 79와 87 사이의 수는 7개이고, □=6일 때 69와 86 사이의 수는 16개입니다.
따라서 □ 안에 공통으로 들어가는 수는 6입니다.

🐱 **사고력 유형**　　28~29쪽

1 ❶ 90　❷ 65　❸ 99
2 ❶ 짝수에 ○표　❷ 홀수에 ○표
3 ❶

77
76
75
73　74

❷ 예

96
99
97
98　100

28쪽

1 ❶ 10을 나타내는 모양 9개이므로 90입니다.

❷ 10을 나타내는 모양 6개와 1을 나타내는 모양 5개이므로 65입니다.

❸ 10을 나타내는 모양 9개와 1을 나타내는 모양 9개이므로 99입니다.

29쪽

2 ❶ 둘씩 짝을 지을 때 남는 것이 없으므로 짝수입니다.

❷ 둘씩 짝을 지을 때 하나가 남으므로 홀수입니다.

3 ❶ 73-74-75-76-77 순서대로 선을 잇습니다.

❷ 96-97-98-99-100 순서대로 선을 잇습니다.

다른 풀이 다음과 같이 선을 이어도 됩니다.

30쪽

1 ・76>□8에서 □=7인 경우
76>78(×)이므로 7>□입니다.
⇨ □=1, 2, 3, 4, 5, 6

・4□>42에서 10개씩 묶음의 수가 같으므로 낱개의 수를 비교하면 □>2입니다.
⇨ □=3, 4, 5, 6, 7, 8, 9

따라서 □ 안에 공통으로 들어갈 수 있는 수는 3, 4, 5, 6으로 모두 4개입니다.

2 윤아가 딴 딸기의 수는 70부터 79까지 가능하므로 윤아가 딴 딸기의 수를 79라고 하면 □2는 79보다 크고 86보다 작은 수입니다.
⇨ □=8

31쪽

3 46보다 크고 87보다 작은 수 중에서 숫자 6이 들어 있는 수는 56, 60, 61, 62, 63, 64, 65, 66, 67, 68, 69, 76, 86입니다.
⇨ 숫자 6이 들어 있는 수는 13개인데 66을 쓸 때 숫자 6을 2번 쓰므로 숫자 6은 모두 14번 쓰게 됩니다.

4 25<㉮이면서 ㉮<64, 25<㉯이면서 ㉯<64를 만족하는 수 ㉮를 찾습니다.

・㉮의 10개씩 묶음의 수가 2일 때:
26 ⇨ 1개

・㉮의 10개씩 묶음의 수가 3일 때:
33, 34, 35, 36 ⇨ 4개

・㉮의 10개씩 묶음의 수가 4일 때:
43, 44, 45 ⇨ 3개

・㉮의 10개씩 묶음의 수가 5일 때:
53, 54, 55 ⇨ 3개

・㉮의 10개씩 묶음의 수가 6일 때:
62, 63 ⇨ 2개

따라서 ㉮가 될 수 있는 수는 모두 13개입니다.

도전! 최상위 유형   30~31쪽

1 4개	2 8
3 14번	4 13개

2 덧셈과 뺄셈 (1)

1 단계 기초 문제
35쪽

1-1 (1) 6 (2) 8 (3) 5 (4) 8 (5) 9
1-2 (1) 2 (2) 1 (3) 3 (4) 4 (5) 2
2-1 (1) 10 (2) 10 (3) 10 (4) 10 (5) 10
2-2 (1) 9 (2) 8 (3) 6 (4) 5 (5) 3

2 단계 기본 유형
36~41쪽

01 4, 2, 9 또는 2, 4, 9
02
03 9
04 2, 3
05 (1) 2 (2) 4
06 3, 2, 2 ; 2
07 8, 9, 10 ; 10
08 2, 10
09 5, 10
10 9, 10
11 10
12 / (위부터) 9, 1 ; 7, 3 ; 6, 4
13 ⑤
14 6, 7, 8 ; 6
15 2, 8
16 6
17
18 2
19 >
20 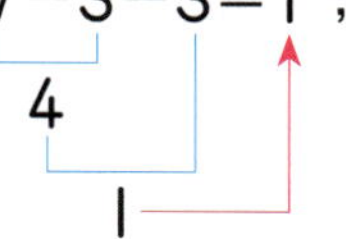

21 11, 12, 13 ; 13
22
23 16
24 2, 12
25 (1) 9+1에 ◯표 ; 13
　　(2) 3+7에 ◯표 ; 18

26 연우
27 ◯◯◯◯◯ / ◯◯◯◯◯ ; 2
28 (1) 5 (2) 2
29 4켤레
30 예 ◯◯◯◯◯◯◯◯◯◯◯◯ ; 3
31 1
32 8

서술형 유형

1-1 앞, 뒤, 2 ; 2
1-2 예 앞의 두 수를 먼저 계산해야 하는데 뒤의 두 수를 먼저 계산했습니다.
　　바른 계산: 7−3−3=1 ; 1
　　　　　　　　　4
　　　　　　　　　1

2-1 4, 4, 6 ; 6
2-2 예 10개 중 펼친 손에 3개가 있으므로 다른 손에 감춘 바둑돌은 10−3=7(개)입니다.
　　; 7개

36쪽

01 3과 4를 더하면 7이 되고, 그 수에 2를 더하면 9가 됩니다.

02 빨간색 컵 2개, 초록색 컵 3개, 파란색 컵 4개를 모두 더하는 덧셈은 2+3+4입니다.
2와 3을 더하면 5가 되고, 그 수에 4를 더하면 9가 됩니다.

03 1+6+2=7+2=9

04 6마리에서 1마리와 2마리가 날아가면 6−1−2=3으로 뺄셈식을 만들 수 있습니다.

05 (1) 9−3−4=2 (2) 8−2−2=4
　　　　　6　　　　　　　6
　　　　　2　　　　　　　4

06 남는 사탕은 7−3−2=2(개)입니다.

37쪽

07 7부터 3만큼 이어 세면 8, 9, 10으로
$7+3=10$입니다.

08 빨간색 ○ 8개에 파란색 ○ 2개를 이어 그리
면 ○는 모두 10개입니다.

09 빨간색 구슬 5개에 파란색 구슬 5개를 이어
세면 구슬은 모두 10개입니다.

10 분홍색 1칸과 연두색 9칸을 더하면 모두 10
칸입니다.

11 $6+4=10$

12 6과 4를 더하면 10이 되므로 $10=6+4$입
니다.
7과 3을 더하면 10이 되므로 $10=7+3$입
니다.
9와 1을 더하면 10이 되므로 $10=9+1$입
니다.

13 ⑤ $8+1=9$

38쪽

14 10부터 4만큼 거꾸로 세면 9, 8, 7, 6으로
$10-4=6$입니다.

15 ○ 10개에서 ○ 2개를 /으로 지우면 8개가
남습니다.

16 풍선 10개에서 4개가 날아가면 6개가 남습
니다.

17 전체 수에서 /으로 지운 수만큼 빼는 뺄셈식을
찾습니다.

18 $10-8=2$

19 $10-4=6$, $10-6=4$
⇨ $6>4$

20 $10-9=1$, $10-3=7$, $10-7=3$,
$10-1=9$, $10-5=5$이므로
$10-9$, $10-7$, $10-5$, $10-3$, $10-1$
의 순서대로 잇습니다.

39쪽

21 연결 모형 8개와 2개를 연결하면 10개이므로
10부터 3만큼 이어 세면 11, 12, 13으로
$8+2+3=13$입니다.

22 $2+8+9=19$, $9+1+7=17$

23 $8+2+6=16$

24 사과 4개와 6개로 10개를 만들고 2개를 더
더하면 12가 됩니다.

25 (1) 9와 1을 더하면 10입니다.
⇨ $3+(9+1)=3+10=13$
(2) 3과 7을 더하면 10입니다.
⇨ $8+(3+7)=8+10=18$

26 현수: $5+2+8=5+10=15$
민지: $3+9+1=3+10=13$
연우: $5+4+6=5+10=15$
⇨ 현수와 연우가 들고 있는 덧셈의 결과가 같
으므로 현수의 짝꿍은 연우입니다.

40쪽

27 |0이 되려면 ◯를 2개 더 그려야 합니다.

28 ⑴ 5와 더해서 |0이 되는 수는 5입니다.
⑵ 8과 더해서 |0이 되는 수는 2입니다.

29 어머니께서 사 오신 양말의 수를 ☐켤레라고
하면 6+☐=|0입니다.
6+4=|0이므로 어머니께서 사 오신 양말은
4켤레입니다.
왜 틀렸을까? 6과 더하여 |0이 되는 수를 찾습니다.

30 7개가 남으려면 구슬 3개를 지워야 합니다.

31 |0에서 9가 남으려면 |을 빼야 합니다.

32 어떤 수를 ☐라 하면 |0-☐=2입니다.
|0-8=2이므로 ☐=8입니다.
따라서 어떤 수는 8입니다.
왜 틀렸을까? |0에서 2가 남으려면 몇을 빼야 하는
지 알아봅니다.

41쪽

1-1 $9-4-3=2$

1-2 **서술형 가이드** 앞의 두 수를 먼저 계산해야 한다는
설명이 있어야 합니다.

채점 기준

상	세 수의 뺄셈은 앞의 두 수를 먼저 계산해야 한다는 것을 알고 순서대로 계산하여 답을 구했음.
중	세 수의 뺄셈은 앞의 두 수를 먼저 계산해야 한다는 것을 알고 있지만 답을 구하지 못함.
하	세 수의 뺄셈은 앞의 두 수를 먼저 계산해야 한다는 것을 알지 못함.

2-1 |0에서 남은 달걀의 수를 빼면 달걀부침에 사
용한 달걀의 수를 구할 수 있습니다.

2-2 |0개를 양손에 나누어 쥐었으므로 |0에서
펼친 손에 있는 바둑돌의 수를 빼면 다른 손에
감춘 바둑돌의 수를 구할 수 있습니다.
서술형 가이드 |0에서 펼친 손에 있는 바둑돌의 수
를 빼는 풀이 과정이 들어 있어야 합니다.

채점 기준

상	처음 바둑돌의 수와 펼친 손에 있는 바둑돌의 수를 알고 |0에서 펼친 손에 있는 바둑돌의 수를 빼는 뺄셈식을 바르게 세워 답을 구했음.
중	처음 바둑돌의 수와 펼친 손에 있는 바둑돌의 수를 알고 있지만 |0에서 펼친 손에 있는 바둑돌의 수를 빼는 뺄셈식을 바르게 세우지 못해 답을 구하지 못함.
하	처음 바둑돌의 수와 펼친 손에 있는 바둑돌의 수를 알지 못함.

3단계 **유형 평가** (단원)　42~45쪽

01 4, 2, 7 또는 2, 4, 7
02 (선 잇기)　**03** ⑴ 3　⑵ 2
04 3, 4　**05** 3, |0
06 ⑴ 6, |0　⑵ 4, |0
07 ㉢　**08** 5, 5
09 |　**10** <
11 (선 잇기)　**12** |6
13 ⑴ 3+7에 ◯표 ; |2
⑵ 2+8에 ◯표 ; |5
14 소미　**15** ⑴ 3　⑵ 4
16 ⑴ 9　⑵ 2　**17** 5개
18 9
19 **예** 앞의 두 수를 먼저 계산해야 하는데 뒤의 두
수를 먼저 계산했습니다.
바른 계산: $7-3-2=2$; 2
20 **예** |0개 중 펼친 손에 6개가 있으므로 다른
손에 감춘 구슬은 |0-6=4(개)입니다.
; 4개

42쪽

01 1과 4를 더하면 5가 되고, 그 수에 2를 더하면 7이 됩니다.

02 보라색 색종이 2장, 초록색 색종이 3장, 빨간색 색종이 1장을 모두 더하는 덧셈은
2+3+1입니다.
2와 3을 더하면 5가 되고, 그 수에 1을 더하면 6이 됩니다.

03 (1) $7-1-3=3$ (2) $9-5-2=2$

04 9개에서 2개와 3개를 덜어 내면
$9-2-3=4$로 뺄셈식을 만들 수 있습니다.

05 빨간색 ○ 7개와 파란색 ○ 3개를 이어 그리면 ○는 모두 10개입니다.

06 (1) 분홍색 4칸과 연두색 6칸을 더하면 모두 10칸입니다.
(2) 분홍색 6칸과 연두색 4칸을 더하면 모두 10칸입니다.

43쪽

07 ㉢ $7+1=8$

08 ○ 10개에서 ○ 5개를 /으로 지우면 5개가 남습니다.

09 $10-9=1$

10 $10-6=4$, $10-3=7$
⇨ $4<7$

11 $7+3+5=15$, $5+5+6=16$

44쪽

12 $9+1+6=16$

13 (1) 3과 7을 더하면 10입니다.
⇨ $2+\boxed{3+7}=2+10=12$
(2) 2와 8을 더하면 10입니다.
⇨ $5+\boxed{2+8}=5+10=15$

14 예준: $4+5+5=4+10=14$
형우: $5+1+9=5+10=15$
소미: $4+2+8=4+10=14$
⇨ 예준이와 소미의 덧셈의 결과가 같으므로 예준이의 짝꿍은 소미입니다.

15 (1) 7과 더해서 10이 되는 수는 3입니다.
(2) 6과 더해서 10이 되는 수는 4입니다.

16 (1) 10에서 1이 남으려면 9를 빼야 합니다.
(2) 10에서 8이 남으려면 2를 빼야 합니다.

45쪽

17 동생에게 받은 종이배의 수를 ☐개라고 하면
$5+\boxed{}=10$입니다.
$5+5=10$이므로 동생에게 받은 종이배는 5개입니다.

왜 틀렸을까? 5와 더하여 10이 되는 수를 찾습니다.

18 어떤 수를 □라고 하면 $10-□=1$입니다.
$10-9=1$이므로 어떤 수는 9입니다.

왜 틀렸을까? 10에서 1이 남으려면 몇을 빼야 하는지 알아봅니다.

19 세 수의 뺄셈은 앞의 두 수를 빼고, 빼서 나온 수에서 나머지 수를 빼야 합니다.

서술형 가이드 앞의 두 수를 먼저 계산해야 한다는 설명이 있어야 합니다.

채점 기준

상	세 수의 뺄셈은 앞의 두 수를 먼저 계산해야 한다는 것을 알고 순서대로 계산하여 답을 구했음.
중	세 수의 뺄셈은 앞의 두 수를 먼저 계산해야 한다는 것을 알고 있지만 답을 구하지 못함.
하	세 수의 뺄셈은 앞의 두 수를 먼저 계산해야 한다는 것을 알지 못함.

20 10개를 양손에 나누어 쥐었으므로 10에서 펼친 손에 있는 구슬의 수를 빼면 다른 손에 감춘 구슬의 수를 구할 수 있습니다.

서술형 가이드 10에서 펼친 손에 있는 구슬의 수를 빼는 풀이 과정이 들어 있어야 합니다.

채점 기준

상	처음 구슬의 수와 펼친 손에 있는 구슬의 수를 알고 10에서 펼친 손에 있는 구슬의 수를 빼는 뺄셈식을 바르게 세워 답을 구했음.
중	처음 구슬의 수와 펼친 손에 있는 구슬의 수를 알고 있지만 10에서 펼친 손에 있는 구슬의 수를 빼는 뺄셈식을 바르게 세우지 못해 답을 구하지 못함.
하	처음 구슬의 수와 펼친 손에 있는 구슬의 수를 알지 못함.

잘 **틀리는** 실력 **유형**

유형 01 $18, 16, 17$; 도연, 윤후
01 강인   **02** 민서
유형 02 $9, 8, 7, 6, 5$; $1, 2, 3, 4$
03 $1, 2, 3$ **04** $1, 2, 3, 4, 5$
유형 03 $4, 4$; $3, 3$; $4, 3, 7$
05 7 **06** 5
07 (1) $3, 4$ 또는 $4, 3$ (2) $1, 4$ 또는 $4, 1$
08

1	8	5	5	9
7	5	3	6	1
3	9	8	3	6
2	8	4	5	2

; **예** $10=9+1$, $10=7+3$, $10=2+8$,
$10=1+9$, $10=3+7$, $10=8+2$

46쪽

01 지혜: $3+7+5=15$
지헌: $4+2+8=14$
강인: $6+6+4=16$
따라서 계산 결과가 가장 큰 사람은 강인입니다.

왜 틀렸을까? 앞의 두 수 또는 뒤의 두 수를 더하여 10이 되는 수를 먼저 더한 다음 나머지 수를 더하여 세 수의 합을 구합니다.

02 민서: $6+4+5=15$(권)
주희: $4+9+1=14$(권)
따라서 $15>14$이므로 책을 더 많이 읽은 사람은 민서입니다.

왜 틀렸을까? 민서와 주희가 1월, 2월, 3월에 읽은 책의 수를 모두 더합니다.

03 □ 안에 1부터 차례로 넣어 보면
$10-1=9$, $10-2=8$, $10-3=7$,
$10-4=6$, ...입니다.
따라서 □ 안에 들어갈 수 있는 수는 $1, 2, 3$ 입니다.

왜 틀렸을까? □ 안에 1부터 수를 순서대로 넣었을 때 계산 결과가 6보다 큰지 확인합니다.

04 ☐ 안에 1부터 차례로 넣어 보면
$4+1=5$, $4+2=6$, $4+3=7$, $4+4=8$,
$4+5=9$, $4+6=10$, ...
따라서 ☐ 안에 들어갈 수 있는 수는 1, 2, 3, 4, 5입니다.

왜 틀렸을까? ☐ 안에 1부터 수를 순서대로 넣었을 때 계산 결과가 10보다 작은지 확인합니다.

47쪽

05 ・■＋8=10 ⇨ 2에 8을 더하면 10이 되므로 ■=2입니다.
・10−★=5 ⇨ 10에서 5를 빼면 5가 되므로 ★=5입니다.
따라서 ■와 ★에 알맞은 수의 합은 $2+5=7$ 입니다.

왜 틀렸을까? 두 수의 합이 10이 되는 수는 (1, 9), (2, 8), (3, 7), (4, 6), (5, 5)임을 이용하여 ■와 ★에 알맞은 수를 구합니다.

06 ・$3+2+$◆$=8$ ⇨ $5+$◆$=8$, 5에 3을 더하면 8이 되므로 ◆=3입니다.
・$9-$◆$-$♥$=4$ ⇨ $9-3-$♥$=4$, $6-$♥$=4$, 6에서 2를 빼면 4가 되므로 ♥=2입니다.
따라서 ◆와 ♥에 알맞은 수의 합은 $3+2=5$입니다.

왜 틀렸을까? 세 수의 덧셈과 뺄셈은 앞의 두 수를 먼저 계산해야 합니다.

07 (1) 1에 어떤 수를 더하여 8이 되었으므로 더한 어떤 수는 7이어야 합니다. 2장의 카드를 합하여 7이 되는 두 수는 3과 4입니다.
(2) 8에서 어떤 수를 빼어 3이 되었으므로 뺀 어떤 수는 5이어야 합니다. 8에서 순서대로 빼었을 때 3이 나오는 두 장의 카드는 1과 4입니다.

08 10이 되는 두 수를 찾아 묶고, 이를 이용하여 $10=$☐$+$☐의 덧셈식을 씁니다.

다르지만 같은 유형   **48~49쪽**

01 2, 10 ; 8, 10   **02** 미라
03 3쪽   **04** ④
05 7, 3 ; 7, 7
06 5, 5, 10 ; 10, 5, 5
07 서경   **08** ㉡
09 ㉡   **10** 5장
11 2칸   **12** 윤지

48쪽

01~03 핵심
두 수를 바꾸어 더해도 그 합은 같습니다.

01 $8+2$와 $2+8$은 합이 10으로 같습니다.

02 다람쥐가 먹은 도토리 수는 $(6+4)$개, 너구리가 먹은 도토리 수는 $(4+6)$개입니다.
$6+4=4+6$이므로 다람쥐와 너구리가 먹은 도토리의 수는 10개로 같습니다.

03 범수가 읽은 쪽수는 $(3+7)$쪽입니다.
$3+7=7+3$이므로 상미가 3쪽을 읽으면 두 사람이 읽은 쪽수가 같아집니다.

04~06 핵심
그림을 보고 덧셈식 또는 뺄셈식을 만들 수 있습니다.

04 싹이 트지 않은 씨앗은 9개입니다.
1과 9 또는 9와 1을 더하는 덧셈식을 만들 수 있습니다.
10에서 1을 빼거나 9를 빼는 뺄셈식을 만들 수 있습니다.

05 3과 7 또는 7과 3을 더하는 덧셈식을 만들 수 있습니다.
10에서 3을 빼거나 7을 빼는 뺄셈식을 만들 수 있습니다.

06 $10-5=5$이므로 상자 안에는 바둑돌이 5개 남아 있습니다.
상자 안의 바둑돌 5개와 손바닥 위의 바둑돌 5개를 합하면 바둑돌은 10개가 됩니다.
⇨ $5+5=10$

49쪽

07~09 핵심
세 수의 뺄셈, 세 수의 덧셈, 10에서 빼기 등을 계산하여 크기를 비교할 수 있습니다.

07 현주: $7-3-2=4-2=2$
서경: $8-4-1=4-1=3$

08 ㉠ $⑥+④+3=10+3=13$
㉡ $③+⑦+5=10+5=15$
㉢ $4+⑨+①=4+10=14$

09 ㉠ $9-2-3=7-3=4$
㉡ $8-1-5=7-5=2$
㉢ $10-7=3$

10~12 핵심
세 수의 뺄셈을 활용하여 여러 가지 문제를 해결할 수 있습니다.

10 $8-2-1=6-1=5$(장)

11 $6-1-3=2$(칸)

12 남는 연필 수를 각각 구하면
윤지는 $7-1-2=4$(자루),
훈구는 $7-3-1=3$(자루)이므로 남는 연필이 더 많은 친구는 윤지입니다.

응용 유형   50~53쪽

01 9   **02** 15살
03 10번   **04** 2마리
05 16   **06** 4
07 4   **08** 2
09 예 $9, 1 ; 8, 2 ; 7, 3$
10 12살   **11** 13번
12 경주   **13** 연아
14 1   **15** 2마리
16 ㉡, ㉢, ㉠   **17** 13
18 6

50쪽

01 $1+4+2=7$, $3+3+3=9$, $2+2+4=8$ 이므로 바깥쪽의 세 수를 더하여 한가운데에 쓰는 규칙입니다.
⇨ $2+4+3=9$

02 진영이의 나이에 2와 5를 차례로 더하면 언니의 나이가 됩니다.
따라서 언니의 나이는 $8+2+5=15$(살)입니다.

03 고: 3, 양: 5, 이: 2
⇨ $3+5+2=10$(번)

51쪽

04 강아지의 다리 수의 합을 ☐라 하면
$2+☐=10$이므로 ☐$=8$입니다.
따라서 강아지는 $4+4=8$이므로 2마리입니다.

05 합이 10인 두 수는 $(1, 9)$, $(2, 8)$, $(3, 7)$, $(4, 6)$, $(5, 5)$입니다.
이 중 조건을 만족하는 두 수는 4와 6이므로 딸기는 4, 귤은 6입니다.
⇨ $4+6+6=16$

06 어떤 수를 ▢라 하면 ▢+3=10입니다.
7에 3을 더하면 10이 되므로 ▢=7입니다.
따라서 바르게 계산하면 7−3=4입니다.

52쪽

07 문제 분석

07 ❶가장 큰 수에서 ❷나머지 두 수를 빼면 얼마입니까?

❶
| 3 | 2 | 9 |

❶ 주어진 세 수의 크기를 비교하여 가장 큰 수를 찾습니다.
❷ ❶에서 찾은 수에서 나머지 두 수를 뺀 값을 구합니다.

❶세 수의 크기를 비교하면 가장 큰 수는 9입니다.
❷따라서 가장 큰 수에서 나머지 두 수를 빼면
9−3−2=4입니다.

08 7−1−2=4, 6−3−2=1, 8−4−2=2
이므로 바깥쪽의 세 수 중 가장 큰 수에서 나머지 두 수를 빼어 한가운데에 쓰는 규칙입니다.
⇨ 9−3−4=2

09 문제 분석

09 ❷▢ 안에 알맞은 수를 써넣어 만들 수 있는 서로 다른 덧셈식을 3개 써 보시오.

❶7+▢+▢=17
7+▢+▢=17
7+▢+▢=17

❶ ▢+▢가 얼마인지 알아봅니다.
❷ 합이 10이 되는 두 수를 찾아 ▢ 안에 써넣습니다.

❶▢+▢=10이어야 합니다.
❷합이 10이 되는 두 수는 1과 9, 2와 8, 3과 7, 4와 6, 5와 5이므로 ▢ 안에 합이 10이 되는 두 수를 써넣습니다.

10 동수의 나이에 3과 2를 차례로 더하면 형의 나이가 됩니다.
따라서 형의 나이는 7+3+2=12(살)입니다.

11 스: 3, 페: 7, 인: 3
⇨ 3+7+3=13(번)

12 문제 분석

12 ❷10번에 쓸 수 있는 낱말을 쓴 사람은 누구입니까?

❶

경주

찬혁

❶ '너구리'와 '아시아'를 모두 몇 번에 쓸 수 있는지 구합니다.
❷ 10번에 쓸 수 있는 낱말을 찾습니다.

❶너: 3, 구: 3, 리: 4
⇨ 3+3+4=10(번)
아: 3, 시: 3, 아: 3
⇨ 3+3+3=9(번)
❷따라서 10번에 쓸 수 있는 낱말을 쓴 사람은 경주입니다.

53쪽

13 문제 분석

13 ❶소희와 연아가 주사위를 각각 2번씩 던져 나온 눈의 수를 더했더니 각각 10이 되었습니다. / ❷모르는 눈의 수가 더 큰 사람은 누구입니까?

❶ 〈소희〉 〈연아〉
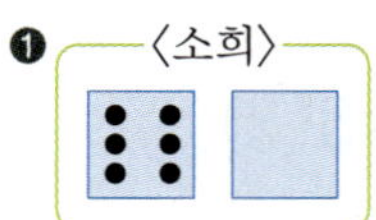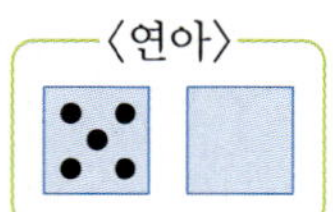

❶ 소희와 연아의 모르는 눈의 수를 각각 구합니다.
❷ ❶에서 구한 모르는 눈의 수의 크기를 비교합니다.

❶6과 4를 더하면 10이고 5와 5를 더하면 10이므로 모르는 눈의 수는 소희는 4, 연아는 5입니다.
❷⇨ 4<5이므로 모르는 눈의 수가 더 큰 사람은 연아입니다.

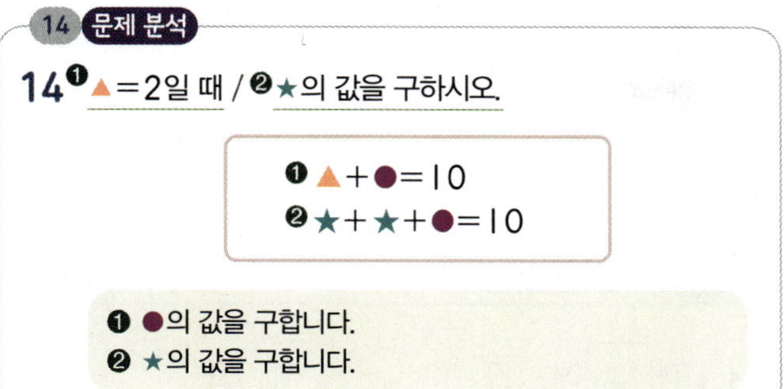

14 문제 분석

14[●]▲=2일 때 / ^❷★의 값을 구하시오.

> ● ▲+●=10
> ❷ ★+★+●=10

> ❶ ●의 값을 구합니다.
> ❷ ★의 값을 구합니다.

❶ ▲+●=10 ⇨ 2+●=10에서
2+8=10이므로 ●=8입니다.
❷ ★+★+●=10 ⇨ ★+★+8=10에서
★+★=2이므로 ★=1입니다.

15 참새 3마리의 다리 수의 합은
2+2+2=6(개)입니다.
병아리의 다리 수의 합을 ◯라 하면
6+◯=10이므로 ◯=4입니다.
따라서 병아리는 2+2=4이므로 2마리입니다.

16 문제 분석

16[●]묶여진 두 장의 수 카드의 수를 더하면 각각 10이 됩니다. / ^❷뒤집어진 수 카드의 수가 큰 것부터 차례로 기호를 쓰시오.

❶ | 8 | ㉠ | | 6 | ㉡ | | 7 | ㉢ |

> ❶ ㉠, ㉡, ㉢에 알맞은 수를 구합니다.
> ❷ ㉠, ㉡, ㉢의 크기를 비교합니다.

❶ ㉠은 2, ㉡은 4, ㉢은 3입니다.
❷ 수가 큰 것부터 차례로 기호를 쓰면
㉡, ㉢, ㉠입니다.

17 합이 10인 두 수는 (1, 9), (2, 8), (3, 7), (4, 6), (5, 5)입니다. 이 중 조건을 만족하는 두 수는 3과 7이므로 야구공은 3, 축구공은 7입니다.
⇨ 3+3+7=13

18 어떤 수를 ◯라 하면 ◯+2=10입니다.
8에 2를 더하면 10이 되므로 ◯=8입니다.
따라서 바르게 계산하면 8−2=6입니다.

사고력 유형 54~55쪽

1 ❶ 2, 7 ❷ 1, 1

2 ❶

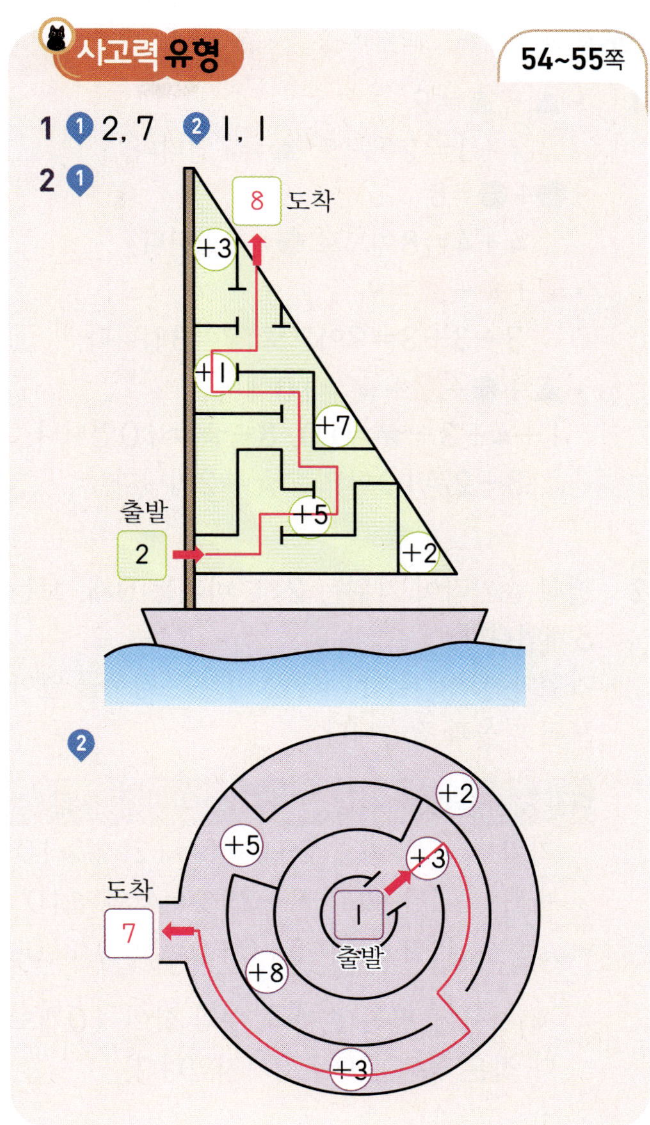

❷

54쪽

1 ❶ 10−3=7, 8−2=6, 7−2−3=2
❷ 6−4−1=1, 9−3−1=5,
8−3−4=1

55쪽

2 ❶ 2+5+1=8
❷ 1+3+3=7

도전! 최상위 유형 56~57쪽

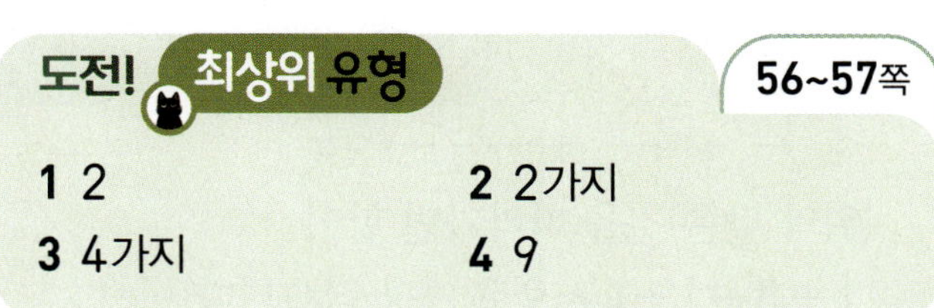

1 2   2 2가지
3 4가지   4 9

56쪽

1 ・ ▲+▲=2
　⇨ 1+1=2이므로 ▲=1입니다.
　・ ●+●=8
　⇨ 4+4=8이므로 ●=4입니다.
　・ ■+■+■=9
　⇨ 3+3+3=9이므로 ■=3입니다.
　・ ▲+●+■+★=10에서
　1+4+3+★=10, 8+★=10입니다.
　⇨ 8+2=10이므로 ★=2입니다.

2 펼친 손가락이 가위는 2개, 바위는 0개, 보는 5개입니다.
가위바위보에서 한 사람만 이기는 경우를 알아보면 다음과 같습니다.

이긴 한 사람	진 두 사람	펼친 손가락 수의 합
가위	보, 보	2+5+5=12(개)>10
바위	가위, 가위	0+2+2=4(개)<10
보	바위, 바위	5+0+0=5(개)<10

⇨ 세 사람이 펼친 손가락 수의 합이 10개보다 적은 경우는 모두 2가지입니다.

57쪽

3 9, 8 중 한 수라도 포함을 하면 세 수의 합이 10이 되지 않습니다.
7+2+1=10, 6+3+1=10,
5+4+1=10, 5+3+2=10으로
모두 4가지입니다.

4 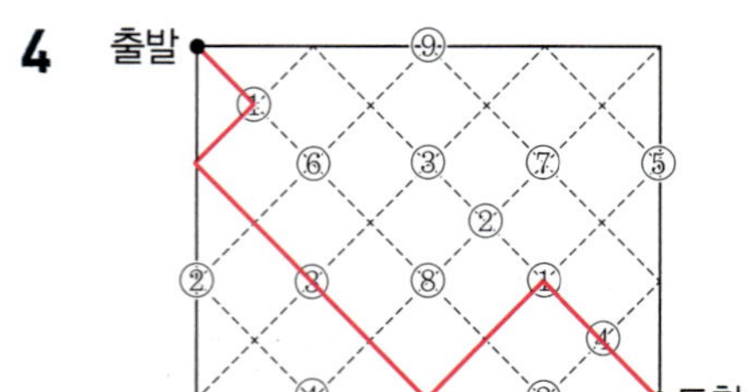
위와 같은 길을 따라가면 합이
1+3+1+4=9로 가장 작습니다.

3 모양과 시각

1단계 기초 문제　61쪽

1-1 (1) 에 ○표　(2) 에 ○표
　(3) 에 ○표

1-2 (1) △에 ○표　(2) 에 ○표　(3) 에 ○표
2-1 (1) 5　(2) 10　(3) 3
2-2 (1) 8, 30　(2) 1, 30　(3) 3, 30

2단계 기본 유형　62~69쪽

01 (○)(△)(□)
　(□)(○)(△)
02 ④　　　　　　　**03** 2개
04 에 ○표　　　**05**
06 ㉡ ; ㉢, ㉣ ; ㉠, ㉤, ㉥
07 에 ○표　　　**08** ③
09　　　　　　　**10** (○)(　　)(　　)
11 연수　　　　　**12** △,
13 , △에 ○표　**14** ㉡
15 (　　)(○)(　　)　**16** 3개
17 (1) 1, 4, 2　(2) 6, 3, 2
18 5　　　　　　　**19**
20 예 긴바늘이 모두 12를 가리킵니다.
21 10시　　　　　**22** (　　)(○)(　　)
23 　　　　　　　**24**

25  , 3시

26 8시 30분, 여덟 시 삼십 분

27 ㉣　　　　　　　**28** 11시 30분

29 6

30 　　　**31** 

32 

33  , 12시 30분

34 12, 30　　　　　**35** 2

36 

37 자기소개 놀이

38  

39 ⓔ 민우는 5시 30분에 방 청소를 했습니다.

40 7, 3, 2 ; □에 ○표　**41** □ 모양, 5개

42 ㉡　　　　　　　**43** (○)(　)

44 (위부터) 3, 2, 1　　**45** ㉢

서술형 유형

1-1 3, 현준 ; 현준

1-2 ⓔ □ 모양은 뾰족한 부분이 4군데입니다.
따라서 틀리게 이야기한 사람은 영호입니다.
; 영호

2-1 3, 4, 3

2-2 ⓔ 7시는 짧은바늘이 7, 긴바늘이 12를 가리
켜야 하는데 긴바늘과 짧은바늘의 위치가 바뀌
었습니다.

---

01 도넛과 동전은 ◯ 모양, 조각 피자와 샌드위치
는 △ 모양, 지우개와 수첩은 ▢ 모양입니다.

02 ①, ②, ③, ⑤는 ▢ 모양,
④는 ◯ 모양입니다.

03 시계와 동전은 ◯ 모양, 자는 ▢ 모양, 삼각김
밥은 △ 모양입니다.
⇨ ◯ 모양의 물건은 모두 2개입니다.

04 공책, 엽서, 달력은 모두 ▢ 모양입니다.

05 거울과 과자는 ◯ 모양, 스케치북과 신문은
▢ 모양, 샌드위치와 아이스크림은 △ 모양입
니다.

06 색깔이나 크기에 상관없이 모양만 보고 같은
모양끼리 모아 봅니다.

07 음료수 캔을 점토에 찍으면 ◯ 모양이 나옵
니다.

08 ① 동전, ④ 탬버린 ⇨ ◯ 모양
② 주사위, ⑤ 스케치북 ⇨ ▢ 모양
③ 지우개 ⇨ △ 모양

09 물감을 묻혀 찍으면 종이컵은 ◯ 모양, 딱지는
▢ 모양, 도장은 △ 모양이 나옵니다.

10 ▢ 모양은 뾰족한 부분이 모두 4군데입니다.

11 진주: ◯ 모양은 뾰족한 부분이 없습니다.
초아: ▢ 부분은 둥근 부분이 없습니다.

12 △ 모양은 뾰족한 부분이 3군데이고, ◯ 모
양은 뾰족한 부분이 없습니다.

64쪽

13 ▢ 모양과 △ 모양을 이용하여 게를 꾸몄습니다.

14 ▢ 모양과 ◯ 모양을 이용하여 꽃을 꾸몄습니다.

15 마리가 말한 방법대로 꾸민 모양은 가운데 모양입니다.

16 ◯ 모양에 ∨ 표시하여 세어 보면 3개입니다.

17 겹치거나 빠뜨리지 않도록 ∨, ◯, ×와 같이 표시하면서 세어 봅니다.

18 ▢ 모양은 2개, △ 모양은 3개 이용하여 꾸몄습니다.
⇨ 2+3=5

65쪽

19 왼쪽 시계는 위부터 5시, 11시,
오른쪽 시계는 위부터 11시, 1시, 5시입니다.

20 왼쪽부터 차례로 2시, 6시, 3시를 나타냅니다.

21 시계의 긴바늘이 12를 가리키면 몇 시를 나타냅니다.
짧은바늘이 10을 가리키므로 윤하가 말하는 시각은 10시입니다.

22 짧은바늘이 5, 긴바늘이 12를 가리키는 시계를 찾습니다.

23 디지털시계가 2시를 나타내므로 짧은바늘이 2, 긴바늘이 12를 가리키도록 그립니다.

24 여섯 시는 6시이므로 짧은바늘이 6, 긴바늘이 12를 가리키도록 그립니다.

25 짧은바늘이 3, 긴바늘이 12를 가리키므로 3시입니다.

66쪽

26 짧은바늘이 8과 9의 가운데, 긴바늘이 6을 가리키므로 8시 30분이고 여덟 시 삼십 분이라고 읽습니다.

27 ㉠, ㉡, ㉢ 2시 30분
㉣ 3시

28 긴바늘이 6을 가리킬 때 짧은바늘이 이웃한 두 수 ■와 ●의 가운데에 있으면 '■시 30분'입니다.

29 '몇 시 30분'일 때 긴바늘은 6을 가리킵니다.
따라서 3시 30분, 6시 30분, 10시 30분일 때 시계의 긴바늘은 모두 6을 가리킵니다.

30 11시 30분은 짧은바늘이 11과 12의 가운데, 긴바늘이 6을 가리키도록 그립니다.

31 디지털시계가 1시 30분을 나타내므로 짧은바늘이 1과 2의 가운데, 긴바늘이 6을 가리키도록 그립니다.

32 5시 30분은 짧은바늘이 5와 6의 가운데, 긴바늘이 6을 가리키도록 그립니다.

33 짧은바늘이 12와 1의 가운데, 긴바늘이 6을 가리키면 12시 30분입니다.

67쪽

34 짧은바늘이 12와 1의 가운데, 긴바늘이 6을 가리키므로 12시 30분입니다.

35 짧은바늘이 2, 긴바늘이 12를 가리키므로
2시입니다.

36 3시 30분은 짧은바늘이 3과 4의 가운데, 긴
바늘이 6을 가리키도록 그립니다.

37 10시는 짧은바늘이 10, 긴바늘이 12를 가
리킵니다.
따라서 10시에 한 놀이는 자기소개 놀이입니다.

38 ・12시는 짧은바늘이 12, 긴바늘이 12를
가리키도록 그립니다.
・9시는 짧은바늘이 9, 긴바늘이 12를 가리
키도록 그립니다.

39 짧은바늘이 5와 6의 가운데, 긴바늘이 6을 가
리키므로 5시 30분입니다.

68쪽

40 ■ 모양 7개, ▲ 모양 3개, ● 모양 2개입니다.
따라서 가장 많이 이용한 모양은 ■ 모양입니다.

41 ■ 모양: 5개, ▲ 모양: 3개, ● 모양: 2개
⇨ 5, 3, 2 중에서 가장 큰 수는 5이므로 가
장 많이 이용한 모양은 ■ 모양이고 5개를
이용했다.

42 ㉠은 ● 모양 3개, ㉡은 ● 모양 4개를 이용
했으므로 ● 모양을 더 많이 이용한 램프는 ㉡
입니다.
왜 틀렸을까? 색깔과 관계없이 ● 모양의 개수를 세
어 봅니다.

43 줄넘기는 7시에, 책 읽기는 10시에 했으므로
먼저 한 일은 줄넘기입니다.

44 책 읽기: 4시, 놀이터에서 놀기: 2시,
텔레비전 보기: 3시 30분
⇨ 시각이 빠른 것부터 차례로 쓰면
2시, 3시 30분, 4시입니다.

45 ㉠ 7시 30분   ㉡ 6시 30분
㉢ 9시 30분
따라서 9시 30분은 9시 이후의 시각이므로
6시부터 9시까지 볼 수 없습니다.
왜 틀렸을까? 6시부터 9시까지 볼 수 있는 시각은
6시, 6시 30분, 7시, 7시 30분, 8시, 8시 30분, 9
시입니다.

69쪽

1-1 ▲ 모양은 뾰족한 부분이 3군데이고 곧은 선
이 있습니다.

1-2 ■ 모양은 뾰족한 부분이 4군데이고 곧은 선
이 있습니다.
서술형 가이드 ■ 모양은 뾰족한 부분이 4군데라는
설명이 들어 있어야 합니다.

채점 기준

상	■ 모양의 특징을 알고 틀리게 이야기한 사람을 찾아 답을 구했음.
중	■ 모양의 특징을 알고 있지만 틀리게 이야기한 사람을 찾지 못함.
하	■ 모양의 특징을 알지 못함.

2-1 3시 30분일 때 짧은바늘과 긴바늘이 가리키
는 곳을 알아봅니다.

2-2 7시일 때 짧은바늘과 긴바늘이 가리키는 곳을
알아봅니다.
서술형 가이드 7시일 때 짧은바늘과 긴바늘이 가리
키는 곳을 설명하는 과정이 들어 있어야 합니다.

채점 기준

상	7시일 때 짧은바늘과 긴바늘이 가리키는 곳을 알고 시계에 7시를 잘못 나타낸 이유를 설명하였음.
중	7시일 때 짧은바늘과 긴바늘이 가리키는 곳을 알고 있지만 시계에 7시를 잘못 나타낸 이유를 설명하지 못함.
하	7시일 때 짧은바늘과 긴바늘이 가리키는 곳을 알지 못함.

3단계 유형 단원 평가

01 (○)(□)(△)
(□)(△)(○)

02 2개

03 △에 ○표

04 

05 지우

06 ㉠

07 7

08

09 

10 , 10시

11 1시 30분

12

13 야구

14 ,

15 ◯ 모양, 2개

16 지희, 은서, 현서

17 ㉡

18 ㉠

19 예 █ 모양은 뾰족한 부분이 4군데입니다.
따라서 틀리게 이야기한 사람은 미나입니다.
; 미나

20 예 1시는 짧은바늘이 1, 긴바늘이 12를 가리
켜야 하는데 긴바늘과 짧은바늘의 위치가 바뀌
었습니다.

70쪽

01 시계와 단추는 ◯ 모양,
계산기와 편지 봉투는 █ 모양,
삼각김밥과 삼각자는 △ 모양입니다.

02 액자와 텔레비전은 █ 모양, 도넛은 ◯ 모양,
조각 피자는 △ 모양입니다.
따라서 █ 모양의 물건은 모두 2개입니다.

03 옷걸이, 교통 표지판, 트라이앵글은 모두 △
모양입니다.

04 음료수 캔을 본뜨면 ◯ 모양,
삼각자를 본뜨면 △ 모양,
수학책을 본뜨면 █ 모양이 나옵니다.

05 하나: ◯ 모양은 곧은 선이 없습니다.
유정: █ 모양은 둥근 부분이 없습니다.

71쪽

06 △ 모양과 ◯ 모양을 이용하여 모양을 꾸몄습
니다.

07 △ 모양은 3개, ◯ 모양은 4개 이용하여 꾸
몄습니다.
⇨ 3+4=7

08 왼쪽 시계는 위부터 9시, 3시,
오른쪽 시계는 위부터 9시, 3시, 2시입니다.

09 휴대 전화를 본 시각이 6시이므로 짧은바늘이
6, 긴바늘이 12를 가리키도록 그립니다.

10 짧은바늘이 10, 긴바늘이 12를 가리키므로
10시입니다.

72쪽

11 긴바늘이 6을 가리킬 때 짧은바늘이 이웃한
두 수 █와 △의 가운데에 있으면 '█시 30분'
입니다.

12 디지털시계가 10시 30분을 나타내므로 짧은
바늘이 10과 11의 가운데, 긴바늘이 6을 가
리키도록 그립니다.

13 I시는 짧은바늘이 I, 긴바늘이 I2를 가리킵니다.
따라서 I시에 한 운동은 야구입니다.

14 • 7시는 짧은바늘이 7, 긴바늘이 I2를 가리킵니다.
• I0시 30분은 짧은바늘이 I0과 II의 가운데, 긴바늘이 6을 가리킵니다.

15 🟩 모양: 3개, 🔺 모양: 5개, 🟡 모양: 2개
3, 5, 2 중에서 가장 작은 수는 2이므로 가장 적게 이용한 모양은 🟡 모양이고 2개를 이용했습니다.

73쪽

16 도서관에 도착한 시각은 은서가 9시, 지희가 8시 30분, 현서가 9시 30분입니다.
따라서 시각이 빠른 것부터 차례로 쓰면 8시 30분, 9시, 9시 30분이므로 일찍 도착한 사람부터 차례로 지희, 은서, 현서입니다.

17 ㉠은 🟩 모양 2개, ㉡은 🟩 모양 4개를 이용했으므로 🟩 모양을 더 많이 이용한 컵은 ㉡입니다.

왜 틀렸을까? 색깔과 관계없이 🟩 모양의 개수를 세어 봅니다.

18 ㉠ 3시 30분   ㉡ 2시 30분
㉢ I2시 30분
따라서 3시 30분은 3시 이후의 시각이므로 I2시부터 3시까지 볼 수 없습니다.

왜 틀렸을까? I2시부터 3시까지 볼 수 있는 시각은 I2시, I2시 30분, I시, I시 30분, 2시, 2시 30분, 3시입니다.

19 🟩 모양은 뾰족한 부분이 4군데이고 곧은 선이 있습니다.

서술형 가이드 🟩 모양은 뾰족한 부분이 4군데라는 설명이 들어 있어야 합니다.

채점 기준

상	🟩 모양의 특징을 알고 틀리게 이야기한 사람을 찾아 답을 구했음.
중	🟩 모양의 특징을 알고 있지만 틀리게 이야기한 사람을 찾지 못함.
하	🟩 모양의 특징을 알지 못함.

20 I시일 때 짧은바늘과 긴바늘이 가리키는 곳을 알아봅니다.

서술형 가이드 I시일 때 짧은바늘과 긴바늘이 가리키는 곳을 설명하는 과정이 들어 있어야 합니다.

채점 기준

상	I시일 때 짧은바늘과 긴바늘이 가리키는 곳을 알고 시계에 I시를 잘못 나타낸 이유를 설명하였음.
중	I시일 때 짧은바늘과 긴바늘이 가리키는 곳을 알고 있지만 시계에 I시를 잘못 나타낸 이유를 설명하지 못함.
하	I시일 때 짧은바늘과 긴바늘이 가리키는 곳을 알지 못함.

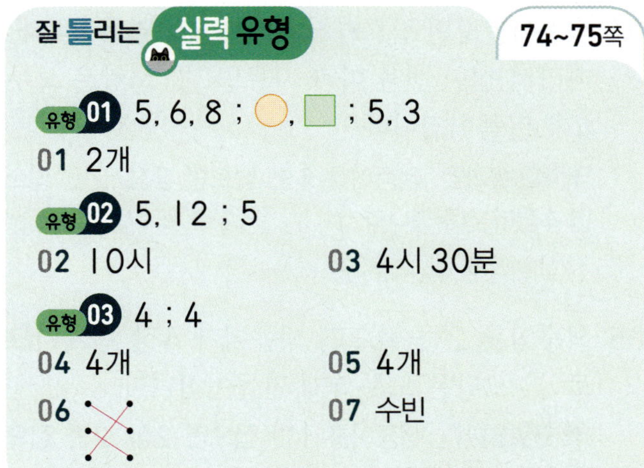

74쪽

01 ▢ 모양: 5개, △ 모양: 4개, ◯ 모양: 3개
가장 많이 이용한 모양은 ▢ 모양이고, 가장 적게 이용한 모양은 ◯ 모양입니다.
따라서 가장 많이 이용한 모양은 가장 적게 이용한 모양보다 $5-3=2$(개) 더 많습니다.

> **왜 틀렸을까?** ▢, △, ◯ 모양을 빠뜨리거나 두 번 세지 않도록 각각 ×, ◯, ∨ 등의 표시를 하며 세어 봅니다.

02 시계의 짧은바늘이 10을 가리키고, 긴바늘이 12를 가리킵니다.
따라서 거울에 비친 시계가 나타내는 시각은 10시입니다.

> **왜 틀렸을까?** 시계의 숫자가 왼쪽과 오른쪽이 뒤집힌 모양으로 보이는 것에 주의하여 시계의 짧은바늘과 긴바늘이 가리키는 곳을 알아봅니다.

03 시계의 짧은바늘이 4와 5의 가운데, 긴바늘이 6을 가리킵니다.
따라서 거울에 비친 시계가 나타내는 시각은 4시 30분입니다.

> **왜 틀렸을까?** 시계의 숫자가 왼쪽과 오른쪽이 뒤집힌 모양으로 보이는 것에 주의하여 시계의 짧은바늘과 긴바늘이 가리키는 곳을 알아봅니다.

75쪽

04 색종이를 2번 접으면 색종이가 4장 겹쳐집니다.
따라서 접힌 선을 따라 자르면 △ 모양은 모두 4개 만들어집니다.

> **왜 틀렸을까?** 색종이를 1번 접으면 2장, 2번 접으면 4장이 겹쳐집니다.

05 색종이를 2번 접으면 색종이가 4장 겹쳐지므로 ◯ 모양은 모두 4개 만들어집니다.

> **왜 틀렸을까?** 색종이를 1번 접으면 2장, 2번 접으면 4장이 겹쳐집니다.

06 손으로 만든 모양을 찾아 이어 봅니다.

07 서울: 6시 30분은 짧은바늘이 6과 7의 가운데, 긴바늘이 6을 가리키도록 그려야 합니다.

> **참고**
> 12시 30분은 짧은바늘이 12와 1의 가운데, 긴바늘이 6을 가리킵니다.
> 6시 30분은 짧은바늘이 6과 7의 가운데, 긴바늘이 6을 가리킵니다.

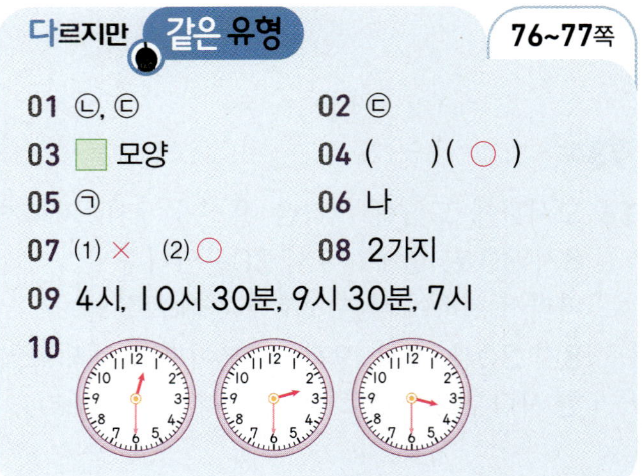

76쪽

> **01~03 핵심**
> 주어진 물건에 물감을 묻혀 찍기를 할 때나 본뜨기를 할 때는 해당 면의 모양이 나옵니다.

01 위쪽이나 아래쪽에 물감을 묻혀 찍으면 △ 모양이 나오고, 옆쪽에 물감을 묻혀 찍으면 ▢ 모양이 나옵니다.

02 ▢ 모양과 △ 모양이 나올 수 있습니다.

03 ㉠: ▢ 모양, △ 모양
㉡: ▢ 모양
㉢: ▢ 모양, △ 모양

04~06 핵심

각 모양별로 개수를 세어 보고 주어진 모양으로 꾸밀 수 있는 모양을 찾습니다.

04 왼쪽: ▢ 모양 1개, △ 모양 2개,
　　　　 ◯ 모양 3개
　　 오른쪽: ▢ 모양 1개, △ 모양 3개,
　　　　 ◯ 모양 2개
　　 ⇨ 오른쪽 그림을 꾸밀 수 있습니다.

05 ㉠ ▢ 모양 4개, △ 모양 1개
　　 ㉡ ▢ 모양 4개, △ 모양 2개
　　 ⇨ 꾸밀 수 있는 모양은 ㉠입니다.

06 가: ◯ 모양이 1개 더 많습니다.
　　 다: △ 모양이 2개 더 많고, ◯ 모양이 1개
　　　 더 적습니다.

77쪽

07~08 핵심

시계의 시각을 바르게 읽고 계획표대로 했는지 확인합니다.

07 (1) 9시에 집에서 출발해야 하는데 9시 30분에 출발하였으므로 계획표대로 하지 않았습니다.
　　 (2) 1시 30분에 점심 식사를 하였으므로 계획표대로 하였습니다.

08 5시 30분에 계획표대로 컴퓨터를 하고, 7시에 계획표대로 그림을 그렸습니다.
　　 9시 30분에 잠을 자야 하는데 9시에 잠을 자서 계획표대로 하지 않았습니다.
　　 따라서 계획표대로 한 일은 모두 2가지입니다.

09~10 핵심

여러 도시의 시각을 읽을 수 있고 시계에 짧은바늘과 긴바늘의 위치를 바르게 나타낼 수 있습니다.

09 테헤란: 짧은바늘이 9와 10의 가운데, 긴바늘이 6을 가리키므로 9시 30분입니다.
　　 런던: 짧은바늘이 7, 긴바늘이 12를 가리키므로 7시입니다.

10 • LA는 12시 30분이므로
　　　 짧은바늘이 12와 1의 가운데, 긴바늘이 6을 가리키도록 그립니다.
　　 • 시카고는 2시 30분이므로
　　　 짧은바늘이 2와 3의 가운데, 긴바늘이 6을 가리키도록 그립니다.
　　 • 뉴욕은 3시 30분이므로
　　　 짧은바늘이 3과 4의 가운데, 긴바늘이 6을 가리키도록 그립니다.

응용 유형 　　 **78~81쪽**

01 1개, 3개　　　 **02** 민호

03 예 뾰족한 부분이 있는 것과 없는 것을 기준으로 모았습니다.

04 8　　　 **05** 2번

06 ㉢　　　 **07** 3개

08 수아　　　 **09** 9장

10 5개

11 예 뾰족한 부분이 3군데인 것과 4군데인 것을 기준으로 모았습니다.

12 10　　　 **13** 7시 30분

14 3번　　　 **15** ㉡, ㉣

16 12시

17 3시 30분 ;

78쪽

01 보기 의 ■ 모양은 2개, ▲ 모양은 4개이고
이용한 ■ 모양은 1개, ▲ 모양도 1개입니다.
따라서 꾸미고 남은 ■ 모양은 2−1=1(개),
▲ 모양은 4−1=3(개)입니다.

02 이용한 ■ 모양을 각각 세어 보면
민호는 5개, 희진이는 4개입니다.
⇨ 5>4이므로 민호가 더 많이 이용했습니다.

03 왼쪽: ▲ 모양과 ■ 모양
　　⇨ 뾰족한 부분이 있습니다.
　　오른쪽: ◯ 모양
　　⇨ 뾰족한 부분이 없습니다.

79쪽

04 2시는 시계의 짧은바늘이 2, 긴바늘이 12를
가리킵니다.
6시는 시계의 짧은바늘이 6, 긴바늘이 12를
가리킵니다.
따라서 짧은바늘이 가리키는 숫자의 합은
2+6=8입니다.

05 긴바늘이 6을 가리키므로 몇 시 30분이고
3시보다 늦고 5시보다 빠르므로
3시 30분, 4시 30분입니다.
따라서 모두 2번 있습니다.

06 ㉠, ㉡, ㉣은 모두 긴바늘이 12를 가리키고 짧
은바늘은 각각 8, 9, 11을 가리키므로 시계
의 시각이 될 수 있습니다.
그러나 ㉢은 긴바늘이 6을 가리켜야 하는데
시계에서 긴바늘이 안 보이므로 ㉢은 시계의
시각이 될 수 없습니다.

80쪽

07 보기 의 ◯ 모양은 5개이고 이용한 ◯ 모양은
2개입니다.
따라서 꾸미고 남은 ◯ 모양은 5−2=3(개)
입니다.

08 이용한 ◯ 모양을 각각 세어 보면
수아는 3개, 은호는 2개입니다.
⇨ 3>2이므로 수아가 더 많이 이용했습니다.

09 문제 분석

09❶정미가 붙임딱지로 다음과 같이 게시판을 꾸몄더니 / ❷▲
모양 붙임딱지가 2장 남았습니다. 정미가 처음에 가지고
있던 ▲ 모양 붙임딱지는 모두 몇 장입니까?

❶ 게시판을 꾸미는 데 사용한 ▲ 모양 붙임딱지는 몇 장
인지 세어 봅니다.
❷ 게시판을 꾸미는 데 사용한 ▲ 모양 붙임딱지와 남은
붙임딱지 수의 합을 구합니다.

❶사용한 ▲ 모양 붙임딱지는 7장이므로
❷정미가 처음에 가지고 있던 ▲ 모양 붙임딱지
는 모두 7+2=9(장)입니다.

10 문제 분석

10❶빵 가게에 놓여 있는 단팥 빵, 피자 빵, 크림 빵 중 / ❷◯
모양의 빵은 ▲ 모양의 빵보다 몇 개 더 많습니까?

❶ 빵 가게에 빵의 모양을 알아봅니다.
❷ 모양별 개수를 세어 ◯ 모양의 빵이 ▲ 모양의 빵보다
몇 개 더 많은지 구합니다.

❶단팥 빵: ◯ 모양, 피자 빵: ■ 모양,
크림 빵: ▲ 모양
❷⇨ ◯ 모양의 빵은 8개, ▲ 모양의 빵은 3개
이므로 ◯ 모양의 빵은 ▲ 모양의 빵보다
8−3=5(개) 더 많습니다.

11 윗줄: △ 모양

⇨ 뾰족한 부분이 **3**군데입니다.

아랫줄: ▧ 모양

⇨ 뾰족한 부분이 **4**군데입니다.

81쪽

12 7시는 시계의 짧은바늘이 **7**, 긴바늘이 **12**를 가리킵니다.

3시는 시계의 짧은바늘이 **3**, 긴바늘이 **12**를 가리킵니다.

따라서 짧은바늘이 가리키는 숫자의 합은 **7+3=10**입니다.

13 문제 분석

13❶피노키오가 거꾸로 매단 오른쪽 시계 / 의 ❷시각을 쓰시오.

❶ 거꾸로 매단 시계의 짧은바늘과 긴바늘이 어디를 가리키는지 알아봅니다.
❷ 거꾸로 매단 시계의 시각을 구합니다.

❶짧은바늘이 7과 8의 가운데, 긴바늘이 6을 가리키므로❷7시 30분입니다.

14 긴바늘이 6을 가리키므로 몇 시 30분이고 5시 30분보다 늦고 9시 30분보다 빠르므로 6시 30분, 7시 30분, 8시 30분입니다.

따라서 모두 **3**번 있습니다.

15 시각을 시계에 나타내 보면

㉠ 12시일 때 짧은바늘과 긴바늘이 모두 12를 가리키므로 시계의 시각이 될 수 있습니다.

㉡ 11시 30분일 때 짧은바늘이 11과 12의 가운데, 긴바늘이 6을 가리키므로 시계의 시각이 될 수 없습니다.

㉢ 1시일 때 짧은바늘이 1, 긴바늘이 12를 가리키므로 시계의 시각이 될 수 있습니다.

㉣ 3시일 때 짧은바늘이 3, 긴바늘이 12를 가리키므로 시계의 시각이 될 수 없습니다.

16 문제 분석

16❶'몇 시' 또는 '몇 시 30분'인 시각 중 / ❷시계의 두 시곗바늘이 완전히 겹쳐지는 시각을 쓰시오.

❶ 긴바늘이 가리키는 숫자를 알아봅니다.
❷ 짧은바늘이 긴바늘과 같은 숫자를 가리키는 시각을 찾습니다.

❶몇 시는 긴바늘이 **12**를 가리키고, 몇 시 30분은 긴바늘이 **6**을 가리킵니다.

❷긴바늘이 **12**를 가리킬 때 짧은바늘이 **12**를 가리키는 시각은 **12**시이고,

긴바늘이 **6**을 가리킬 때 짧은바늘이 **6**을 가리키는 시각은 없습니다.

따라서 시계의 긴바늘과 짧은바늘이 완전히 겹쳐지는 시각은 **12**시입니다.

17 문제 분석

17❶지수가 본 시계의 짧은바늘은 이웃한 두 수 ■와 ●의 가운데, ❷긴바늘은 6을 가리켰습니다. ■와 ●의 합이 7이라면 시계를 본 시각을 쓰고, / ❸시각을 시계에 나타내시오.

시각

❶ 시계의 숫자 중 합이 7이 되는 두 수를 알아봅니다.
❷ ❶에서 구한 숫자 중 이웃한 두 수를 찾아 시각을 구합니다.
❸ ❷에서 구한 시각을 시계에 나타냅니다.

❶합이 7인 두 수는 (1, 6), (2, 5), (3, 4)입니다.❷따라서 짧은바늘은 3과 4의 가운데, 긴바늘은 6을 가리키므로 지수가 시계를 본 시각은 3시 30분입니다.

❸3시 30분은 짧은바늘이 3과 4의 가운데, 긴바늘이 6을 가리키도록 그립니다.

사고력 유형

82~83쪽

1 ① (○)(　　)(　　)
　② (　　)(　　)(○)
　③ (○)(　　)(　　)

2 예

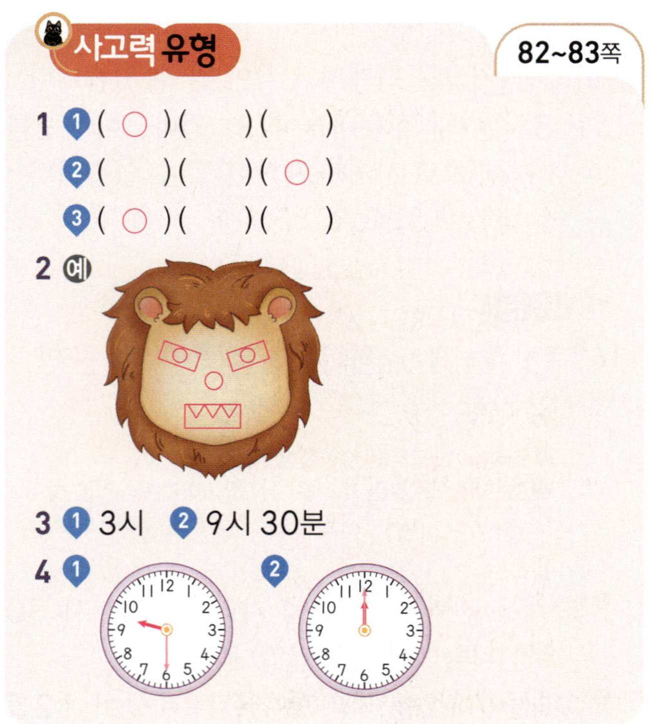

3 ① 3시　② 9시 30분

4 ① 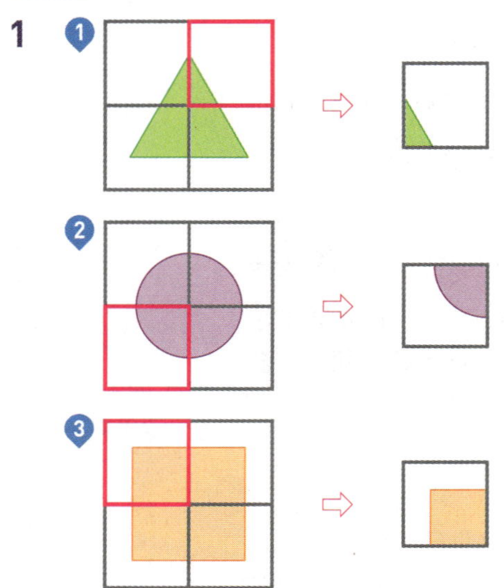　②

82쪽

1 ①
②
③

83쪽

3 ① 짧은바늘이 3을 가리키므로 긴바늘은 12
를 가리킵니다. ⇨ 3시

② 짧은바늘이 9와 10의 가운데에 있으므로
긴바늘은 6을 가리킵니다.
⇨ 9시 30분

4 ① 8시 30분에서 1시간이 지나면 9시 30분
입니다.

② 10시에서 2시간이 지나면 12시입니다.

도전! 최상위 유형

84~85쪽

1 7　　　　　2 4가지
3 11시 30분　　4 12번

84쪽

1 보기 의 규칙은 ○ 안에 있는 □, △, ○ 모양
에서 뾰족한 부분의 수를 센 것입니다.

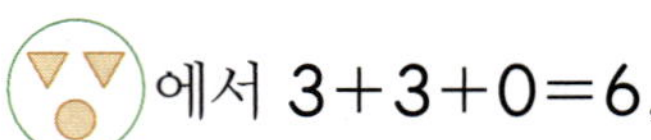에서 3+3+0=6,

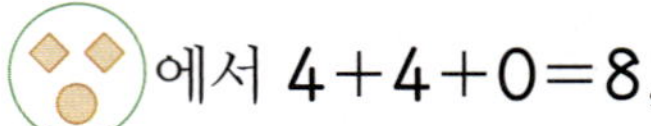에서 4+4+0=8,

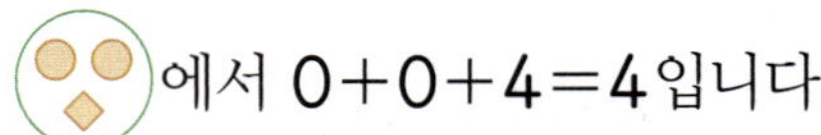에서 0+0+4=4입니다.

⇨ 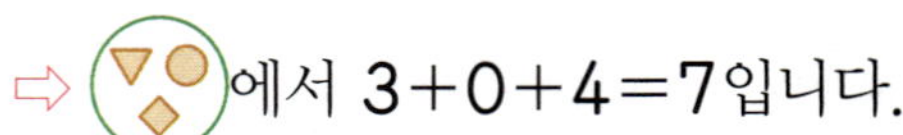에서 3+0+4=7입니다.

2

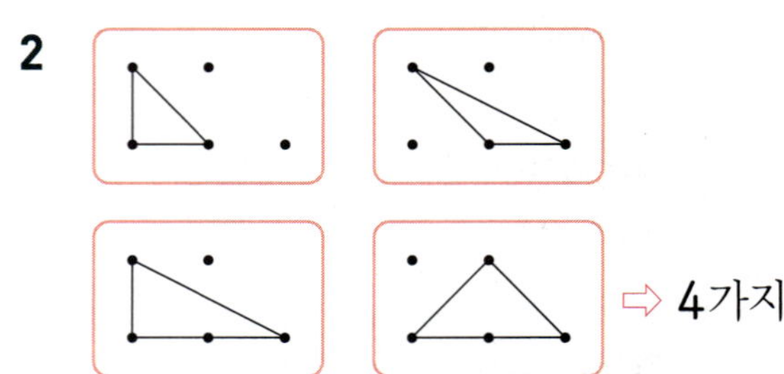 ⇨ 4가지

85쪽

3 우리나라 시각이 3시일 때 호주의 시각은 5시
이므로 호주의 시각은 우리나라의 시각에서 숫
자 눈금 2칸만큼 차이가 납니다.
우리나라의 시계가 짧은바늘이 9와 10의 가운
데, 긴바늘이 6을 가리키면 9시 30분이므로
호주의 시각은 짧은바늘이 11과 12의 가운데,
긴바늘이 6을 가리키는 11시 30분입니다.

4 12시와 7시 사이의 ■시는 1시, 2시, 3시,
4시, 5시, 6시입니다.
이때 짧은바늘이 가리키는 수가 홀수일 때 종
이 울리지 않으므로 종이 울리는 시각은 2시,
4시, 6시입니다.
따라서 종은 모두 2+4+6=12(번) 울립니다.

4 덧셈과 뺄셈 (2)

1 단계 **기초 문제**　　　　　　　　　89쪽

1-1 (계산 순서대로)
　　(1) 2, 17　(2) 3, 13　(3) 4, 13　(4) 1, 11
1-2 (1) 14　(2) 14　(3) 13　(4) 14　(5) 16
2-1 (계산 순서대로)
　　(1) 2, 8　(2) 6, 4　(3) 6, 9　(4) 2, 8
2-2 (1) 5　(2) 4　(3) 10　(4) 6　(5) 10

2 단계 **기본 유형**　　　　　　90~95쪽

01 (1) 11, 12 ; 12
　　(2) 예 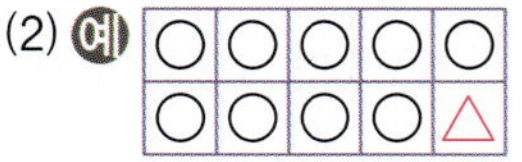  ; 12

02 11　　　　　　**03** 4, 11 ; 11
04 (계산 순서대로) 4, 14
05 (계산 순서대로) 3, 12
06 (계산 순서대로) 1, 16 ; 3, 16
07 11권
08 8, 9, 17 (또는 9, 8, 17) ; 17
09 11, 12, 13, 14 ; 커집니다에 ◯표
10 13, 13 ; 같습니다에 ◯표
11

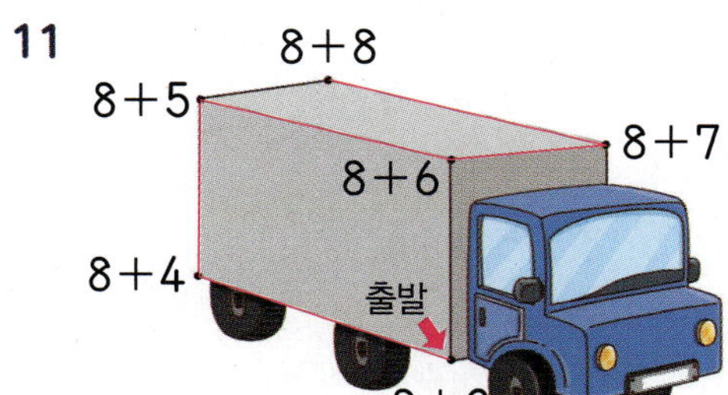

12 (1) 7, 8, 9 ; 7
　　(2) 예 ⬚ ; 7
13 4　　　　　　**14** 5, 9 ; 9
15 (계산 순서대로) 3, 7
16 (계산 순서대로) 4, 8
17 (계산 순서대로) 1, 9 ; 7, 9

18 =　　　　　　　　**19** 8장
20 12, 6, 6 ; 6
21 6, 7, 8, 9 ; 커집니다에 ◯표
22 (왼쪽부터) 8, 7, 6 ; 8, 7, 6
23 (왼쪽부터) 5, 6, 7, 8
24 ✕
25 (1), (2)

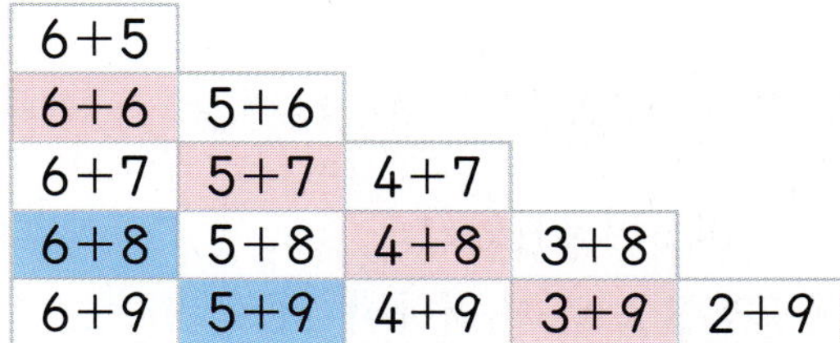

6+5				
6+6	5+6			
6+7	5+7	4+7		
6+8	5+8	4+8	3+8	
6+9	5+9	4+9	3+9	2+9

26 ㉡　　　　　　**27** (　　)(◯)(◯)
28 (1), (2)

14−5	14−6	14−7	14−8	14−9
	15−6	15−7	15−8	15−9
		16−7	16−8	16−9
			17−8	17−9
				18−9

29 규호

서술형 유형

1-1 11, 13, 15, 17 ; 2, 2
1-2 9, 8, 7, 6 ; 예 같은 수에서 1씩 커지는 수를 빼면 차는 1씩 작아집니다.
2-1 8, 9, 9, 9, 8, 소유 ; 소유
2-2 예 동훈: 8+6=14, 광수: 9+4=13
따라서 14>13이므로 광수가 이겼습니다.
; 광수

90쪽

01 (1) 사탕 9개에서 3만큼 더 이어 세면 10, 11, 12입니다.
　　(2) ◯가 9개 있는 곳에 △를 1개 그려 10을 만들고, △를 2개 더 그리면 12입니다.

02 구슬이 5개하고 6개 더 있으므로 5하고 6, 7, 8, 9, 10, 11입니다. ⇨ 5+6=11

03 다람쥐의 수를 이어 세어 보면 11마리입니다.
➡ 7+4=11(마리)

04 6과 더하여 10을 만들기 위해 8을 4와 4로 가르기하였습니다.

05 7과 더하여 10을 만들기 위해 5를 2와 3으로 가르기하였습니다.

91쪽

06 ·9와 1을 먼저 더하여 10을 만들고 남은 6을 더하면 16입니다.
·7과 3을 먼저 더하여 10을 만들고 남은 6을 더하면 16입니다.

07 6+5=11(권)

08 (영준이가 가지고 있는 연필 수)
=(가지고 있던 연필 수)+(더 받은 연필 수)
=8+9=17(자루)

09 더하는 수가 1씩 커지면 합도 1씩 커집니다.

10 두 수를 바꾸어 더해도 합이 같습니다.

11 8+3=11 ➡ 8+4=12 ➡ 8+5=13
➡ 8+6=14 ➡ 8+7=15 ➡ 8+8=16

92쪽

12 (1) 바둑돌 11개에서 4만큼 거꾸로 세면 10, 9, 8, 7입니다.
(2) 연결 모형 11개에서 /으로 4개를 지우면 남는 연결 모형은 7개입니다.

13 바둑돌을 하나씩 짝지어 보면 검은색 바둑돌이 4개 더 많습니다.

14 끄고 남은 촛불을 세어 보면 9개입니다.
➡ 14-5=9(개)

15 13에서 3을 먼저 빼기 위해 6을 3과 3으로 가르기하였습니다.

16 10에서 6을 한 번에 빼기 위해 14를 10과 4로 가르기하였습니다.

17 ·17에서 7을 먼저 빼기 위해 8을 7과 1로 가르기하였습니다.
·10에서 8을 한 번에 빼기 위해 17을 10과 7로 가르기하였습니다.

93쪽

18 15-5=10, 13-3=10

19 11-3=8(장)

20 (남은 장난감 수)
=(가지고 있는 장난감 수)-(판 장난감 수)
=12-6=6(개)

21 빼지는 수가 1씩 커지면 차도 1씩 커집니다.

22 ·빼지는 수가 1씩 작아지면 차도 1씩 작아집니다.
·빼는 수가 1씩 커지면 차는 1씩 작아집니다.

23 1씩 커지는 수에서 1씩 커지는 수를 빼면 차는 같습니다.

94쪽

24 7+7=14, 9+7=16,
5+6=11, 7+4=11,
8+8=16, 8+6=14

25 (1) 6+6=5+7=4+8=3+9=12
(2) 6+8=5+9=14

26 ㉠ 9+4=13, ㉡ 6+6=12,
㉢ 5+8=13
➡ 합이 다른 덧셈은 ㉡입니다.

왜 틀렸을까? 앞의 수나 뒤의 수를 가르기하여 10을 만들어 덧셈을 할 수 있습니다.

27 $15-8=7$, $13-9=4$, $11-7=4$

28 (1) $14-6=15-7=16-8=17-9=8$
(2) $14-8=15-9=6$

29 영주: $18-9=9$, 수미: $11-3=8$,
진아: $13-8=5$, 규호: $15-6=9$
영주와 규호가 가지고 있는 뺄셈의 차가 9로
같습니다.
따라서 영주의 짝은 규호입니다.

왜 틀렸을까? 낱개를 먼저 빼거나 10개씩 묶음에서
한 번에 빼어 뺄셈을 할 수 있습니다.

95쪽

1-1 더해지는 수는 2씩 커지고 있고 더하는 수는
같습니다.

1-2 빼지는 수는 같고 빼는 수가 1씩 커지고 있습
니다.

서술형 가이드 뺄셈을 바르게 계산하고 알게 된 점을
설명했는지 확인합니다.

채점 기준

상	뺄셈을 바르게 계산한 다음 알게 된 점을 설명하였음.
중	뺄셈을 바르게 계산하였지만 알게 된 점을 설명하지 못함.
하	뺄셈을 바르게 계산하지 못함.

2-1 카드에 적힌 두 수의 차를 구하여 크기를 비교
합니다.

2-2 카드에 적힌 두 수의 합을 구하여 크기를 비교
합니다.

서술형 가이드 합을 구한 다음 크기를 비교하여 이긴
사람을 찾는 풀이 과정이 들어 있어야 합니다.

채점 기준

상	카드에 적힌 두 수의 합을 구한 다음 크기를 비교하여 답을 구했음.
중	카드에 적힌 두 수의 합을 구하였지만 답을 구하지 못함.
하	카드에 적힌 두 수의 합을 구하지 못함.

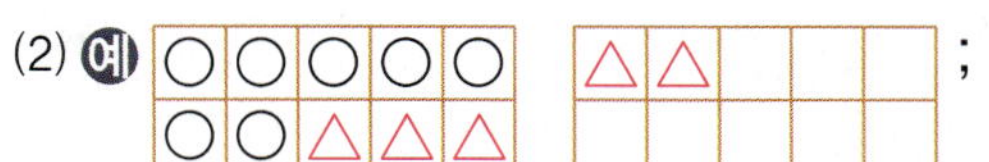

3단계 유형평가

96~99쪽

01 (1) 10, 11, 12 ; 12
(2) 예 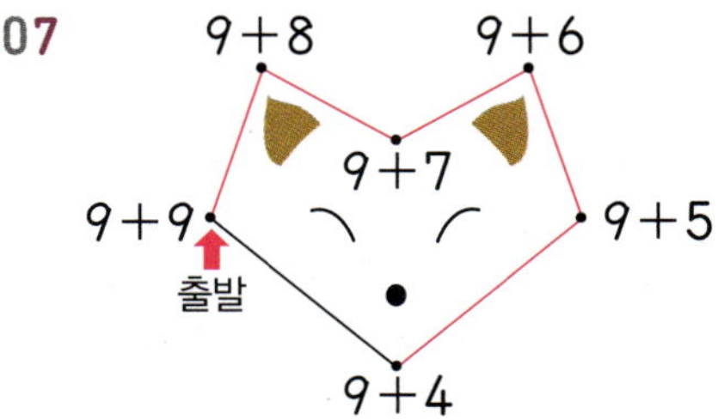

02 4, 12 ; 12

03 (계산 순서대로) 2, 17 ; 1, 17

04 13개

05 6, 9, 15 (또는 9, 6, 15) ; 15

06 (1) 11, 12, 13, 14 ; 커집니다에 ○표
(2) 11, 11 ; 같습니다에 ○표

07 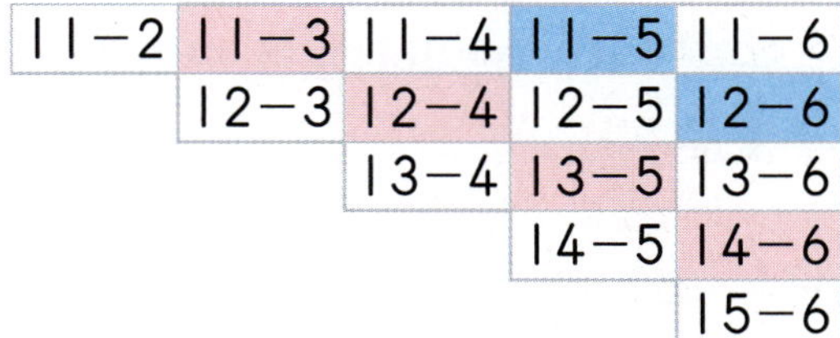

08 6 **09** 5, 8 ; 8

10 (계산 순서대로) 4, 6 ; 5, 6

11 $>$ **12** 14, 5, 9 ; 9

13 (왼쪽부터) 5, 4, 3 ; 7, 8, 9

14 (위에서부터) 6, 7, 8, 9

15

16 (1), (2)

$11-2$	$11-3$	$11-4$	$11-5$	$11-6$
	$12-3$	$12-4$	$12-5$	$12-6$
		$13-4$	$13-5$	$13-6$
			$14-5$	$14-6$
				$15-6$

17 ㉡   **18** 은수

19 11, 12, 13, 14 ; 예 같은 수에 1씩 커지는
수를 더하면 합도 1씩 커집니다.

20 예 민기: $13-4=9$, 수호: $14-7=7$
따라서 $9>7$이므로 민기가 이겼습니다. ; 민기

96쪽

01 (1) 연결 모형 7개에서 5만큼 더 이어 세면 8, 9, 10, 11, 12입니다.

(2) ◯가 7개 있는 곳에 △를 3개 그려 10을 만들고, △를 2개 더 그리면 12입니다.

02 백조의 수를 이어 세어 보면 12마리입니다.
⇨ 8+4=12(마리)

03 • 8과 2를 먼저 더하여 10을 만들고 남은 7을 더하면 17입니다.
• 9와 1을 먼저 더하여 10을 만들고 남은 7을 더하면 17입니다.

04 8+5=13(개)

05 (상자에 넣은 인형 수)
=(강아지 인형 수)+(고양이 인형 수)
=6+9=15(개)

97쪽

06 (1) 더해지는 수가 1씩 커지면 합도 1씩 커집니다.
(2) 두 수를 바꾸어 더해도 합이 같습니다.

07 9+9=18 ⇨ 9+8=17 ⇨ 9+7=16 ⇨ 9+6=15 ⇨ 9+5=14 ⇨ 9+4=13

08 우유를 하나씩 짝지어 보면 딸기우유가 6개 더 많습니다.

09 (남은 밤의 수)
=(전체 밤의 수)-(버린 밤의 수)
=13-5=8(개)

10 • 15에서 5를 먼저 빼기 위해 9를 5와 4로 가르기하였습니다.
• 10에서 9를 한 번에 빼기 위해 15를 10과 5로 가르기하였습니다.

98쪽

11 16-8=8, 15-9=6 ⇨ 8>6

12 (남은 사탕 수)
=(가지고 있는 사탕 수)-(먹은 사탕 수)
=14-5=9(개)

13 • 빼지는 수가 1씩 작아지면 차도 1씩 작아집니다.
• 빼는 수가 1씩 작아지면 차는 1씩 커집니다.

14 1씩 커지는 수에서 1씩 커지는 수를 빼면 차는 같습니다.

15 9+2=11, 5+7=12,
7+8=15, 6+9=15,
6+6=12, 3+8=11

99쪽

16 (1) 11-3=12-4=13-5=14-6=8
(2) 11-5=12-6=6

17 ㉠ 9+6=15, ㉡ 8+5=13,
㉢ 7+8=15
⇨ 합이 다른 덧셈은 ㉡입니다.

왜 틀렸을까? 앞의 수나 뒤의 수를 가르기하여 10을 만들어 덧셈을 할 수 있습니다.

18 진희: 12-8=4, 루나: 13-6=7,
호준: 14-9=5, 은수: 11-7=4
진희와 은수가 가지고 있는 뺄셈의 차가 4로 같습니다.
따라서 진희의 짝은 은수입니다.

왜 틀렸을까? 낱개를 먼저 빼거나 10개씩 묶음에서 한 번에 빼어 뺄셈을 할 수 있습니다.

19 더해지는 수는 같고 더하는 수가 I씩 커지고 있습니다.

서술형 가이드 덧셈을 바르게 계산하고 알게 된 점을 설명했는지 확인합니다.

채점 기준

상	덧셈을 바르게 계산한 다음 알게 된 점을 설명하였음.
중	덧셈을 바르게 계산하였지만 알게 된 점을 설명하지 못함.
하	덧셈을 바르게 계산하지 못함.

20 카드에 적힌 두 수의 차를 구하여 크기를 비교합니다.

서술형 가이드 차를 구한 다음 크기를 비교하여 이긴 사람을 찾는 풀이 과정이 들어 있어야 합니다.

채점 기준

상	카드에 적힌 두 수의 차를 구한 다음 크기를 비교하여 답을 구했음.
중	카드에 적힌 두 수의 차를 구하였지만 답을 구하지 못함.
하	카드에 적힌 두 수의 차를 구하지 못함.

잘 틀리는 실력 유형   100~101쪽

유형 01 I3 ; 5, 5
01 5   02 8
03 I3

유형 02 7 ; 7, 8, 9
04 8, 9   05 I, 2, 3
06 7, 8, 9

유형 03 7, I5 ; 5, 3
07 9, 8, I7 (또는 8, 9, I7)
08 I3, 5, 8
09 7, 7, 7, 7 ; 예 I씩 커지는 수에서 I씩 커지는 수를 빼면 차는 같습니다.
10 예 3, 9, I2 ; 7, 6, I3 ; 9, 8, I7

100쪽

01 어떤 수를 ☐라 하여 덧셈식을 만들면 6+☐=II입니다.
⇨ 6+5=II이므로 ☐=5입니다.

왜 틀렸을까? 어떤 수를 ☐라 하여 덧셈식을 만든 다음 ☐ 안에 알맞은 수를 구합니다.

02 어떤 수를 ☐라 하여 덧셈식을 만들면 ☐+7=I5입니다.
⇨ 8+7=I5이므로 ☐=8입니다.

왜 틀렸을까? 어떤 수를 ☐라 하여 덧셈식을 만든 다음 ☐ 안에 알맞은 수를 구합니다.

03 어떤 수를 ☐라 하여 뺄셈식을 만들면 ☐−6=7입니다.
⇨ I3−6=7이므로 ☐=I3입니다.

왜 틀렸을까? 어떤 수를 ☐라 하여 뺄셈식을 만든 다음 ☐ 안에 알맞은 수를 구합니다.

04 I6−☐=9라고 하면 I6−7=9이므로 ☐=7입니다.
따라서 I6−☐<9가 되려면 ☐는 7보다 커야 하므로 ☐ 안에 들어갈 수 있는 수는 8, 9입니다.

왜 틀렸을까? I6−☐=9가 되는 ☐를 찾아 ☐보다 큰 수가 들어가야 하는지 작은 수가 들어가야 하는지 알아봅니다.

05 II−☐=7이라고 하면 II−4=7이므로 ☐=4입니다.
따라서 II−☐>7이 되려면 ☐는 4보다 작아야 하므로 ☐ 안에 들어갈 수 있는 수는 I, 2, 3입니다.

왜 틀렸을까? II−☐=7이 되는 ☐를 찾아 ☐보다 큰 수가 들어가야 하는지 작은 수가 들어가야 하는지 알아봅니다.

06 8+☐=I4라고 하면 8+6=I4이므로 ☐=6입니다.
따라서 8+☐>I4가 되려면 ☐는 6보다 커야 하므로 ☐ 안에 들어갈 수 있는 수는 7, 8, 9입니다.

왜 틀렸을까? 8+☐=I4가 되는 ☐를 찾아 ☐보다 큰 수가 들어가야 하는지 작은 수가 들어가야 하는지 알아봅니다.

101쪽

07 합이 가장 큰 덧셈
$\Rightarrow$ (가장 큰 수)+(두 번째로 큰 수)
$=9+8=17$

왜 틀렸을까? 합이 가장 크려면 가장 큰 수와 두 번째로 큰 수를 더해야 합니다.

08 차가 가장 큰 뺄셈
$\Rightarrow$ (가장 큰 수)−(가장 작은 수)
$=13-5=8$

왜 틀렸을까? 차가 가장 크려면 가장 큰 수에서 가장 작은 수를 빼야 합니다.

09 빼지는 수와 빼는 수가 각각 1씩 커지고 있습니다.

서술형 가이드 뺄셈을 바르게 계산하고 알게 된 점을 설명했는지 확인합니다.

채점 기준

상	뺄셈을 바르게 계산한 다음 알게 된 점을 설명하였음.
중	뺄셈을 바르게 계산하였지만 알게 된 점을 설명하지 못함.
하	뺄셈을 바르게 계산하지 못함.

10 합이 11, 12, 13, 17이 되는 수를 분홍색 구슬과 초록색 구슬에서 찾아 덧셈식으로 나타냅니다.
$6+5=11$, $6+6=12$, $7+5=12$ 등도 만들 수 있습니다.

다르지만 같은 유형 (102~103쪽)

01 $7+4=11$ (또는 $4+7=11$) ; 11마리
02 $13-8=5$; 5개   **03** $11-3=8$; 8개
04 $<$ **05** ㉢
06 미경   **07** (   )(○)(△)
08 지호   **09** 다빈
10 14, 9   **11** 3층
12 8권

102쪽

01~03 핵심
• 모두, 합, ~보다 더 많은 경우 등의 상황은 덧셈식을 만들어야 합니다.
• 남은 것, 차, 더 많은지, 더 적은지 등의 상황은 뺄셈식을 만들어야 합니다.

01 물고기 7마리가 있는 어항에 물고기 4마리를 더 넣었으므로 물고기는 모두
$7+4=11$(마리)입니다.

02 노란색 연결 모형은 13개, 파란색 연결 모형은 8개이므로 노란색 연결 모형은 파란색 연결 모형보다 $13-8=5$(개) 더 많습니다.

03 귤 11개 중에서 3개를 먹었으므로 남은 귤은 $11-3=8$(개)입니다.

04~06 핵심
앞의 수나 뒤의 수를 가르기하여 10을 만들어 덧셈을 할 수 있습니다.

04 $6+6=12$, $5+9=14$ $\Rightarrow$ $12<14$

05 ㉠ $6+7=13$, ㉡ $8+4=12$,
㉢ $9+5=14$
$\Rightarrow$ $14>13>12$이므로 계산 결과가 가장 큰 덧셈은 ㉢입니다.

06 방학 동안 책을 미경이는 $8+8=16$(권) 읽었고, 훈구는 $4+9=13$(권) 읽었습니다.
$\Rightarrow$ $16>13$이므로 미경이가 책을 더 많이 읽었습니다.

103쪽

07~09 핵심
낱개를 먼저 빼거나 10개씩 묶음에서 한 번에 빼어 뺄셈을 할 수 있습니다.

07 $14-6=8$, $11-2=9$, $13-9=4$
$\Rightarrow$ $9>8>4$이므로 $11-2$에 ○표, $13-9$에 △표 합니다.

08 민서: $17-9=8$(점), 지호: $16-7=9$(점)
⇨ $9>8$이므로 지호의 점수가 더 높습니다.

09 민기: $12-5=7$, 다빈: $18-9=9$,
윤수: $14-8=6$
⇨ $9>7>6$이므로 카드에 적힌 두 수의 차가
가장 큰 사람은 다빈입니다.

10~12 핵심
문제 상황에 맞게 덧셈식 또는 뺄셈식을 만들어 순서대
로 계산합니다.

10 $8+6=14$, $14-5=9$

11 경수네 집: $5+7=12$(층)
민주네 집: $12-9=3$(층)

12 (지호의 공책 수)
=(서연이의 공책 수)$+5$
=$6+5=11$(권)
⇨ (준우의 공책 수)
=(지호의 공책 수)-3
=$11-3=8$(권)

응용 유형 **104~107쪽**

01

+	4	5	6	7	8	9
6	10	11	⑫	13	14	15
7	11	⑫	13	14	15	16
8	⑫	13	14	15	16	17

02 덧셈식 $6, 9, 15$; $9, 6, 15$
뺄셈식 $15, 6, 9$; $15, 9, 6$

03 4　　　　**04** 5점

05 13　　　　**06** 6

07

−	5	6	7	8
12	7	⑥	5	4
13	8	7	⑥	5
14	9	8	7	⑥

08 13　　　　**09** 7

10 덧셈식 $5, 8, 13$; $8, 5, 13$
뺄셈식 $13, 5, 8$; $13, 8, 5$

11 13개　　**12** 3　　**13** 5개

14 7점　　**15** 3　　**16** 15장

17 7　　　**18** 2장

104쪽

01 세로 줄에 있는 수와 가로 줄에 있는 수가 만나
는 곳에 두 수의 합을 써넣습니다.
$9+3=12$이므로 12에 모두 ○표 합니다.

02 6과 9를 더하면 15이고, 9와 6을 더하면
15이므로 $6+9=15$, $9+6=15$로 만들
수 있습니다.
15에서 6을 빼면 9이고, 15에서 9를 빼면
6이므로 $15-6=9$, $15-9=6$으로 만들
수 있습니다.

03 ▲$+$●$=15$에서 ▲$=9$이므로 $9+$●$=15$
입니다.
⇨ $9+6=15$이므로 ●$=6$입니다.
★$+$★$+$●$=14$에서 ●$=6$이므로
★$+$★$+6=14$입니다.
⇨ $8+6=14$이므로 ★$+$★$=8$입니다.
따라서 $4+4=8$이므로 ★$=4$입니다.

105쪽

04 동훈이의 점수는 $7+5=12$(점)입니다.
$12-8=4$이므로 종현이가 4점을 얻으면 두 사람의 점수가 같아집니다.
따라서 종현이가 이기려면 적어도 5점을 얻어야 합니다.

05 어떤 수를 □라 하면 □$-4=5$입니다.
➡ $9-4=5$이므로 □$=9$입니다.
따라서 바르게 계산하면 $9+4=13$입니다.

06 $16-7-$□$=4$라고 하면 $16-7=9$이므로 $9-$□$=4$입니다.
➡ $9-5=4$이므로 □$=5$입니다.
따라서 $16-7-$□<4가 되려면 □는 5보다 커야 하므로 □ 안에 들어갈 수 있는 가장 작은 수는 6입니다.

106쪽

07 세로 줄에 있는 수와 가로 줄에 있는 수가 만나는 곳에 두 수의 차를 써넣습니다.
$11-5=6$이므로 6에 모두 ○표 합니다.

08 문제 분석

08 ❷가장 큰 수와 가장 작은 수의 합을 구하시오.

❶ 6 4 8 9

❶ 주어진 수 중에서 가장 큰 수와 가장 작은 수를 각각 찾습니다.
❷ ❶에서 찾은 두 수의 합을 구합니다.

❶$9>8>6>4$이므로 가장 큰 수는 9이고 가장 작은 수는 4입니다.
❷따라서 가장 큰 수와 가장 작은 수의 합은 $9+4=13$입니다.

09 문제 분석

09 ❷계산 결과가 같도록 □ 안에 알맞은 수를 구하시오.

❶ $8+8$ □$+9$

❶ 왼쪽 덧셈을 계산하여 계산 결과를 구합니다.
❷ 오른쪽 덧셈의 계산 결과가 ❶에서 구한 계산 결과와 같게 되도록 □ 안에 알맞은 수를 구합니다.

❶$8+8=16$
❷➡ □$+9=16$에서 $7+9=16$이므로 □$=7$입니다.

10 5와 8을 더하면 13이고, 8과 5를 더하면 13이므로 $5+8=13$, $8+5=13$으로 만들 수 있습니다.
13에서 5를 빼면 8이고, 13에서 8을 빼면 5이므로 $13-5=8$, $13-8=5$로 만들 수 있습니다.

11 문제 분석

11 ❶수지는 사과를 8개 샀고, 복숭아는 사과보다 3개 더 적게 샀습니다. / ❷수지가 산 사과와 복숭아는 모두 몇 개입니까?

❶ 수지가 산 복숭아의 수를 구합니다.
❷ 사과의 수와 ❶에서 구한 복숭아의 수의 합을 구합니다.

❶(수지가 산 복숭아의 수)
$=$(수지가 산 사과의 수)-3
$=8-3=5$(개)
❷➡ (수지가 산 사과와 복숭아 수)
$=8+5=13$(개)

12 ▲$+$■$=15$에서 ■$=8$이므로 ▲$+8=15$입니다.
➡ $7+8=15$이므로 ▲$=7$입니다.
♥$+$♥$+$▲$=13$에서 ▲$=7$이므로 ♥$+$♥$+7=13$입니다.
➡ $6+7=13$이므로 ♥$+$♥$=6$입니다.
따라서 $3+3=6$이므로 ♥$=3$입니다.

107쪽

13 문제 분석

13 ❶아라는 한 봉지에 6개씩 들어 있는 초콜릿 2봉지를 사서 / ❷7개를 먹었습니다. 남은 초콜릿은 몇 개입니까?

> ❶ 아라가 산 초콜릿의 수를 구합니다.
> ❷ ❶에서 구한 초콜릿의 수와 먹은 초콜릿의 수의 차를 구합니다.

❶아라가 산 초콜릿은 한 봉지에 6개씩 2봉지이므로 $6+6=12$(개)입니다.

❷따라서 12개 중에서 7개를 먹었으므로 남은 초콜릿은 $12-7=5$(개)입니다.

14 미호의 점수는 $5+8=13$(점)입니다.
$13-7=6$이므로 승기가 6점을 얻으면 두 사람의 점수가 같아집니다.
따라서 승기가 이기려면 적어도 7점을 얻어야 합니다.

15 어떤 수를 ☐라 하면 $☐+6=15$입니다.
⇨ $9+6=15$이므로 $☐=9$입니다.
따라서 바르게 계산하면 $9-6=3$입니다.

16 문제 분석

16 ❶선생님께서 색종이를 지후와 수민이에게 각각 14장씩 주셨습니다. / ❷두 사람이 사용한 색종이는 모두 몇 장입니까?

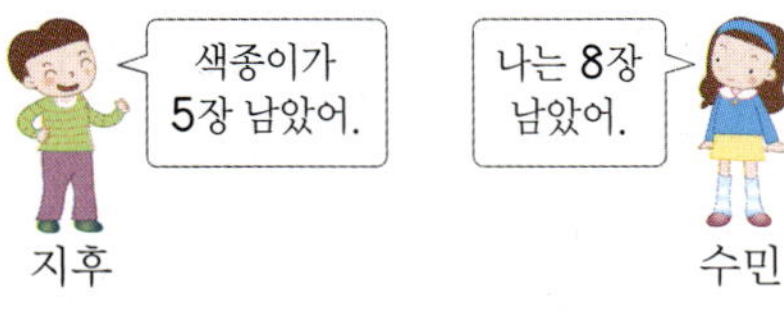

> ❶ 지후가 사용한 색종이의 수와 수민이가 사용한 색종이의 수를 구합니다.
> ❷ ❶에서 구한 색종이 수의 합을 구합니다.

❶사용한 색종이는
지후: $14-5=9$(장),
수민: $14-8=6$(장)입니다.
❷⇨ (두 사람이 사용한 색종이 수)
$=9+6=15$(장)

17 $11-2-☐=3$이라고 하면 $11-2=9$이므로 $9-☐=3$입니다.
⇨ $9-6=3$이므로 $☐=6$입니다.
따라서 $11-2-☐<3$이 되려면 ☐는 6보다 커야 하므로 ☐ 안에 들어갈 수 있는 가장 작은 수는 7입니다.

18 문제 분석

18 ❶민호와 태수가 가위바위보를 하여 딱지를 이기면 3장, 지면 2장 가집니다. 민호가 3번 이기고, 1번 졌다면 / ❷민호는 태수보다 딱지를 몇 장 더 많이 가지게 됩니까? (단, 비기는 경우는 없습니다.)

> ❶ 민호가 가지는 딱지 수와 태수가 가지는 딱지 수를 구합니다.
> ❷ ❶에서 구한 딱지 수의 차를 구합니다.

❶민호: $3+3+3+2=11$(장)
민호가 3번 이기고 1번 졌으므로 태수는 3번 지고 1번 이겼습니다.
태수: $2+2+2+3=9$(장)
❷⇨ $11-9=2$(장)

🐱 사고력 유형

108~109쪽

1 ❶

❷

2 (왼쪽부터) 15, 8

3 ❶ 명수 ❷ 민아

108쪽

1 ❶ $5+9=14$, $8+3=11$, $6+7=13$,
$7+8=15$
❷ $9+7=16$, $8+8=16$, $4+7=11$,
$6+8=14$

2

㉠ $6+9=15$
㉡ $15-7=8$

109쪽

3 ❶

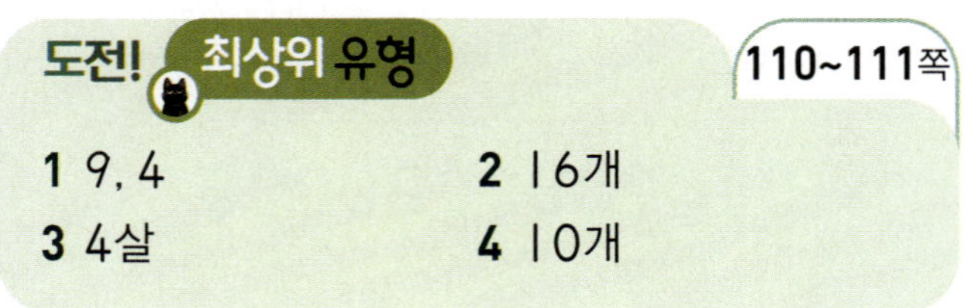

$18-9=9$, $15-8=7$, $11-3=8$이므
로 놀이판에서 9, 7, 8을 찾아 ◯표 하면
한 줄이 먼저 완성되는 사람은 명수입니다.

❷

$12-7=5$, $17-8=9$, $15-9=6$이므
로 놀이판에서 5, 9, 6을 찾아 ◯표 하면
한 줄이 먼저 완성되는 사람은 민아입니다.

도전! 최상위 유형 110~111쪽

1 9, 4   **2** 16개
3 4살   **4** 10개

110쪽

1 차가 5인 두 수를 찾은 다음 합이 13이 되는
지 확인해 봅니다.

■	6	7	8	9	10
▲	1	2	3	4	5
■＋▲	7	9	11	13	15

2

은우는 처음보다 사탕이 $4+3=7$(개) 줄었
고, 윤서는 처음보다 사탕이 $4+5=9$(개) 늘
었습니다.
그런데 은우와 윤서의 사탕 수가 같아졌으므로
처음에 은우와 윤서가 가지고 있던 사탕 수의
차는 $7+9=16$(개)입니다.

111쪽

3 (효주)＋(은혜)＋(지훈)＝12(살)에서
(효주)＝5살이므로
$5＋$(은혜)＋(지훈)＝12(살)입니다.
⇨ $5+7=12$이므로 (은혜)＋(지훈)＝7(살)
입니다.
(지훈)＋(다율)＝11(살)이고
(다율)＝(지훈)＋3이므로
(지훈)＋(지훈)＋3＝11(살)입니다.
⇨ $8+3=11$이므로 (지훈)＋(지훈)＝8(살)
이고, $4+4=8$이므로 (지훈)＝4살,
(다율)＝$4+3=7$(살)입니다.
(은혜)＋(지훈)＝7(살)에서 (지훈)＝4살이므
로 (은혜)＋4＝7(살)입니다.
⇨ $3+4=7$이므로 (은혜)＝3살입니다.
따라서 다율이는 7살이고 은혜는 3살이므로
다율이는 은혜보다 $7-3=4$(살) 더 많습니다.

4 합이 7이 되는 두 수는 $0+7$, $1+6$, $2+5$,
$3+4$, $4+3$, $5+2$, $6+1$, $7+0$이고 0은
10개씩 묶음의 수가 될 수 없으므로 두 자리
수는 16, 25, 34, 43, 52, 61, 70입니
다. 25, 34, 43, 52, 61, 70은 한 자리
수끼리의 합으로 나타낼 수 없고 16은 $7+9$,
$8+8$, $9+7$로 나타낼 수 있습니다.
⇨ 만족하는 몇십몇은 16, 25, 34, 43,
52, 61, 70, 79, 88, 97로 모두 10개
입니다.

5 규칙 찾기

1 단계 기초 문제
115쪽

1-1

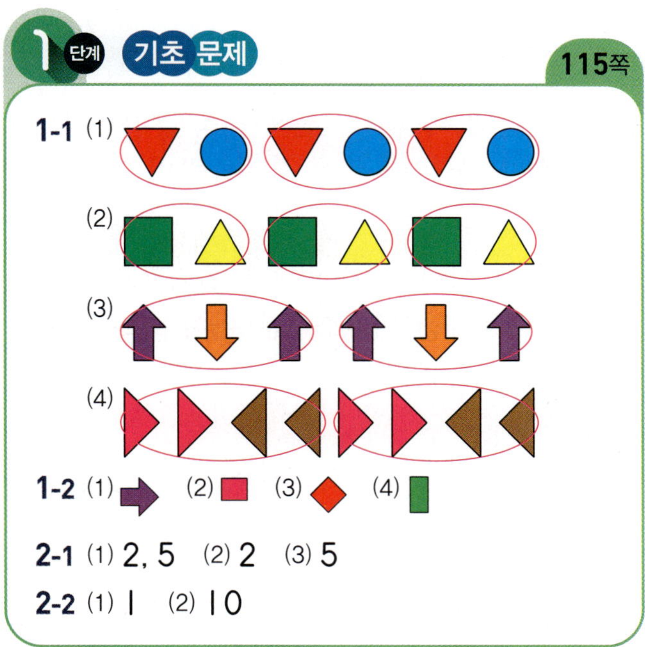

1-2 (1) ➡ (2) ▪ (3) ◆ (4) ▪

2-1 (1) 2, 5 (2) 2 (3) 5

2-2 (1) 1 (2) 10

2 단계 기본 유형
116~123쪽

01 토끼, 고양이   **02** 현서

03 예 빨간색 불, 초록색 불이 반복되며 켜집니다.

04 (1) ▼, ● (2) ♥, ♥

05 ②   **06** ㉠

07 (1) 예 검은색 바둑돌, 흰색 바둑돌이 반복됩니다.

　　(2) 예 흰색 바둑돌, 흰색 바둑돌, 검은색 바둑돌이 반복됩니다.

　　(3) 예 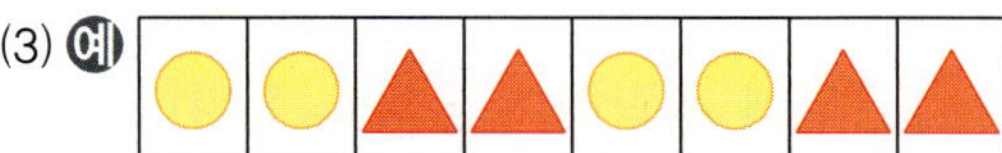

08 ㉢

09 (1) ◆, ● (2) ♥, ▲

　　(3) 예  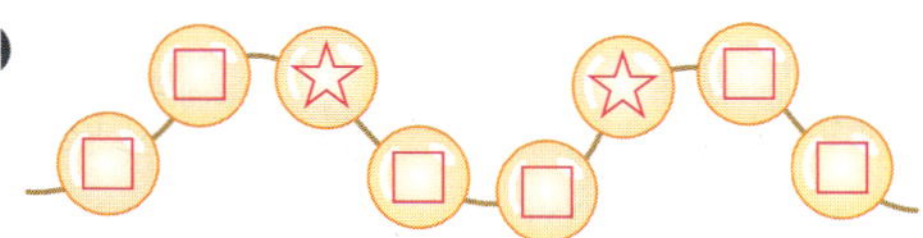

10 예

---

11 (1) 파란색

12

13 ㉠, ㉢   **14** (1) 9 (2) 25, 28

15 예 3, 1이 반복됩니다.

16 10, 10, 40

17 (1) 7, 7, 2, 7, 7 (2) 10, 15, 20, 25, 30

18 90

19 예 32, 34, 36, 38, 40, 42
; 예 30부터 시작하여 2씩 커집니다.

20 1   **21** 10

22 11씩

23 (위에서부터) 33, 34, 35, 36
; 58, 68, 78, 88

24

51	52	53	54	55	56	57	58	59	60
61	62	63	64	65	66	67	68	69	70
71	72	73	74	75	76	77	78	79	80

25 (1)

1	2	3	4	5	6
7	8	9	10	11	12
13	14	15	16	17	18
19	20	21	22	23	24

(2)

31	35	39	43	47
32	36	40	44	48
33	37	41	45	49
34	38	42	46	50

26 86, 92

27

1	2	3	4	5	6	7	8	9	10
11	12	13	14	15	16	17	18	19	20
21	22	23	24	25	26	27	28	29	30

28

61	62	63	64	65	66	67	68	69	70
71	72	73	74	75	76	77	78	79	80
81	82	83	84	85	86	87	88	89	90

29 (1) 예 21부터 시작하여 12씩 커집니다.
(2) 예 30부터 시작하여 8씩 커집니다.

30 △, □   **31** 6, 5

32 ◎, ○, ○   **33** ㉡

34 ①, ②   **35** 7

36 (1) ×   (2) ○   **37** 30, 38

38 (1) 1, 4   (2) 3   **39** 가

40 나

41

서술형 유형

1-1 포도, 사과, 포도 ; 포도

1-2 예 참외, 딸기, 딸기가 반복되는 규칙입니다.
따라서 참외 다음에 올 과일은 딸기입니다.
; 딸기

2-1 7, 59 ; 59

2-2 예 22, 27, 32, 37, 42이므로 22부터 시
작하여 5씩 커지는 규칙입니다.
따라서 42 다음에 써야 할 수는 47입니다.
; 47

116쪽

01 토끼, 고양이가 반복되는 규칙입니다.

02 바지, 치마, 모자가 반복됩니다.

04 (1) ▼, ▼, ●가 반복됩니다.
(2) ◆, ♥, ♥가 반복됩니다.

05 ③, ①, ②가 반복되므로 ① 다음에는 ②를 꿰
어야 합니다.

06 📦, 🗜, ✏, ✏이 반복되므로 🗜는 📦 다음에
놓입니다.

117쪽

07 (3) 검은색 바둑돌과 흰색 바둑돌이 반복되게
만든 규칙이면 모두 정답으로 인정합니다.

08 ㉠ 사탕, 아이스크림이 반복되는 규칙입니다.
㉡ 사탕, 사탕, 아이스크림, 아이스크림이 반복
되는 규칙입니다.

09 (1) 서영이는 ◆, ●가 반복되는 규칙을 만들
었습니다.
(2) 재훈이는 ♥, ▲, ▲가 반복되는 규칙을
만들었습니다.
(3) 두 가지 모양을 골라 반복되게 만든 규칙이
면 모두 정답으로 인정합니다.

10 □, ☆이 반복되게 만든 규칙이면 모두 정답으
로 인정합니다.

118쪽

11 (1) 주황색, 파란색이 반복됩니다.

12 검은색을 한 칸씩 건너 뛰어가며 색칠한 규칙
입니다.

13 분홍색, 분홍색, 초록색이 반복됩니다.
⇨ 분홍색으로 칠해야 하는 곳은 ㉠, ㉢입니다.

14 (1) 4, 9가 반복됩니다.
(2) 13부터 시작하여 3씩 커집니다.

16 90부터 시작하여 10씩 작아지므로 빈칸에
알맞은 수는 40입니다.

119쪽

18 10−30−50−70−90
　　　　　　　　　　　⑦

19 일정한 수만큼 커지거나 작아지는 규칙, 또는 수가 반복되는 규칙으로 써넣었으면 모두 정답으로 인정합니다.

20 41부터 시작하여 1씩 커집니다.

21 7부터 시작하여 10씩 커집니다.

22 1부터 ↘ 방향으로 11씩 커집니다.

23 32부터 → 방향으로 1씩 커지므로 33, 34, 35, 36이고, 48부터 ↓ 방향으로 10씩 커지므로 58, 68, 78, 88입니다.

120쪽

24 → 방향으로 1씩, ↓ 방향으로 10씩 커지는 규칙으로 수를 써넣습니다.

25 ⑴ → 방향으로 1씩, ↓ 방향으로 6씩 커집니다.
　　⑵ → 방향으로 4씩, ↓ 방향으로 1씩 커집니다.

26 → 방향으로 1씩, ↓ 방향으로 7씩 커집니다.
　　●에 알맞은 수는 65부터 7씩 커지는 규칙이므로 65, 72, 79, 86에서 86입니다.
　　▲에 알맞은 수는 86부터 1씩 커지는 규칙이므로 86, 87, 88, 89, 90, 91, 92에서 92입니다.

27 4부터 시작하여 5씩 커지는 규칙입니다.

28 62, 69, 76, 83, 90을 색칠합니다.

121쪽

30 주사위의 눈이 3개, 4개가 반복되는 규칙입니다.
　　주사위의 눈이 3개이면 △로, 주사위의 눈이 4개이면 □로 나타냈습니다.
　　따라서 빈칸에 알맞은 그림은 △, □입니다.

31 주사위의 눈이 6개, 5개가 반복되는 규칙입니다.
　　주사위의 눈이 6개이면 6으로, 주사위의 눈이 5개이면 5로 나타냈습니다.
　　따라서 빈칸에 알맞은 수는 6, 5입니다.

32 발구르기, 손뼉치기, 손뼉치기가 반복되는 규칙입니다.
　　발구르기는 ◎으로, 손뼉치기는 ○으로 나타냈습니다.
　　따라서 빈칸에 알맞은 그림은 ◎, ○, ○입니다.

33 네발자전거, 세발자전거, 네발자전거가 반복되는 규칙입니다.
　　㉠ 네발자전거를 4로, 세발자전거를 3으로 하여 나타낸 것입니다.
　　㉡ 네발자전거를 □로, 세발자전거를 △로 하여 나타내면 □ △ □ □ △ □ □ △ □로 나타내야 합니다.

34 축구공, 축구공, 야구공, 야구공이 반복되는 규칙입니다.
　　축구공을 △로, 야구공을 ○로 나타냈습니다.
　　따라서 △가 들어갈 곳은 ①, ②입니다.

35 보, 가위, 가위, 바위가 반복되고 보는 5, 가위는 2, 바위는 0으로 나타냈으므로 빈칸에 들어갈 수는 차례로 2, 5, 0입니다.
　　따라서 합은 2+5+0=7입니다.

122쪽

36 (1) 2, 4, 6, 8, 10이므로 오른쪽으로 2씩 커집니다.

(2) 2, 12, 22이므로 아래쪽으로 10씩 커집니다.

37 오른쪽으로 2씩 커지므로 22, 24, 26, 28, 30에서 ㉠=30입니다.

아래쪽으로 10씩 커지므로 8, 18, 28, 38에서 ㉡=38입니다.

38 (1) 1, 2, 3, 4이므로 ╱ 방향으로 1씩 커집니다.

1, 5, 9, 13이므로 ╲ 방향으로 4씩 커집니다.

(2) 4, 7, 10, 13이므로 → 방향으로 3씩 커집니다.

왜 틀렸을까? 각 방향에 놓여 있는 수를 순서대로 알아보며 수가 몇씩 커지는지 규칙을 알아봅니다.

39 가, 다가 반복되므로 빈칸에는 가가 들어갑니다.

40 나, 다, 다가 반복되므로 빈칸에는 나가 들어갑니다.

41 이 반복되는 규칙입니다.

왜 틀렸을까? 반복되는 규칙을 찾은 다음 규칙에 맞지 않은 동작을 찾습니다.

123쪽

1-1 반복되는 규칙을 먼저 찾아봅니다.

1-2 반복되는 규칙을 먼저 찾아봅니다.

서술형 가이드 반복되는 규칙을 찾아 설명하고 다음에 올 과일을 찾는 풀이 과정이 들어 있어야 합니다.

채점 기준

상	반복되는 규칙을 찾아 설명하고 다음에 올 과일을 구했음.
중	반복되는 규칙을 찾아 설명하였지만 다음에 올 과일을 구하지 못함.
하	반복되는 규칙을 찾지 못함.

2-1 수가 몇씩 커지는지 확인할 때 칸수를 세어 알아볼 수 있습니다. 수가 7칸마다 쓰여 있으므로 수가 7씩 커지는 규칙을 찾을 수 있습니다.

2-2 수가 몇씩 커지는지 확인할 때 칸수를 세어 알아볼 수 있습니다. 수가 5칸마다 쓰여 있으므로 수가 5씩 커지는 규칙을 찾을 수 있습니다.

서술형 가이드 수가 커지는 규칙을 찾아 설명하고 다음에 써야 할 수를 찾는 풀이 과정이 들어 있어야 합니다.

채점 기준

상	수가 커지는 규칙을 찾아 설명하고 다음에 써야 할 수를 구했음.
중	수가 커지는 규칙을 찾아 설명하였지만 다음에 써야 할 수를 구하지 못함.
하	수가 커지는 규칙을 찾지 못함.

3단계 유형 평가 (단원)

124~127쪽

01 바나나, 사과

02 예나

03 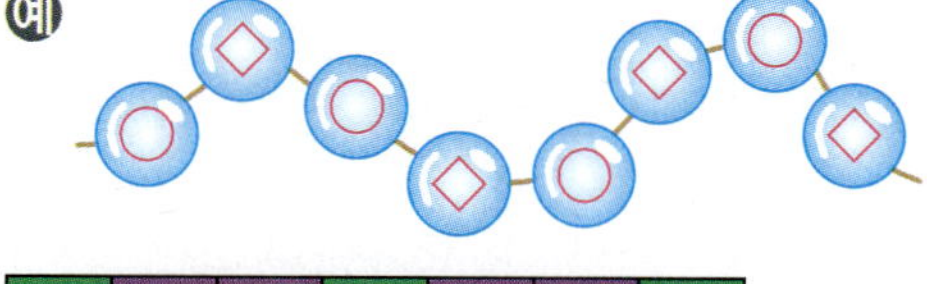 💙, 💙

04 ㉡

05 예

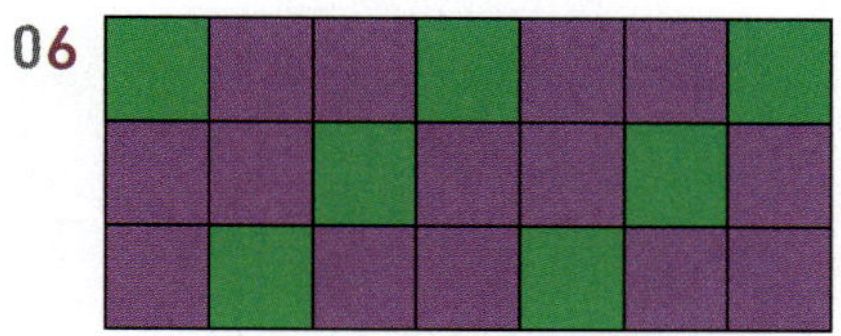

06

07 5, 7, 1

08 40

09 예 → 방향으로 1씩 커집니다.

10 예 ↓ 방향으로 10씩 커집니다.

11

21	22	23	24	25	26	27
28	29	30	31	32	33	34
35	36	37	38	39	40	41
42	43	44	45	46	47	48

12

51	52	53	54	55	56	57	58	59	60
61	62	63	64	65	66	67	68	69	70
71	72	73	74	75	76	77	78	79	80
81	82	83	84	85	86	87	88	89	90

13 2, 3

14 ①, ④

15 39, 47

16 가

17 (1) 1 (2) 5 (3) 4

18

19 예 귤, 귤, 바나나가 반복되는 규칙입니다.
따라서 바나나 다음에 올 과일은 귤입니다. ; 귤

20 예 43, 49, 55, 61이므로 43부터 시작하여
6씩 커지는 규칙입니다.
따라서 61 다음에 써야 할 수는 67입니다. ; 67

124쪽

01 바나나, 바나나, 사과가 반복되는 규칙입니다.

02 책가방, 필통, 필통이 반복됩니다.

03 ⭐, 💙, 💙가 반복됩니다.

04 ㉠ 야구공, 농구공, 농구공이 반복되는 규칙입
니다.
㉡ 야구공, 농구공, 야구공이 반복되는 규칙입
니다.

05 ○, ◇가 반복되게 만든 규칙이면 모두 정답으
로 인정합니다.

125쪽

06 초록색, 보라색, 보라색이 반복됩니다.

07 1, 5, 7이 반복되는 규칙입니다.

08 20－25－30－35－40
　　　　　　　　　　㉠

09 81부터 시작하여 1씩 커집니다.

10 5부터 시작하여 10씩 커집니다.

11 → 방향으로 1씩, ↓ 방향으로 7씩 커집니다.

126쪽

12 53, 61, 69, 77, 85를 색칠합니다.

13 주사위의 눈이 2개, 3개, 3개가 반복되는 규
칙입니다.
주사위의 눈이 2개이면 2로, 주사위의 눈이 3
개이면 3으로 나타냈습니다.
따라서 빈칸에 알맞은 수는 2, 3입니다.

14 수첩, 삼각김밥, 수첩이 반복되는 규칙입니다.
수첩을 □로, 삼각김밥을 △로 나타냈습니다.
따라서 △가 들어갈 곳은 ①, ④입니다.

15 오른쪽으로 2씩 커지므로 31, 33, 35, 37, 39에서 ㉠=39입니다.
아래쪽으로 10씩 커지므로 17, 27, 37, 47에서 ㉡=47입니다.

16 가, 가, 나가 반복되므로 빈칸에는 가가 들어갑니다.

127쪽

17 (1) 1, 2, 3, 4, 5이므로 ↗ 방향으로 1씩 커집니다.
　(2) 1, 6, 11, 16, 21이므로 ↓ 방향으로 5씩 커집니다.
　(3) 5, 9, 13, 17, 21이므로 → 방향으로 4씩 커집니다.

　왜 틀렸을까? 각 방향에 놓여 있는 수를 순서대로 알아보며 수가 몇씩 커지는지 규칙을 알아봅니다.

18 이 반복되는 규칙입니다.

　왜 틀렸을까? 반복되는 규칙을 찾은 다음 규칙에 맞지 않은 동작을 찾습니다.

19 반복되는 규칙을 먼저 찾아봅니다.

　서술형 가이드 반복되는 규칙을 찾아 설명하고 다음에 올 과일을 찾는 풀이 과정이 들어 있어야 합니다.

채점 기준

상	반복되는 규칙을 찾아 설명하고 다음에 올 과일을 구했음.
중	반복되는 규칙을 찾아 설명하였지만 다음에 올 과일을 구하지 못함.
하	반복되는 규칙을 찾지 못함.

20 수가 몇씩 커지는지 확인할 때 칸수를 세어 알아볼 수 있습니다. 수가 6칸마다 쓰여 있으므로 수가 6씩 커지는 규칙을 찾을 수 있습니다.

　서술형 가이드 수가 커지는 규칙을 찾아 설명하고 다음에 써야 할 수를 찾는 풀이 과정이 들어 있어야 합니다.

채점 기준

상	수가 커지는 규칙을 찾아 설명하고 다음에 써야 할 수를 구했음.
중	수가 커지는 규칙을 찾아 설명하였지만 다음에 써야 할 수를 구하지 못함.
하	수가 커지는 규칙을 찾지 못함.

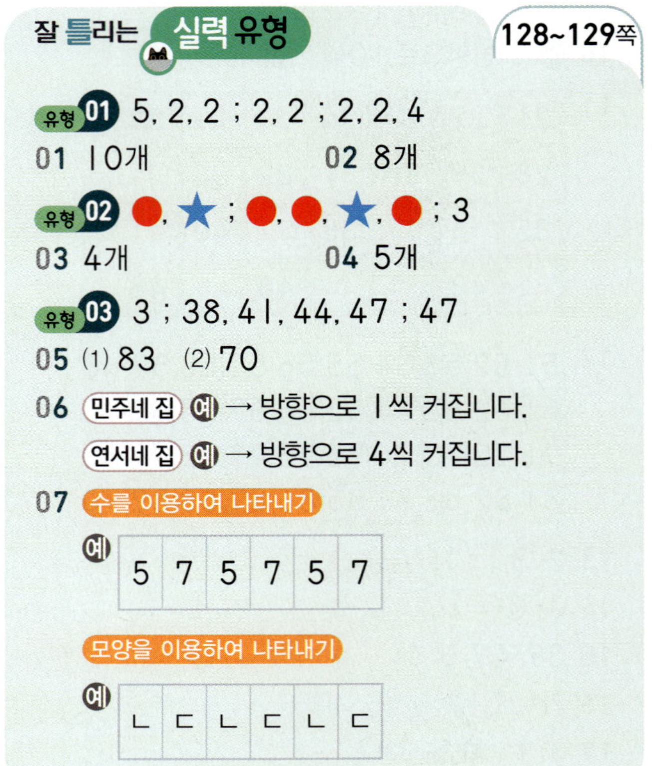

잘 틀리는 실력 유형 　128~129쪽

유형 01 5, 2, 2 ; 2, 2 ; 2, 2, 4
01 10개　　　　**02** 8개

유형 02 ●, ★ ; ●, ●, ★, ● ; 3
03 4개　　　　**04** 5개

유형 03 3 ; 38, 41, 44, 47 ; 47
05 (1) 83　(2) 70
06 (민주네 집) 예 → 방향으로 1씩 커집니다.
　　(연서네 집) 예 → 방향으로 4씩 커집니다.
07 수를 이용하여 나타내기
　예 | 5 | 7 | 5 | 7 | 5 | 7 |

　모양을 이용하여 나타내기
　예 | ㄴ | ㄷ | ㄴ | ㄷ | ㄴ | ㄷ |

128쪽

01 펼친 손가락이 2개, 5개, 5개가 반복되는 규칙입니다.
빈칸에 들어갈 그림에서 펼친 손가락은 차례로 5개, 5개입니다.
따라서 모두 5+5=10(개)입니다.

　왜 틀렸을까? 펼친 손가락이 가위는 2개, 보는 5개임을 알고 펼친 손가락의 수가 반복되는 규칙을 찾아야 합니다.

02 접은 손가락이 3개, 5개, 3개가 반복되는 규칙입니다.

빈칸에 들어갈 그림에서 접은 손가락은 차례로 5개, 3개입니다.

따라서 모두 5+3=8(개)입니다.

> **왜 틀렸을까?** 접은 손가락이 가위는 3개, 바위는 5개임을 알고 접은 손가락의 수가 반복되는 규칙을 찾아야 합니다.

03

◆, ▶, ▶가 반복되는 규칙입니다.

따라서 빈칸에 그려야 하는 ▶는 모두 4개입니다.

> **왜 틀렸을까?** 반복되는 규칙을 찾아 빈칸에 알맞은 모양을 모두 그린 다음 ▶의 개수를 세어 봅니다.

04

▲, ▲, ♥, ♥가 반복되는 규칙입니다.

따라서 빈칸에 그려야 하는 ♥는 모두 5개입니다.

> **왜 틀렸을까?** 반복되는 규칙을 찾아 빈칸에 알맞은 모양을 모두 그린 다음 ♥의 개수를 세어 봅니다.

129쪽

05 (1) 보기 는 1부터 시작하여 7씩 커지는 규칙입니다.

같은 규칙으로 수를 쓰면 55, 62, 69, 76, 83입니다.

따라서 ㉠에 알맞은 수는 83입니다.

(2) 보기 는 56부터 시작하여 5씩 작아지는 규칙입니다.

같은 규칙으로 수를 쓰면 90, 85, 80, 75, 70입니다.

따라서 ㉠에 알맞은 수는 70입니다.

> **왜 틀렸을까?** 보기 에서 수의 규칙을 찾은 다음 같은 규칙으로 수를 배열해야 합니다.

06 민주네 집 ↑ 방향으로 4씩 커집니다.

연서네 집 ↑ 방향으로 1씩 커집니다.

07 • 연결 모형의 수가 5개, 7개이므로 5, 7이 반복되도록 나타낼 수 있습니다.

• 연결 모형의 모양이 ㄴ, ㄷ이므로 ㄴ, ㄷ이 반복되도록 나타낼 수 있습니다.

다르지만 같은 유형   130~131쪽

01 (1) ↓   (2) ♥   **02** 나리

03 예 접시, 시계

04 예 7부터 시작하여 2씩 커집니다.

05 27   **06** 59

07 예 양손을 내린 학생, 양손으로 만세 한 학생이 반복됩니다.

08 ㉢   **09** 코끼리

10 74, 77, 80

11 예 22부터 시작하여 8씩 커집니다

12 74에 △표 ; 73

130쪽

01~03 핵심

반복되는 부분을 찾아 ○로 표시하면 더 쉽게 규칙을 찾을 수 있습니다.

01 (1) ←, ↓가 반복됩니다.

(2) ◆, ♥, ◆가 반복됩니다.

02 트라이앵글, 계산기, 동전이 반복되는 규칙이므로 빈칸에 들어갈 물건은 계산기입니다.

계산기에서 찾을 수 있는 모양은 □ 모양입니다.

03 ▲, ●, ●가 반복되는 규칙이므로 빈칸에 들어갈 모양은 ●입니다.

주변에서 ● 모양의 물건을 찾아봅니다.

04~06 핵심

수 배열에서 규칙을 찾을 때에는 수가 커지는지, 작아지는지, 반복되는 수가 있는지 알아봅니다.

05 62−55−48−41−34−27
　　　　　　　　　　　　　　⊙

06 5부터 시작하여 6씩 커지는 규칙입니다.
따라서 5−11−17−23−29−35−41−47−53−59이므로 열째에 알맞은 수는 59입니다.

131쪽

07~09 핵심

몸으로 표현한 규칙을 알아볼 때에는 직접 몸을 움직이며 규칙을 찾아봅니다.

08 ㉡, ㉢, ㉠이 반복되므로 빈칸에는 ㉢이 들어갑니다.

09 토끼, 코끼리, 악어를 반복하며 흉내 내므로 8번인 서우는 코끼리를 흉내 내야 합니다.

10~12 핵심

수 배열표에서는 칸수를 세어 수가 커지는 규칙을 찾을 수 있습니다.

10 50부터 시작하여 3씩 커지는 규칙입니다.

11 22, 30, 38, 46이므로 22부터 시작하여 8씩 커지는 규칙입니다.

12 55부터 시작하여 6씩 커지는 규칙입니다.
⇨ 55, 61, 67, 73, 79, 85이므로 잘못 쓴 수는 74입니다.

응용 유형　　132~135쪽

01 42　　　　　　**02** 흰색
03 9개, 11개　　**04** 30
05 △　　　　　　**06** 71
07 예) 3, 9가 반복됩니다. ; 3, 9, 3, 9, 3, 9
08 94　　　　　　**09** 검은색
10 예) → 방향으로 2씩 커지고, ↓ 방향으로 9씩 커집니다.

;

11 11개, 9개　　**12** 35
13 ●　　　　　　**14** 11장
15 78　　　　　　**16** 70, 25

132쪽

01 → 방향으로 1씩 커지고, ↓ 방향으로 8씩 커집니다.
↓ 방향으로 8씩 커지므로 31 아래의 수는 39입니다.
→ 방향으로 1씩 커지므로 39, 40, 41, 42에서 ㉠=42입니다.

02 검은색 바둑돌, 검은색 바둑돌, 흰색 바둑돌이 반복됩니다.
검, 검, 흰, 검, 검, 흰, 검, 검, 흰, 검, 검, 흰, 검, 검, 흰이므로 15째에 늘어놓아야 할 바둑돌은 흰색입니다.

03

위에서부터 분홍색, 파란색이 반복됩니다.
따라서 분홍색은 9개, 파란색은 11개입니다.

133쪽

04 10부터 시작하여 4씩 2번 커져야
10−14−18이 되므로 4씩 커지는 규칙입니다.
따라서 18−22−26−30이므로 ㉠에 알맞은 수는 30입니다.

05 모양은 △, ○가 반복되는 규칙이므로 빈칸에 알맞은 모양은 △입니다.
색깔은 초록색, 노란색, 노란색이 반복되는 규칙이므로 빈칸에 알맞은 색깔은 노란색입니다.

06 ○표: 41, 47, 53, 59, 65이므로 41부터 시작하여 6씩 커지는 규칙입니다.
➡ 65, 71, 77이므로 71, 77에 ○표 해야 합니다.
△표: 43, 50, 57, 64이므로 43부터 시작하여 7씩 커지는 규칙입니다.
➡ 64, 71, 78이므로 71, 78에 △표 해야 합니다.
따라서 ○표, △표가 모두 표시되는 수는 71입니다.

134쪽

07 문제 분석

07 ❶조건에 맞게 규칙을 만들고 / ❷만든 규칙에 따라 빈칸에 알맞은 수를 써넣으시오.

❶ 조건
수가 반복되는 규칙을 만듭니다.

규칙
❷
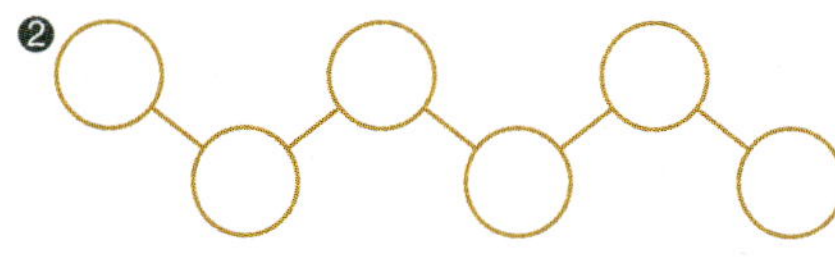

❶ 조건에 맞는 규칙을 먼저 만듭니다.
❷ ❶에서 만든 규칙에 맞게 빈칸에 수를 써넣습니다.

❶수가 반복되는 규칙을 만들어야 합니다.
❷3, 9가 반복되는 규칙이므로 3, 9, 3, 9, 3, 9를 차례로 써넣습니다.

08 → 방향으로 1씩 커지고, ↓ 방향으로 9씩 커집니다.
↓ 방향으로 9씩 커지므로 82 아래의 수는 91입니다.
→ 방향으로 1씩 커지므로 91, 92, 93, 94에서 ㉠=94입니다.

09 흰색 바둑돌, 검은색 바둑돌, 흰색 바둑돌이 반복됩니다.
흰, 검, 흰, 흰, 검, 흰, 흰, 검, 흰, 흰, 검, 흰, 흰, 검이므로 14째에 늘어놓아야 할 바둑돌은 검은색입니다.

10 문제 분석

10 ❶규칙에 따라 수를 쓴 것입니다. 규칙을 쓰고 / ❷빈칸에 알맞은 수를 써넣으시오.

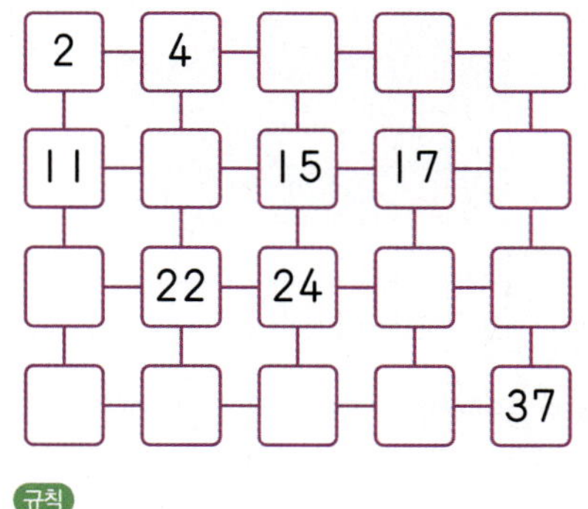

규칙

❶ 수를 쓴 규칙을 찾아봅니다.
❷ ❶에서 찾은 규칙에 따라 빈칸에 수를 써넣습니다.

❶2−4, 15−17, 22−24이므로 → 방향으로 2씩 커지는 규칙입니다.
2−11, 15−24이므로 ↓ 방향으로 9씩 커지는 규칙입니다.
❷찾은 규칙에 따라 빈칸에 수를 써넣습니다.

11

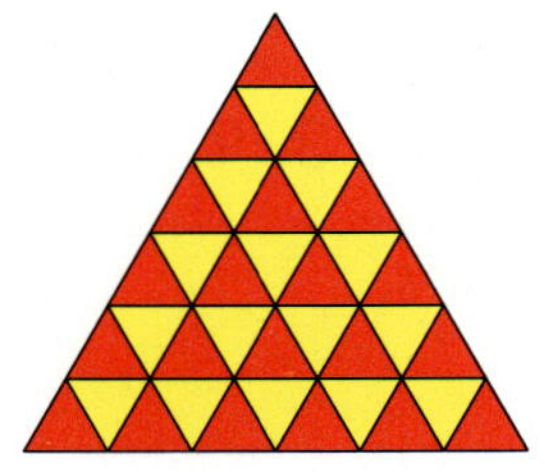

╱ 방향, ╲ 방향, → 방향으로 모두 빨간색,
노란색이 반복됩니다.
따라서 빨간색은 11개, 노란색은 9개입니다.

135쪽

12 10부터 시작하여 5씩 2번 커져야
10-15-20이 되므로 5씩 커지는 규칙입
니다.
따라서 20-25-30-35이므로 ㉠에 알맞
은 수는 35입니다.

13 모양은 ♡, ◯가 반복되는 규칙이므로 빈칸에
알맞은 모양은 ◯입니다.
색깔은 파란색, 파란색, 빨간색이 반복되는 규
칙이므로 빈칸에 알맞은 색깔은 파란색입니다.

14 문제 분석

14 ❶ 규칙에 따라 빈칸에 색종이를 한 장씩 붙이려고 합니다. /
❷ 초록색 색종이를 몇 장 더 붙여야 합니까?

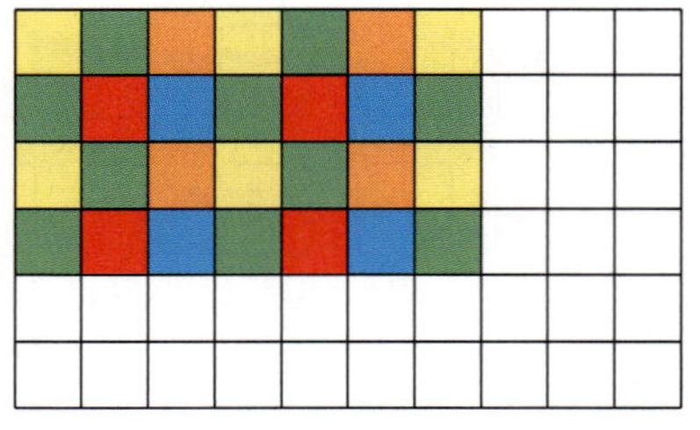

❶ 색종이 색깔의 규칙을 찾아 색종이를 붙여 봅니다.
❷ ❶에서 붙인 초록색 색종이의 수를 구합니다.

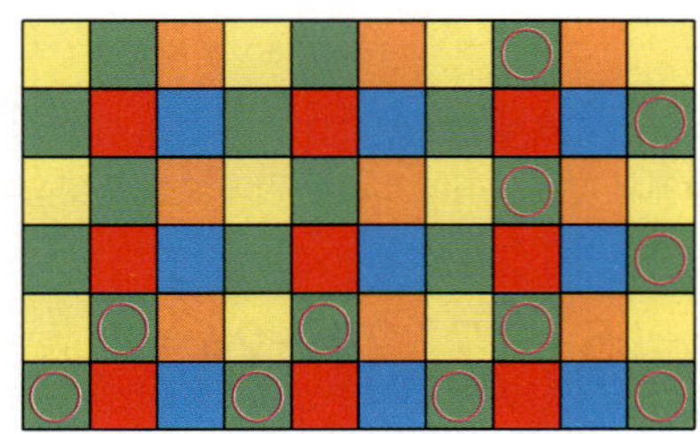

❶ 위에서부터 홀수째 줄은 노란색, 초록색, 주황
색이 반복되고 짝수째 줄은 초록색, 빨간색, 파
란색이 반복됩니다.

❷ 따라서 초록색 색종이를 11장 더 붙여야 합니다.

15 △표: 42, 48, 54, 60, 66이므로 42부터
시작하여 6씩 커지는 규칙입니다.
⇨ 66, 72, 78이므로 72, 78에 △표 해야
합니다.
◯표: 43, 50, 57, 64이므로 43부터 시작
하여 7씩 커지는 규칙입니다.
⇨ 64, 71, 78이므로 71, 78에 ◯표 해야
합니다.
따라서 △표, ◯표가 모두 표시되는 수는 78
입니다.

16 문제 분석

16 ❶ 규칙에 따라 수를 쓸 때 ㉠과 / **❷** ㉡에 알맞은 수를 각각
구하시오.

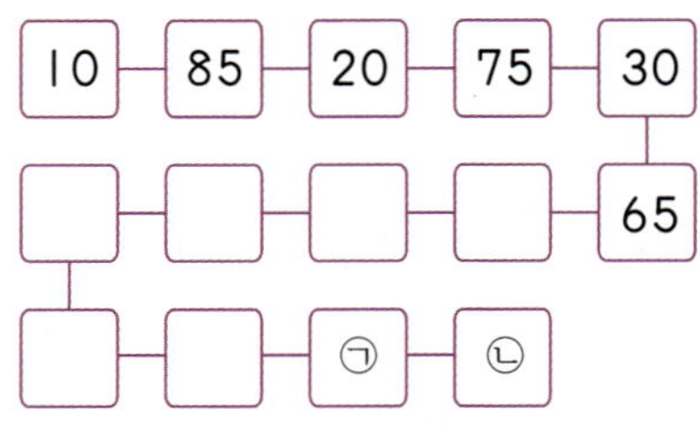

❶ 홀수째 칸에서 수를 쓴 규칙을 알아보고 ㉠에 알맞은
수를 구합니다.
❷ 짝수째 칸에서 수를 쓴 규칙을 알아보고 ㉡에 알맞은
수를 구합니다.

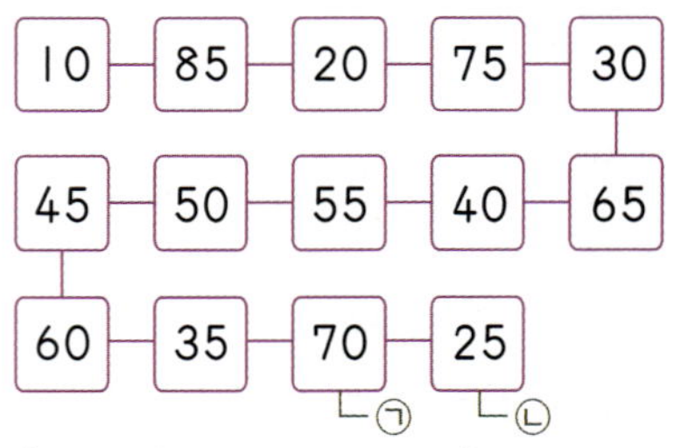

❶ 홀수째 칸은 10, 20, 30이므로 10씩 커지
는 규칙입니다.
⇨ 30, 40, 50, 60, 70이므로 ㉠에 알맞
은 수는 70입니다.
❷ 짝수째 칸은 85, 75, 65이므로 10씩 작아
지는 규칙입니다.
⇨ 65, 55, 45, 35, 25이므로 ㉡에 알맞
은 수는 25입니다.

사고력 유형　136~137쪽

1 ① 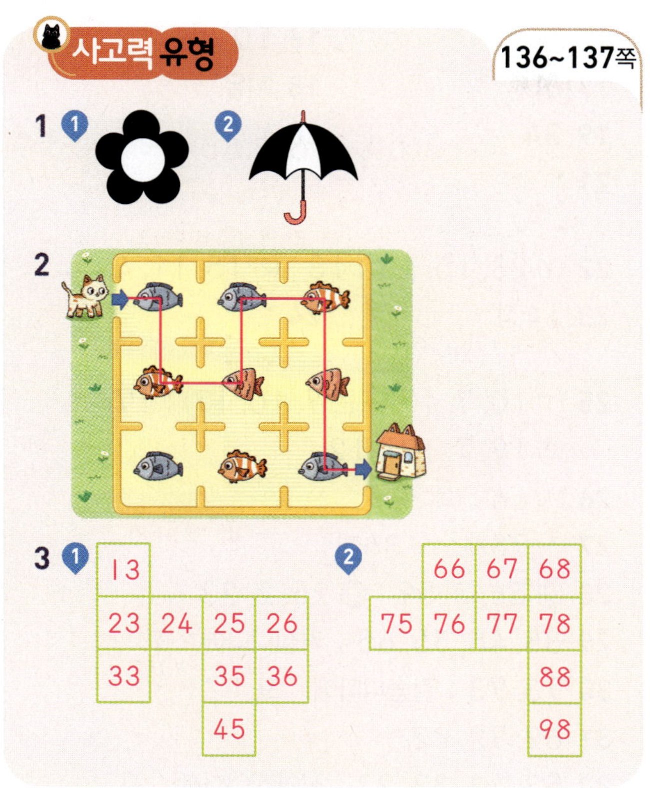 ②

2

3 ①

13			
23	24	25	26
33		35	36
		45	

②

	66	67	68
75	76	77	78
			88
			98

136쪽

1 흰색 부분은 검은색으로, 검은색 부분은 흰색으로 바뀌었습니다.

2 반복되는 물고기 모양에 따라 길을 찾아 나타냅니다.

137쪽

3 ① 수 배열표에서 가장 작은 수는 맨 윗줄의 맨 왼쪽 칸에 들어갑니다.
13이 들어가는 칸을 찾은 다음 → 방향으로 1씩 커지도록, ↓ 방향으로 10씩 커지도록 빈칸에 수를 써넣습니다.

② 수 배열표에서 가장 큰 수는 맨 아랫줄의 맨 오른쪽 칸에 들어갑니다.
98이 들어가는 칸을 찾은 다음 ↑ 방향으로 10씩 작아지도록, ← 방향으로 1씩 작아지도록 빈칸에 수를 써넣습니다.

도전! 최상위 유형　138~139쪽

1 61　　　2 98
3 흰색 바둑돌, 6개　　4 2개

138쪽

1 옛날 숫자를 현재 숫자로 나타내 보면
46-49-52-55-58입니다.
따라서 46부터 시작하여 3씩 커지는 규칙이므로 빈칸에 알맞은 수는 58에서 3만큼 더 커진 61입니다.

2 색칠한 부분에 들어갈 수는 8, 17, 26이므로 8부터 시작하여 9씩 커집니다.
나머지 부분의 색칠한 부분에 들어갈 수를 알아보면 35, 44, 53, 62, 71, 80, 89, 98입니다.
따라서 가장 큰 수는 98입니다.

139쪽

3 검은색 바둑돌, 흰색 바둑돌, 흰색 바둑돌이 반복되는 규칙입니다.
검, 흰, 흰, 검, 흰, 흰, 검, 흰, 흰, 검, 흰, 흰, 검, 흰, 흰, 검, 흰, 흰, 검, 흰이므로 검은색 바둑돌은 7개이고, 흰색 바둑돌은 13개입니다.
따라서 흰색 바둑돌이 13-7=6(개) 더 많습니다.

4 도영이의 규칙은 보, 가위, 바위, 가위가 반복됩니다.
⇨ 보, 가위, 바위, 가위, 보, 가위, 바위, 가위, 보, 가위, 바위, 가위, 보, 가위, 바위, 가위, 보이므로 17째에 도영이는 보를 냈고, 혜린이가 도영이를 모두 이겼으므로 혜린이는 가위를 냈습니다.
따라서 17째에 혜린이가 펼친 손가락은 2개입니다.

6 덧셈과 뺄셈(3)

1단계 기초 문제
143쪽

1-1 (1) 38 (2) 45 (3) 70 (4) 64 (5) 69
(6) 87
1-2 (1) 45 (2) 29 (3) 90 (4) 67 (5) 78
2-1 (1) 44 (2) 30 (3) 42 (4) 31 (5) 23
(6) 35
2-2 (1) 71 (2) 80 (3) 20 (4) 42 (5) 51

2단계 기본 유형
144~151쪽

01 22, 23, 24 ; 24 **02** 46
03 38마리 **05**
05 ( ) (○) **06** 47장
07 20, 40 **08** 80송이
09 50자루 **10** 68
11
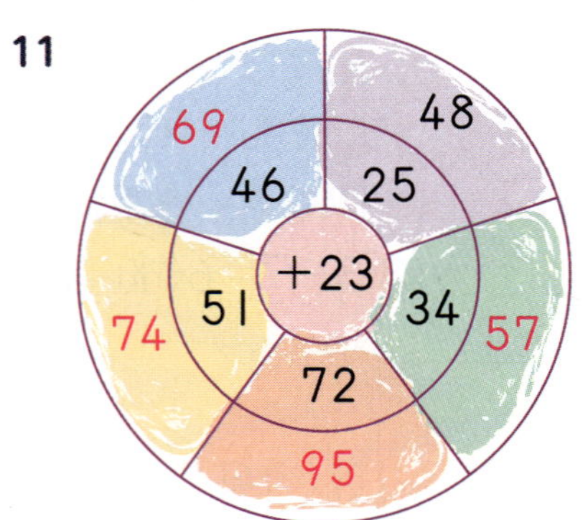

12 (1) 15, 22, 37 (또는 22, 15, 37) ; 37
(2) 22, 11, 33 (또는 11, 22, 33) ; 33
13 예 ○○○○○ ○○○○○
○○○○○ ○○○○○
○○○⊘⊘ ; 22
⊘⊘⊘⊘⊘
14　　7 6
　　－　 5
　　　7 1

15 44장 **16** 50
17 30 **18** 지유
19 34 **20** ㉢
21
22 (1) 28, 15, 13 ; 13 (2) 15, 11, 4 ; 4
23 14점 **24**
25 (1) 10, 7, 17 (또는 7, 10, 17) ; 17
(2) 19, 7, 12 ; 12
26 (1) 66 (2) 34
27 (1) 78개 (2) 36개
28 예 56, 3, 59 ; 예 25, 2, 23
29 35, 45, 55, 65 ; 커집니다에 ○표
30 73, 73 ; 같습니다에 ○표
31 62, 72, 82
32 53, 43, 33, 23 ; 작아집니다에 ○표
33 44, 43, 42, 41 ; 작아집니다에 ○표
34 73, 72, 71 **35** >
36 우진 **37** ㉣
38 (위에서부터) 4, 1 **39** (위에서부터) 5, 5
40 6, 4

서술형 유형

1-1 61, 30, 61, 30, 91 ; 91
1-2 예 가장 큰 수는 79이고 가장 작은 수는 32입니다. 따라서 가장 큰 수와 가장 작은 수의 차는 79－32＝47입니다. ; 47
2-1 45, 45, 41 ; 41
2-2 예 10개씩 묶음 7개와 낱개 2개인 수는 72입니다. 따라서 설명하는 수보다 6만큼 더 큰 수는 72＋6＝78입니다. ; 78

144쪽

01 20에서 4만큼 이어 세면 21, 22, 23, 24이므로 20＋4＝24입니다.

02 40＋6＝46

03 30＋8＝38(마리)

04 $63+2=65$, $54+3=57$

05 일 모형의 수끼리 줄을 맞추어 쓴 다음 더해야 합니다.

06 (민우가 가지고 있는 색종이 수)
= (빨간색 색종이 수)+(파란색 색종이 수)
= $42+5=47$(장)

145쪽

07 흰색 달걀 20개와 갈색 달걀 20개를 더하면 모두 40개입니다.

08 $70+10=80$(송이)

09 지아는 1등과 2등을 각각 한 번씩 했으므로 연필을 모두 $30+20=50$(자루) 받습니다.

10 $26+42=68$

11 $34+23=57$, $72+23=95$,
$51+23=74$, $46+23=69$

12 ⑴ (초코우유의 수)+(딸기우유의 수)
= $15+22=37$(개)
⑵ (딸기우유의 수)+(바나나우유의 수)
= $22+11=33$(개)

146쪽

13 ○ 29개에서 7개를 /으로 지우면 22개가 남습니다.

14 일 모형의 수끼리 줄을 맞추어 쓰지 않아 계산이 틀렸습니다.

15 (남은 색종이 수)
= (가지고 있던 색종이 수)−(사용한 색종이 수)
= $47-3=44$(장)

16 10개씩 묶음 7개에서 2개를 덜어 내면 5개가 남습니다.

17 $90-60=30$

18 소라: $70-50=20$, 희선: $80-40=40$,
지유: $90-80=10$
따라서 계산 결과가 20보다 작은 카드를 가지고 있는 친구는 지유입니다.

147쪽

19 십 모형 5개와 일 모형 5개에서 십 모형 2개와 일 모형 1개를 지우면 십 모형 3개와 일 모형 4개가 남습니다.

20 ㉠ $86-56=30$, ㉡ $69-14=55$,
㉢ $45-32=13$

21 $58-13=45$, $84-73=11$,
$67-34=33$, $76-31=45$,
$37-26=11$, $45-12=33$

22 ⑴ (파란색 구슬 수)−(빨간색 구슬 수)
= $28-15=13$(개)
⑵ (빨간색 구슬 수)−(노란색 구슬 수)
= $15-11=4$(개)

23 (힘센 팀의 점수)−(승리 팀의 점수)
= $88-74=14$(점)

148쪽

24 $56-6=50$, $20+30=50$,
$75-24=51$, $32+24=56$,
$88-32=56$, $50+1=51$

25 ⑴ (나비의 수)+(잠자리의 수)
= $10+7=17$(마리)
⑵ (벌의 수)−(잠자리의 수)
= $19-7=12$(마리)

26 ⑴ 40+26=66
⑵ 76−42=34

27 ⑴ (야구공의 수)+(농구공의 수)
=57+21=78(개)
⑵ (야구공의 수)−(농구공의 수)
=57−21=36(개)

28 여러 가지 덧셈과 뺄셈을 만들 수 있습니다.

149쪽

29 더하는 수가 10씩 커지면 합도 10씩 커집니다.

30 두 수를 바꾸어 더해도 합이 같습니다.

31 더해지는 수가 10씩 커지면 합도 10씩 커집니다.

32 빼는 수가 10씩 커지면 차는 10씩 작아집니다.

33 빼는 수가 1씩 커지면 차는 1씩 작아집니다.

34 빼지는 수가 1씩 작아지면 차도 1씩 작아집니다.

150쪽

35 40+10=50, 94−54=40 ⇨ 50>40

36 우진: 31+7=38, 현호: 10+20=30,
미애: 24+12=36
따라서 38>36>30이므로 합이 가장 큰 학생은 우진입니다.

37 ㉠ 25+42=67, ㉡ 60+16=76,
㉢ 79−24=55, ㉣ 95−42=53
따라서 53<55<67<76이므로 계산 결과가 가장 작은 것은 ㉣입니다.
왜 틀렸을까? 일 모형의 수끼리, 십 모형의 수끼리 계산하여 계산 결과를 구한 다음 비교합니다. 이때 십 모형의 수가 작을수록 작은 수이고, 십 모형의 수가 같으면 일 모형의 수가 작을수록 작은 수입니다.

38
　　㉠ 7
　＋ 1 ㉡
　　 5 8

・7+㉡=8 ⇨ 7+1=8이므로 ㉡=1입니다.
・㉠+1=5 ⇨ 4+1=5이므로 ㉠=4입니다.

39
　　6 ㉠
　− ㉡ 2
　　 1 3

・㉠−2=3 ⇨ 5−2=3이므로 ㉠=5입니다.
・6−㉡=1 ⇨ 6−5=1이므로 ㉡=5입니다.

40
　　3 ㉠
　＋ ㉡ 2
　　 7 8

・㉠+2=8 ⇨ 6+2=8이므로 ㉠=6입니다.
・3+㉡=7 ⇨ 3+4=7이므로 ㉡=4입니다.
왜 틀렸을까? 세로셈으로 나타낸 다음 일 모형의 수끼리 계산하여 ㉠에 알맞은 수를 구하고, 십 모형의 수끼리 계산하여 ㉡에 알맞은 수를 구합니다.

151쪽

1-1 십 모형의 수와 일 모형의 수를 비교하여 가장 큰 수와 가장 작은 수를 찾은 다음 두 수의 합을 구합니다.

1-2 십 모형의 수와 일 모형의 수를 비교하여 가장 큰 수와 가장 작은 수를 찾은 다음 두 수의 차를 구합니다.
서술형 가이드 가장 큰 수와 가장 작은 수를 찾아 차를 구하는 풀이 과정이 들어 있어야 합니다.

채점 기준

상	가장 큰 수와 가장 작은 수를 찾은 다음 두 수의 차를 구하여 답을 구했음.
중	가장 큰 수와 가장 작은 수를 찾았지만 두 수의 차를 구하지 못함.
하	가장 큰 수와 가장 작은 수를 찾지 못함.

2-1 4만큼 더 작은 수는 설명하는 수에서 4를 빼는 뺄셈식을 만들어야 합니다.

2-2 6만큼 더 큰 수는 설명하는 수에 6을 더하는 덧셈식을 만들어야 합니다.

(서술형 가이드) 설명하는 수를 몇십몇으로 나타내고 6을 더하는 풀이 과정이 들어 있어야 합니다.

채점 기준

상	설명하는 수를 몇십몇으로 나타낸 다음 6만큼 더 큰 수를 구하는 덧셈식을 만들어 답을 구했음.
중	설명하는 수를 몇십몇으로 나타냈지만 6만큼 더 큰 수를 구하는 덧셈식을 계산하지 못해 답을 구하지 못함.
하	설명하는 수를 몇십몇으로 나타내지 못함.

3단계 유형 단원 평가

152~155쪽

01 72

02 ✕ (점 잇기)

03 70명

04 96

05 (1) 24, 14, 38 (또는 14, 24, 38) ; 38
(2) 14, 20, 34 (또는 20, 14, 34) ; 34

06
$$\begin{array}{r} 8\ 6 \\ -\ 3 \\ \hline 8\ 3 \end{array}$$

07 50

08 ㉠

09 12개

10 53+12, 89−24에 색칠

11 (1) 13, 23, 36 (또는 23, 13, 36) ; 36
(2) 28, 11, 17 ; 17

12 (1) 78 (2) 27

13 86, 87, 88

14 23, 33, 43, 53 ; 커집니다에 ◯표

15 <

16 (위에서부터) 5, 3

17 ㉢

18 7, 6

19 ⑲ 가장 큰 수는 57이고 가장 작은 수는 22입니다. 따라서 가장 큰 수와 가장 작은 수의 합은 57+22=79입니다. ; 79

20 ⑳ 10개씩 묶음 8개와 낱개 9개인 수는 89입니다. 따라서 설명하는 수보다 7만큼 더 작은 수는 89−7=82입니다. ; 82

152쪽

01 70+2=72

---

02 52+5=57, 50+6=56, 51+4=55

03 (여학생 수)+(남학생 수)
=30+40=70(명)

04 45+51=96

05 (1) (사과의 수)+(레몬의 수)
=24+14=38(개)
(2) (레몬의 수)+(복숭아의 수)
=14+20=34(개)

153쪽

06 일 모형의 수끼리 줄을 맞추어 쓰지 않아 계산이 틀렸습니다.

07 80−30=50

08 ㉠ 64−12=52, ㉡ 75−34=41,
㉢ 96−71=25

09 (시후의 콩 주머니 수)−(미소의 콩 주머니 수)
=48−36=12(개)

10 53+12=65, 67−12=55,
34+41=75, 89−24=65

154쪽

11 (1) 준호 책상에 있는 빨간색 색종이는 13장이고, 초록색 색종이는 23장입니다.
따라서 준호 책상에 있는 빨간색 색종이와 초록색 색종이는 모두 13+23=36(장)입니다.
(2) 유진이 책상에 있는 파란색 색종이는 28장이고, 노란색 색종이는 11장입니다.
따라서 유진이 책상에 있는 파란색 색종이는 노란색 색종이보다 28−11=17(장) 더 많습니다.

12 ⑴ $32+46=78$
⑵ $89-62=27$

13 더해지는 수가 1씩 커지면 합도 1씩 커집니다.

14 빼지는 수가 10씩 커지면 차도 10씩 커집니다.

15 $41+3=44$, $70-20=50$ ⇨ $44<50$

155쪽

16
$$\begin{array}{r} ⊙\ 6 \\ +\ 2\ ⓒ \\ \hline 7\ 9 \end{array}$$

• $6+ⓒ=9$ ⇨ $6+3=9$이므로 $ⓒ=3$입니다.
• $⊙+2=7$ ⇨ $5+2=7$이므로 $⊙=5$입니다.

17 ⊙ $24+25=49$, ⓒ $32+16=48$,
ⓒ $74-21=53$, ㉣ $88-45=43$
따라서 $53>49>48>43$이므로 계산 결과
가 가장 큰 것은 ⓒ입니다.

왜 틀렸을까? 일 모형의 수끼리, 십 모형의 수끼리
계산하여 계산 결과를 구한 다음 비교합니다. 이때 십
모형의 수가 클수록 큰 수이고, 십 모형의 수가 같으면
일 모형의 수가 클수록 큰 수입니다.

18
$$\begin{array}{r} 8\ ⊙ \\ -\ ⓒ\ 4 \\ \hline 2\ 3 \end{array}$$

• $⊙-4=3$ ⇨ $7-4=3$이므로 $⊙=7$입니다.
• $8-ⓒ=2$ ⇨ $8-6=2$이므로 $ⓒ=6$입니다.

왜 틀렸을까? 세로셈으로 나타낸 다음 일 모형의 수
끼리 계산하여 ⊙에 알맞은 수를 구하고, 십 모형의 수
끼리 계산하여 ⓒ에 알맞은 수를 구합니다.

19 십 모형의 수와 일 모형의 수를 비교하여 가장
큰 수와 가장 작은 수를 찾은 다음 두 수의 합
을 구합니다.

서술형 가이드 가장 큰 수와 가장 작은 수를 찾아 합
을 구하는 풀이 과정이 들어 있어야 합니다.

채점 기준

상	가장 큰 수와 가장 작은 수를 찾은 다음 두 수의 합을 구하여 답을 구했음.
중	가장 큰 수와 가장 작은 수를 찾았지만 두 수의 합을 구하지 못함.
하	가장 큰 수와 가장 작은 수를 찾지 못함.

20 7만큼 더 작은 수는 설명하는 수에서 7을 빼
는 뺄셈식을 만들어야 합니다.

서술형 가이드 설명하는 수를 몇십몇으로 나타내고
7을 빼는 풀이 과정이 들어 있어야 합니다.

채점 기준

상	설명하는 수를 몇십몇으로 나타낸 다음 7만큼 더 작은 수를 구하는 뺄셈식을 만들어 답을 구했음.
중	설명하는 수를 몇십몇으로 나타냈지만 7만큼 더 작은 수를 구하는 뺄셈식을 계산하지 못해 답을 구하지 못함.
하	설명하는 수를 몇십몇으로 나타내지 못함.

잘 **틀리는** **실력** 유형 | 156~157쪽

유형 **01** 69, 69 ; 69, 52 ; 52
01 60 **02** 28

유형 **02** 52, 44 ; 52, 65, 44, 75 ; 31, 44
03 65, 22 **04** 77, 54

유형 **03** 3, 3, 32 ; 32, 67
05 86개 **06** 87개
07 78, 97, 58 **08** 18

156쪽

01 41+56=97이므로 ■에 알맞은 수는 97입니다.

■−37=97−37=60입니다.

따라서 ▲에 알맞은 수는 60입니다.

왜 틀렸을까? 첫 번째 식에서 ■에 알맞은 수를 구한 다음 두 번째 식의 ■에 구한 수를 넣어 ▲에 알맞은 수를 구합니다.

02 23+35=58이므로 ♥=58입니다.

♥−44=58−44=14이므로 ●=14입니다.

●+●=14+14=28이므로 ◆=28입니다.

왜 틀렸을까? 첫 번째 식에서 ♥에 알맞은 수를 구한 다음 두 번째 식에서 ●에 알맞은 수를 구하고, 세 번째 식에서 ◆에 알맞은 수를 차례로 구합니다.

03 일 모형의 수끼리의 합이 7인 두 수를 찾으면 65와 22, 43과 54입니다.

찾은 두 수의 합을 구하면
65+22=87, 43+54=97입니다.

따라서 합이 87인 두 수는 65, 22입니다.

왜 틀렸을까? 일 모형의 수끼리의 합이 7인 두 수를 먼저 찾아봅니다.

04 일 모형의 수끼리의 차가 3인 두 수를 찾으면 77과 54, 69와 36입니다.

찾은 두 수의 차를 구하면
77−54=23, 69−36=33입니다.

따라서 차가 23인 두 수는 77, 54입니다.

왜 틀렸을까? 일 모형의 수끼리의 차가 3인 두 수를 먼저 찾아봅니다.

157쪽

05 (오늘 만든 종이배 수)
=(어제 만든 종이배 수)−2
=44−2=42(개)

⇨ (어제와 오늘 만든 종이배 수)
=(어제 만든 종이배 수)
+(오늘 만든 종이배 수)
=44+42=86(개)

왜 틀렸을까? 오늘 만든 종이배 수만 구하는 것이 아니라 어제와 오늘 만든 종이배 수의 합도 구해야 합니다.

06 (가위의 수)=(지우개의 수)−25
=56−25=31(개)

⇨ (지우개의 수)+(가위의 수)
=56+31=87(개)

왜 틀렸을까? 가위의 수만 구하는 것이 아니라 지우개와 가위의 수의 합도 구해야 합니다.

07 ▢ 모양은 수첩과 액자입니다.
⇨ 26+52=78
▲ 모양은 트라이앵글과 삼각김밥입니다.
⇨ 31+66=97
◯ 모양은 단추와 동전입니다.
⇨ 13+45=58

08 → 방향으로 2씩 커지고, ↓ 방향으로 10씩 커집니다.

14−16−18−20이므로 ㉠=20입니다.
8−18−28−38이므로 ㉡=38입니다.

⇨ ㉡−㉠=38−20=18

다르지만 같은 유형

158~159쪽

01 21, 13, 34 (또는 13, 21, 34)
02 13+15=28 (또는 15+13=28) ; 28개
03 예 고구마와 감자는 모두 몇 개입니까? ; 53개
04 39, 17, 22
05 17−5=12 ; 12개
06 예 딸기는 귤보다 몇 개 더 많습니까? ; 11개
07 86, 76, 66, 56 ; 이안
08 84, 74, 64, 54 ; 96−52=44
09 다
10 14+35에 색칠

158쪽

01~03 핵심
모두, 합, ~보다 더 많은 경우 등의 상황은 덧셈식을 만들어야 합니다.

01 고구마가 21개, 가지가 13개이므로 고구마와 가지는 모두 21+13=34(개)입니다.

02 가지가 13개 있는데 15개 더 담으면 가지는 모두 13+15=28(개)가 됩니다.

03 여러 가지 덧셈 문제를 만들고 계산해 봅니다.
예 (고구마의 수)+(감자의 수)
=21+32=53(개)

04~06 핵심
남은 것, 차, 더 많은지, 더 적은지 등의 상황은 뺄셈식을 만들어야 합니다.

04 딸기가 39개, 키위가 17개이므로 딸기는 키위보다 39−17=22(개) 더 많습니다.

05 키위가 17개 있는데 5개 먹었으므로 남은 키위는 17−5=12(개)입니다.

06 여러 가지 뺄셈 문제를 만들고 계산해 봅니다.
예 (딸기의 수)−(귤의 수)
=39−28=11(개)

159쪽

07~08 핵심
더해지는 수 또는 빼는 수에 따라 합 또는 차가 어떻게 변하는지 확인하여 규칙을 찾습니다.

07 10씩 작아지는 수를 더하면 합도 10씩 작아집니다.

08 10씩 커지는 수를 빼면 차는 10씩 작아집니다.

09~10 핵심
일 모형은 일 모형끼리, 십 모형은 십 모형끼리 계산합니다.

09 가: 28−6=22, 나: 54−21=33,
다: 49−34=15, 라: 60−30=30
⇨ 이 중에서 20보다 작은 것은 15이므로 강현이는 다입니다.

10 50+7=57, 20+20=40,
46+2=48, 14+35=49
계산 결과가 50보다 작으므로 50+7=57은 아니고, 계산 결과가 45보다 크므로 20+20=40도 아닙니다. 또 계산 결과가 48이 아니므로 민우가 찾을 카드는 46+2가 아닌 14+35입니다.

응용 유형

160~163쪽

01 47개	**02** 8개
03 77	**04** 3, 4
05 3	**06** 31
07 43	**08** 63장
09 예 23, 26, 49 ; 예 49, 23, 26	
10 9송이	**11** 15개
12 78	**13** 32, 27
14 42, 31 (또는 41, 32) ; 73	
15 4, 5	**16** 4
17 33	**18** 11개

160쪽

01 (현우가 맞힌 퀴즈 수)
 =(동주가 맞힌 퀴즈 수)−10
 =45−10=35(개)
 ⇨ (민호가 맞힌 퀴즈 수)
   =(현우가 맞힌 퀴즈 수)+12
   =35+12=47(개)

02 구슬은 모두 60+20=80(개)이고 80은 10개씩 묶음 8개입니다.
 따라서 목걸이를 8개까지 만들 수 있습니다.

03 5>4>3>2이므로 만들 수 있는 가장 큰 수는 54이고, 가장 작은 수는 23입니다.
 ⇨ 54+23=77

161쪽

04 · 3+●=7 ⇨ 3+4=7이므로 ●=4입니다.
 · ★+★=6 ⇨ 3+3=6이므로 ★=3입니다.

05 ☐ 안에 1부터 차례로 넣어 보면
 75−11=64>34(○),
 75−21=54>34(○),
 75−31=44>34(○),
 75−41=34>34(×), …입니다.
 따라서 ☐ 안에 들어갈 수 있는 수는 1, 2, 3이고 그중 가장 큰 수는 3입니다.

06 어떤 수를 ☐라 하면 ☐+24=79입니다.
 24를 더하면 79가 되는 수는 79에서 24를 빼서 구하면 됩니다.
 79−24=55이므로 ☐=55입니다.
 따라서 바르게 계산하면 55−24=31입니다.

162쪽

07 문제 분석
07❷ 가장 큰 수와 가장 작은 수의 차를 구하시오.

❶ 주어진 수 중에서 가장 큰 수와 가장 작은 수를 찾습니다.
❷ ❶에서 찾은 두 수의 차를 구합니다.

❶ 66>52>48>39>23이므로 가장 큰 수는 66이고, 가장 작은 수는 23입니다.
❷ ⇨ 66−23=43

08 (은희가 모은 우표 수)
 =(성재가 모은 우표 수)−25
 =68−25=43(장)
 ⇨ (준서가 모은 우표 수)
   =(은희가 모은 우표 수)+20
   =43+20=63(장)

09 문제 분석
09 세 수를 골라 ❶한 번씩만 사용하여 만들 수 있는 덧셈식과 / ❷뺄셈식을 각각 1개씩 쓰시오

23 49 26 3

❶ 주어진 수 중에서 세 수를 골라 덧셈식을 1개 만듭니다.
❷ 주어진 수 중에서 세 수를 골라 뺄셈식을 1개 만듭니다.

❶ 덧셈식은 23+26=49, 26+23=49, 23+3=26, 3+23=26으로 만들 수 있습니다.
❷ 뺄셈식은 49−23=26, 49−26=23, 26−23=3, 26−3=23으로 만들 수 있습니다.

10 색종이는 모두 $30+60=90$(장)이고 90은 10개씩 묶음 9개입니다.
따라서 꽃을 9송이까지 만들 수 있습니다.

11 문제 분석

11 ❷ 선미가 사야 할 달걀은 몇 개입니까? (단, 달걀은 한 판에 30개입니다.)

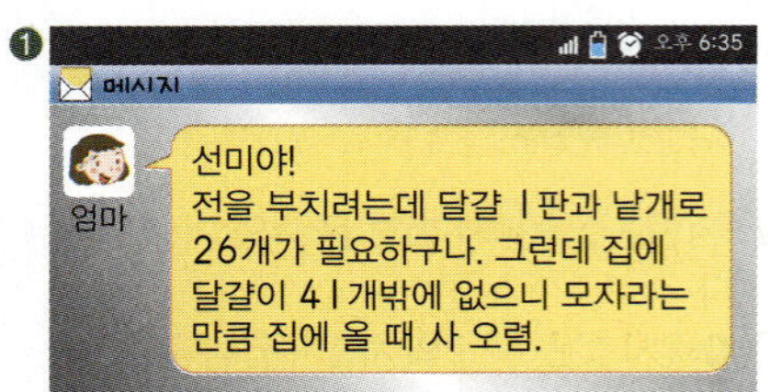

❶ 전을 부치는데 필요한 달걀의 수를 구합니다.
❷ 선미가 사야 할 달걀의 수를 구합니다.

❶전을 부치는데 필요한 달걀은 달걀 1판과 낱개 26개이므로 $30+26=56$(개)입니다.
❷따라서 집에 있는 달걀은 41개이므로 선미가 사야 할 달걀은 $56-41=15$(개)입니다.

12 $6>5>3>1$이므로 만들 수 있는 가장 큰 수는 65이고, 가장 작은 수는 13입니다.
➡ $65+13=78$

163쪽

13 문제 분석

13 ❷ 세령이가 찾아야 하는 2장의 수 카드를 찾아 쓰시오.

❶ 수 카드 중에서 일 모형의 수끼리의 합이 9인 두 카드를 찾습니다.
❷ ❶에서 찾은 두 카드의 수의 합이 59인 것을 고릅니다.

❶일 모형의 수끼리의 합이 9인 두 수를 찾으면 35와 14, 41과 8, 32와 27입니다.
❷찾은 두 수의 합을 구하면 $35+14=49$, $41+8=49$, $32+27=59$입니다.
따라서 합이 59인 두 수는 32, 27입니다.

14 문제 분석

14 ❶수 카드 4장을 한 번씩만 사용하여 합이 가장 큰 (몇십 몇)+(몇십몇)을 / ❷만들고 계산 결과를 구하시오.

1   2   3   4

❶ 합이 가장 크려면 십 모형의 수에 어떤 수가 놓여야 하는지 알아봅니다.
❷ ❶을 이용하여 덧셈을 만들고 계산합니다.

❶합이 가장 크려면 십 모형의 수에 가장 큰 수와 둘째로 큰 수가 놓여야 합니다.
❷$4>3>2>1$이므로 십 모형의 수에 4와 3을 놓고 덧셈을 만들고 계산하면 $42+31=73$ 또는 $41+32=73$입니다.

15 • $\blacktriangle+4=9$ ➡ $5+4=9$이므로 $\blacktriangle=5$입니다.
• $\blacksquare+\blacksquare=8$ ➡ $4+4=8$이므로 $\blacksquare=4$입니다.

16 ☐ 안에 1부터 차례로 넣어 보면
$32+16=48<85$(○),
$32+26=58<85$(○),
$32+36=68<85$(○),
$32+46=78<85$(○),
$32+56=88<85$(×), …입니다.
따라서 ☐ 안에 들어갈 수 있는 수는 1, 2, 3, 4이고 그중 가장 큰 수는 4입니다.

17 어떤 수를 ☐라 하면 ☐$+12=57$입니다.
12를 더하면 57이 되는 수는 57에서 12를 빼서 구하면 됩니다.
$57-12=45$이므로 ☐$=45$입니다.
따라서 바르게 계산하면 $45-12=33$입니다.

18 문제 분석

18 ❶사탕을 경수는 35개, 윤지는 13개 가지고 있습니다. / ❷두 사람이 가진 사탕의 수가 같아지려면 / ❸경수는 윤지에게 사탕을 몇 개 주어야 합니까?

❶ 두 사람이 가진 전체 사탕의 수를 구합니다.
❷ 한 사람이 사탕을 몇 개씩 가지면 되는지 구합니다.
❸ 경수가 윤지에게 주어야 할 사탕의 수를 구합니다.

❶ (전체 사탕의 수)=35+13=48(개)
❷ 24+24=48이므로 경수와 윤지가 사탕을
  각자 24개씩 가지면 됩니다.
❸ 따라서 경수가 윤지에게 35−24=11(개)를
  주어야 합니다.

164쪽

1 ❶ 10+40=50
  ❷ 38−17=21

2 30+30=60 ⇨ 🌸=30,
  72−🌸=72−30=42 ⇨ 🌷=42,
  🌷−31=42−31=11 ⇨ 🌻=11

165쪽

3 ❶ 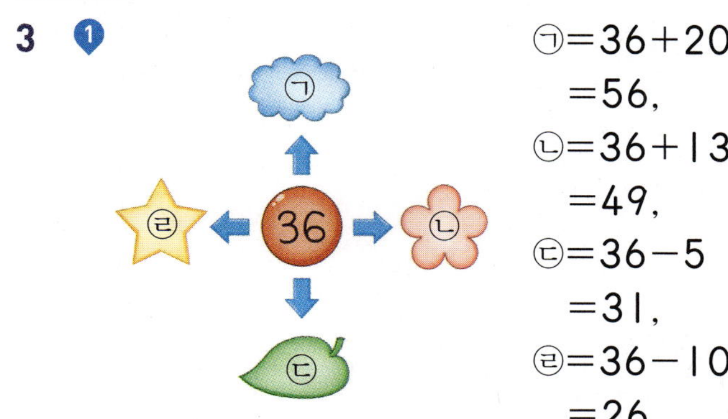
ㄱ=36+20
 =56,
ㄴ=36+13
 =49,
ㄷ=36−5
 =31,
ㄹ=36−10
 =26

  ❷ 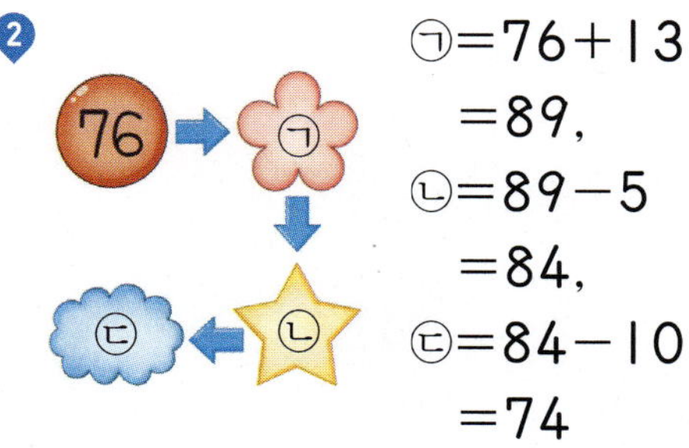
ㄱ=76+13
 =89,
ㄴ=89−5
 =84,
ㄷ=84−10
 =74

4 ❶ 30+15=45이므로 19에서 성냥개비를
   1개 지워 15로 만듭니다.
  ❷ 26−12=14이므로 28에서 성냥개비를
   1개 지워 26으로 만듭니다.

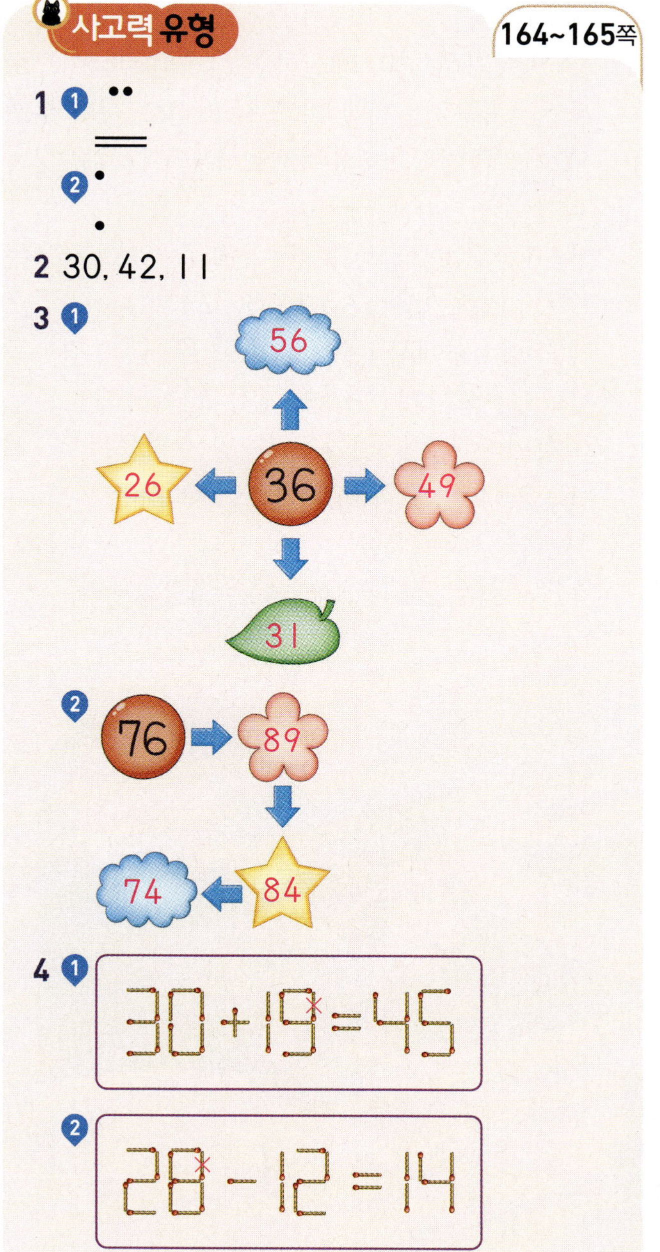

사고력 유형 164~165쪽

1 ❶ ⋮⋮
     ＝
  ❷ •
     •

2 30, 42, 11

3 ❶

  ❷

4 ❶ 30+19=45

  ❷ 28−12=14

도전! 최상위 유형 166~167쪽

1 7   **2** 44
3 69
4 $42-21=21$, $84-42=42$

166쪽

1
$$\begin{array}{r} 4\ \textcircled{\scriptsize ㄱ} \\ +\ \textcircled{\scriptsize ㄴ}\ 5 \\ \hline 9\ 7 \end{array}$$

- ㉠+5=7 ⇨ 2+5=7이므로 ㉠=2입니다.
- 4+㉡=9 ⇨ 4+5=9이므로 ㉡=5입니다.
따라서 ㉠+㉡=2+5=7입니다.

2 일 모형의 수끼리의 차가 2인 두 수를 찾으면 44와 86, 23과 75입니다.
86−44=42, 75−23=52이므로 차가 42인 두 수는 86과 44이고 그중에서 더 작은 수는 44입니다.

167쪽

3 규칙에 따라 띠를 접었을 때 가장 위에 적힌 수와 가장 아래에 적힌 수만 순서대로 나타내면 다음과 같습니다.

[규칙 ①] 12 11 10 9 8 7 6 5 4 3 2 1
          13 14 15 16 17 18 19 20 21 22 23 24

[규칙 ②] 18 17 16 15 14 13
          19 20 21 22 23 24

[규칙 ③] 24 23 22
          19 20 21

따라서 가장 위에 보이는 수들은 24, 23, 22이므로 합은 24+23+22=69입니다.

4 일 모형의 수끼리 계산하면 ㉡−㉢=㉢이므로 ㉡은 ㉢을 2번 더한 것과 같고 십 모형의 수끼리 계산하면 ㉠−㉡=㉡이므로 ㉠은 ㉡을 2번 더한 것과 같습니다.
㉡−㉢=㉢에서 (㉡, ㉢)이 될 수 있는 경우는 (2, 1), (4, 2), (6, 3), (8, 4)이고,
㉠−㉡=㉡에서 (㉠, ㉡)이 될 수 있는 경우는 (2, 1), (4, 2), (6, 3), (8, 4)입니다.
따라서 (㉠, ㉡, ㉢)이 될 수 있는 경우는 (4, 2, 1), (8, 4, 2)이므로 만족하는 ㉠㉡−㉡㉢=㉡㉢은 42−21=21과 84−42=42입니다.

참 잘했어요

수학의 모든 유형 문제를 풀 정도로
실력이 성장한 것을 축하하며
이 상장을 드립니다.

이름 _________________________

날짜 ________ 년 ____ 월 ____ 일

수학 전문 교재

- **●연산 학습**
  - 빅터연산 — 예비초~6학년, 총 20권
  - 창의융합 빅터연산 — 예비초~4학년, 총 16권

- **●개념 학습**
  - 개념클릭 해법수학 — 1~6학년, 학기용

- **●수준별 수학 전문서**
  - 해결의법칙(개념/유형/응용) — 1~6학년, 학기용

- **●단원평가 대비**
  - 수학 단원평가 — 1~6학년, 학기용
  - 밀등전략 초등 수학 — 1~6학년, 학기용

- **●단기완성 학습**
  - 초등 수학전략 — 1~6학년, 학기용

- **●상위권 학습**
  - 최고수준 S 수학 — 1~6학년, 학기용
  - 최고수준 수학 — 1~6학년, 학기용
  - 최강 TOT 수학 — 1~6학년, 학년용

- **●경시대회 대비**
  - 해법 수학경시대회 기출문제 — 1~6학년, 학기용

예비 중등 교재

- **●해법 반편성 배치고사 예상문제** — 6학년
- **●해법 신입생 시리즈(수학/영어)** — 6학년

맞춤형 학교 시험대비 교재

- **●열공 전과목 단원평가** — 1~6학년, 학기용(1학기 2~6년)

한자 교재

- **●한자능력검정시험 자격증 한번에 따기** — 8~3급, 총 9권
- **●씽씽 한자 자격시험** — 8~5급, 총 4권
- **●한자 전략** — 8~5급Ⅱ, 총 12권